本書の特色と使い方

自分で問題を解く力がつきます

教科書の学習内容をひとつひとつ丁寧に自分の力で解いていくことができるよう，解き方の見本やヒントを入れています。自分で問題を解く力がつき，楽しく確実に学習を進めていくことができます。

本書をコピー・印刷して教科書の内容をくりかえし練習できます

計算問題などは型分けした問題をしっかり学習したあと，いろいろな型を混合して出題しているので，学校での学習をくりかえし練習できます。
学校の先生方はコピーや印刷をして使えます。（本書 P128 をご確認ください）

学ぶ楽しさが広がり勉強がすきになります

計算問題は，めいろなどを取り入れ，楽しんで学習できるよう工夫しました。
楽しく学んでいるうちに，勉強がすきになります。

「ふりかえりテスト」で力だめしができます

「練習のページ」が終わったあと，「ふりかえりテスト」をやってみましょう。
「ふりかえりテスト」でできなかったところは，もう一度「練習のページ」を復習すると，力がぐんぐんついてきます。

スタートアップ解法編 1 年　目次

5までの　かず（1）

なかまあつめ

なまえ

● なかまの　かずだけ　◌に　いろを　ぬりましょう。

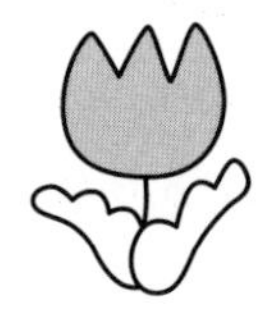

5までの　かず（2）

なかまあつめ

なまえ

● なかまの　かずだけ　◌に　いろを　ぬりましょう。

5までの　かず（3）

なまえ

● かずを　ていねいに　かきましょう。

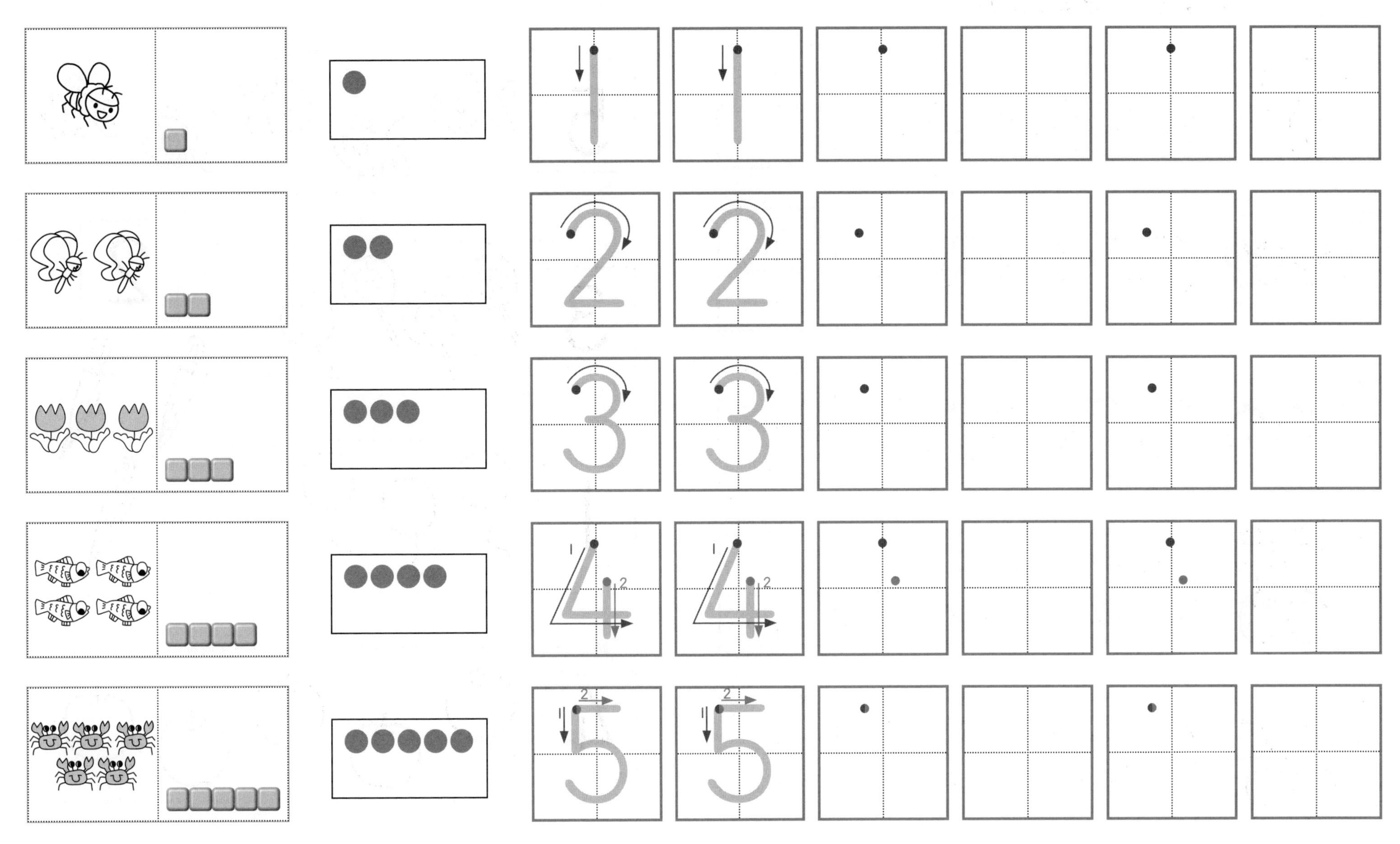

5までの　かず（4）　なまえ

● えの　かずだけ　○に　いろを　ぬりましょう。
□に　かずを　かきましょう。

①

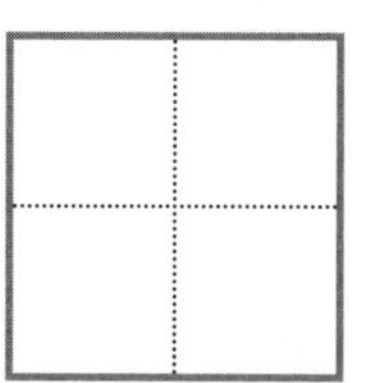

②

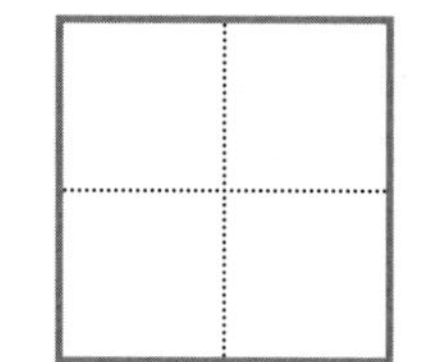

③

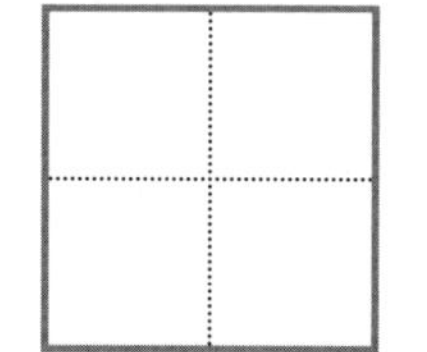

④
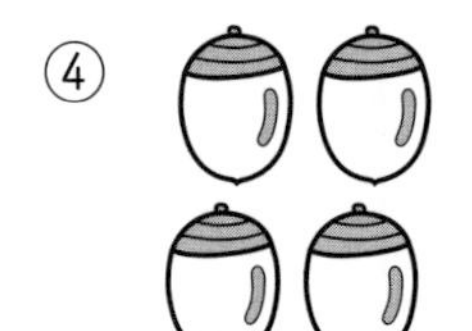

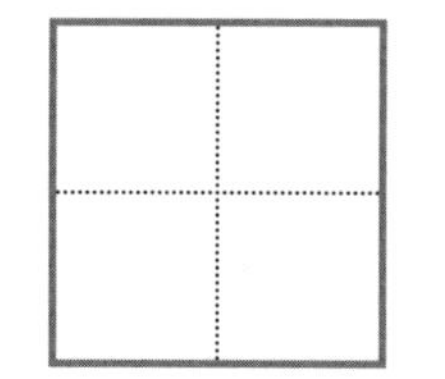

⑤
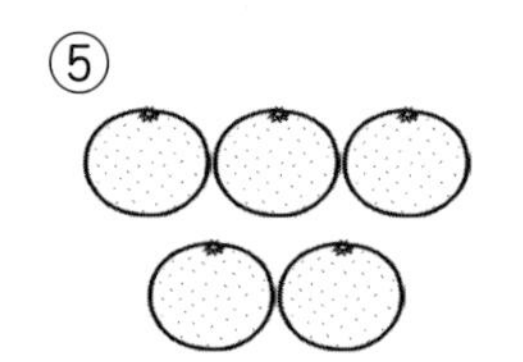

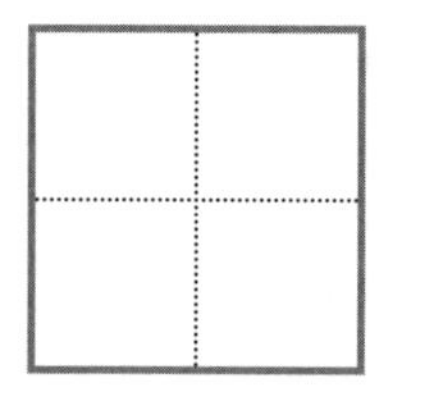

5までの　かず（5）　なまえ

● すうじの　かずだけ　えに　いろを　ぬりましょう。

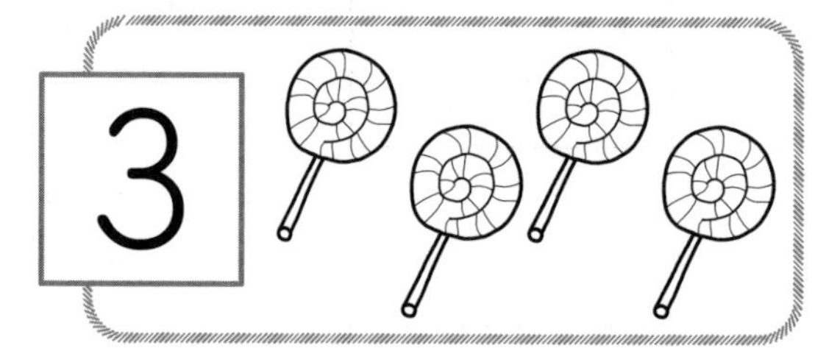

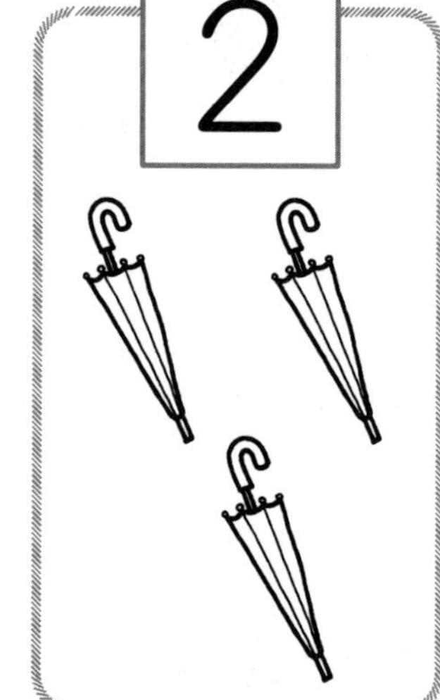

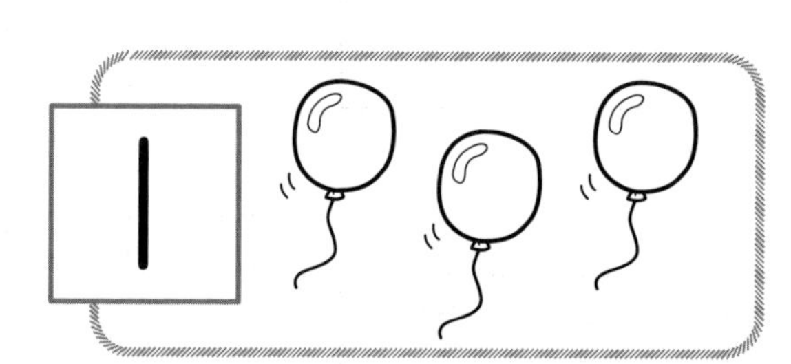

4

5までの　かず（6）

なまえ

● えの　かずだけ　◯に　いろを　ぬりましょう。
□に　かずを　かきましょう。

①

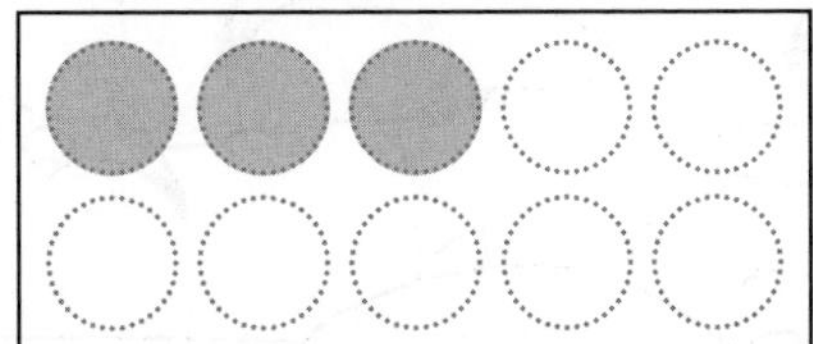
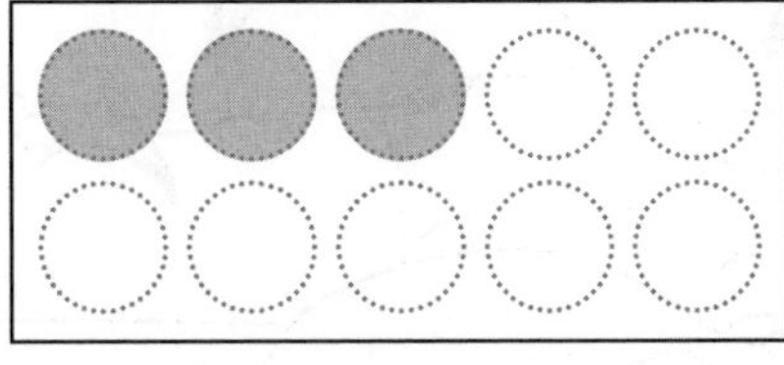
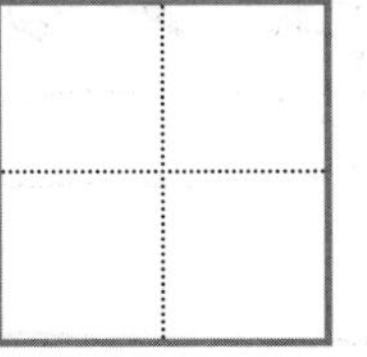
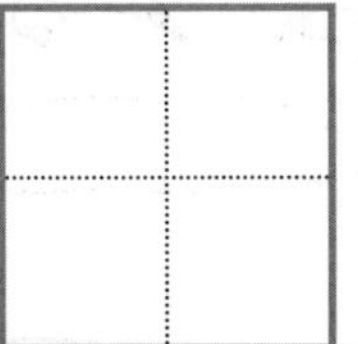

②

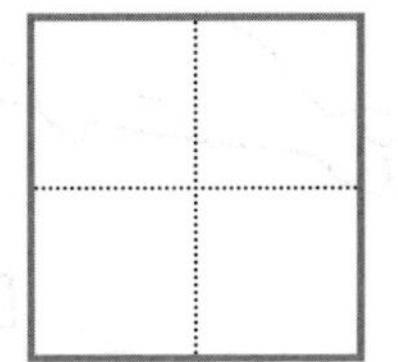

③

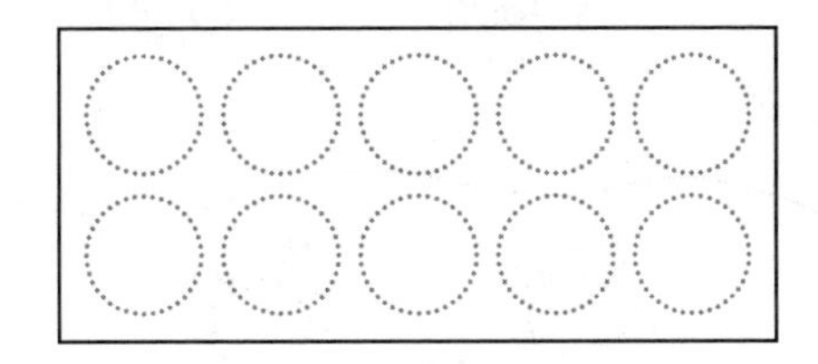
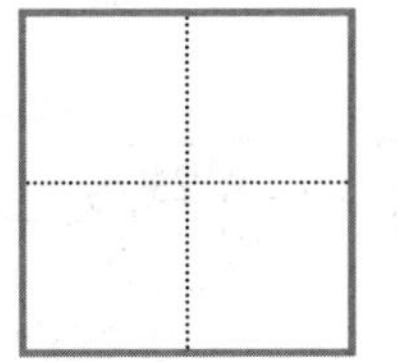

④

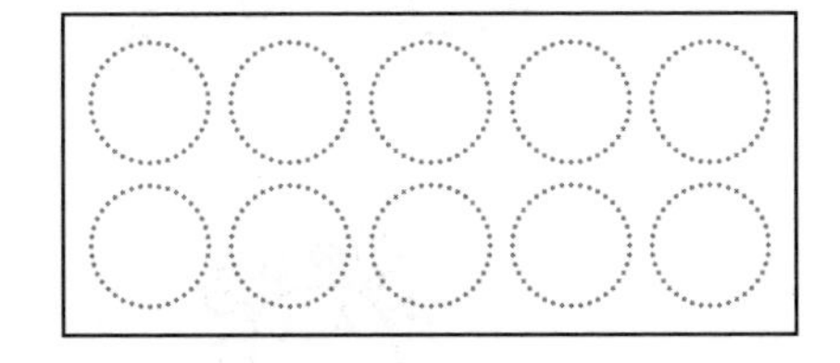
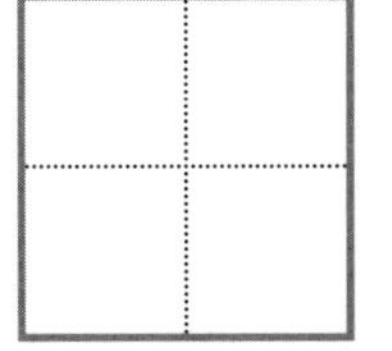

⑤
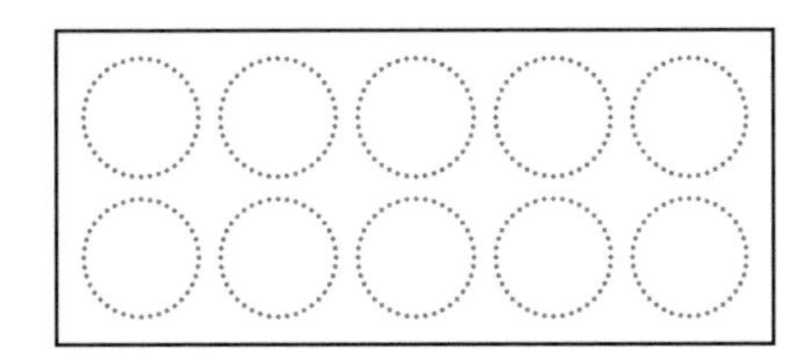
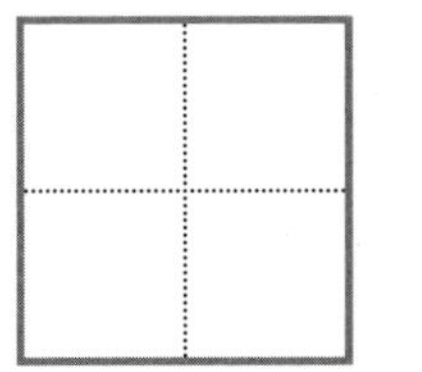

5までの　かず（7）

なまえ

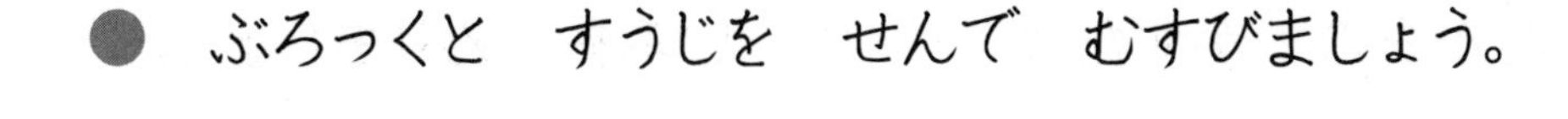
● ぶろっくと　すうじを　せんで　むすびましょう。

① 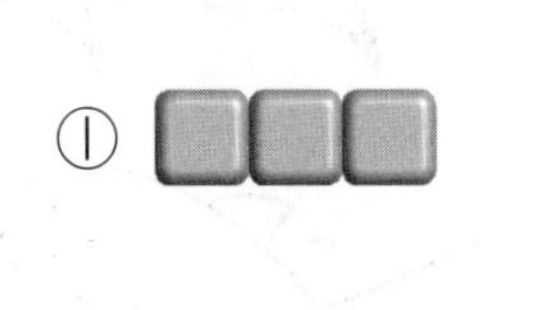 ・　　・ 

② 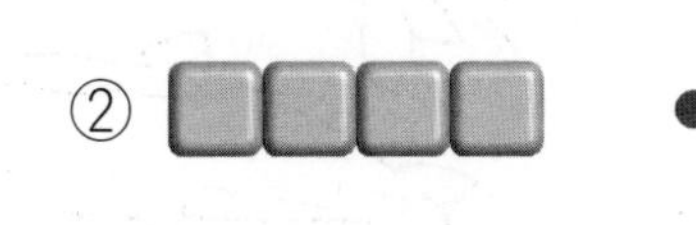 ・　　・ 

③  ・　　・ 

④  ・　　・ 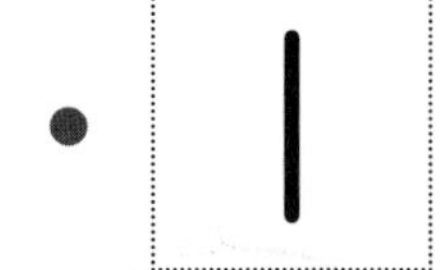

⑤  ・　　・ 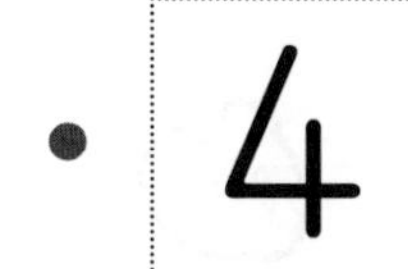

10までの　かず（1）

なかまあつめ

なまえ

● なかまの　かずだけ　◯に　いろを　ぬりましょう。

10までの　かず（2）

なまえ

● かずを　ていねいに　かきましょう。

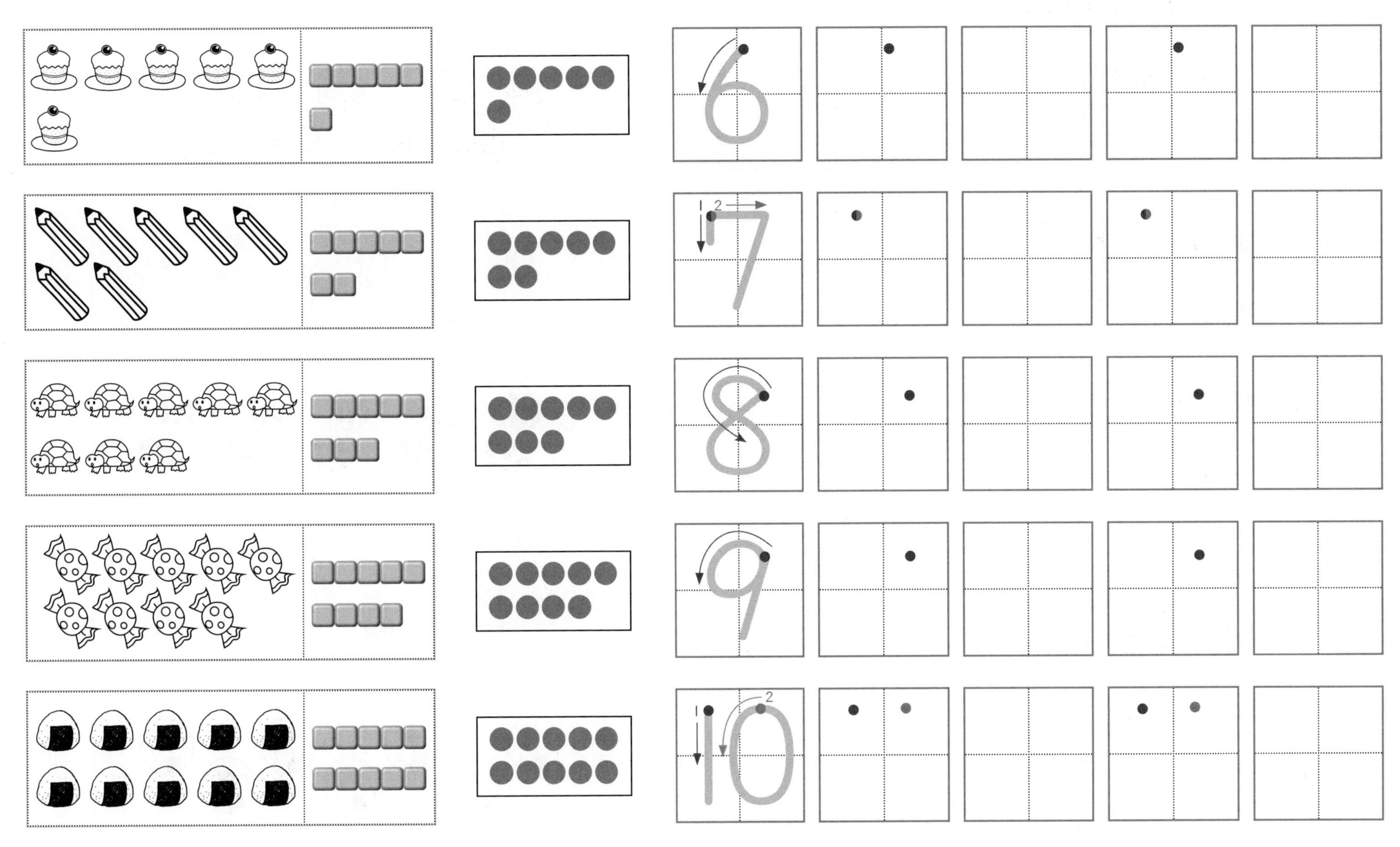

10までの　かず（3）

なまえ

● えの　かずだけ　◯に　いろを　ぬりましょう。
□に　かずを　かきましょう。

①

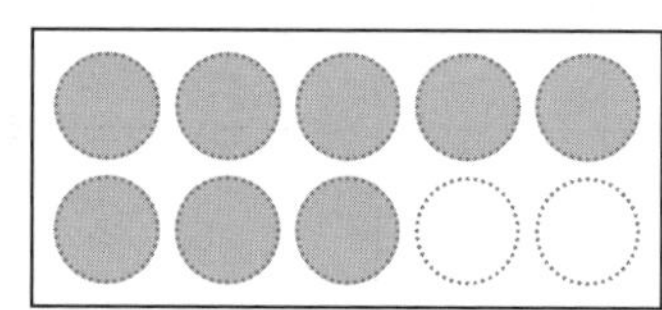
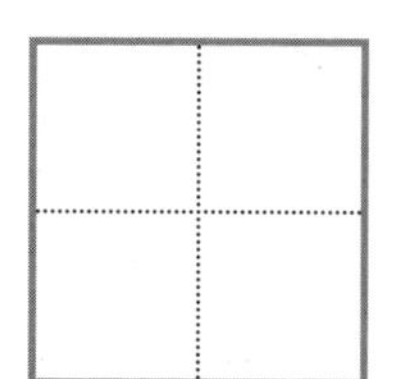

②

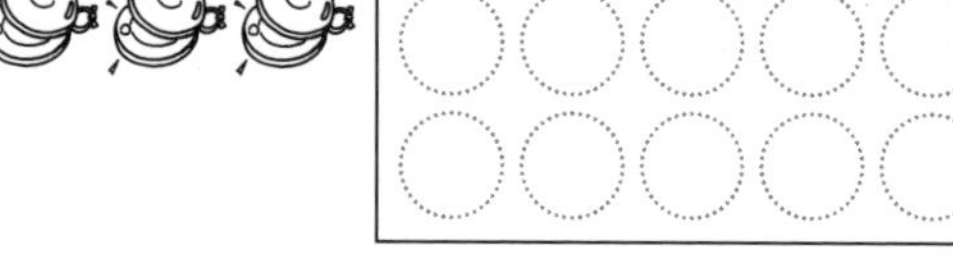
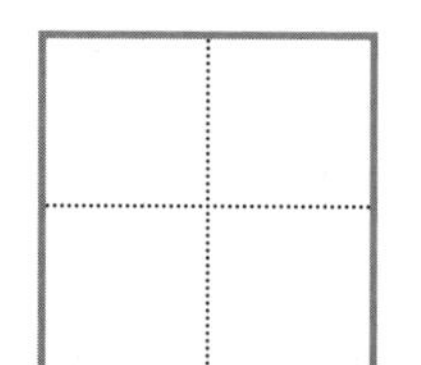

③

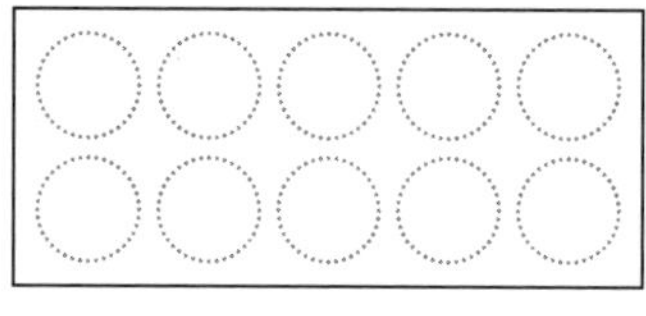
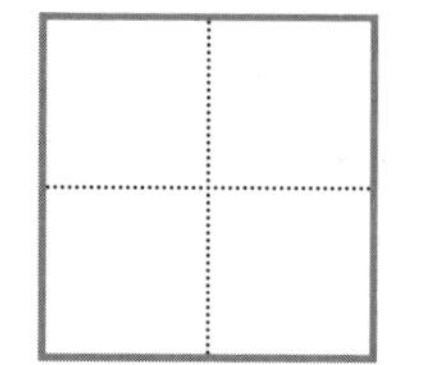

④

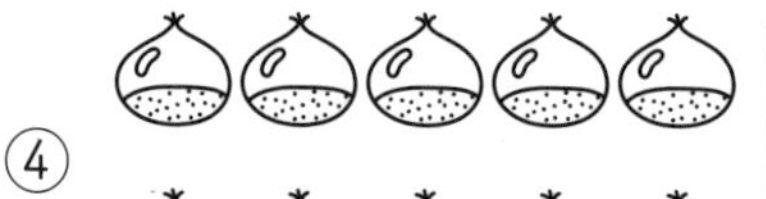

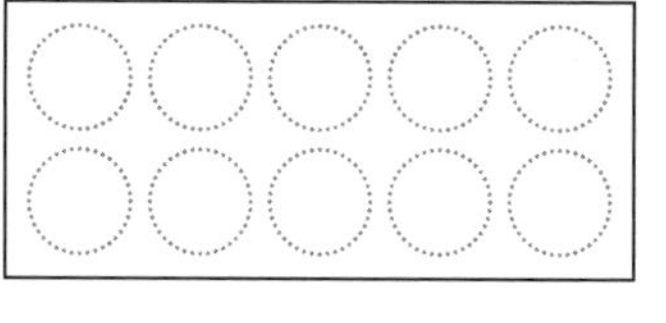

⑤

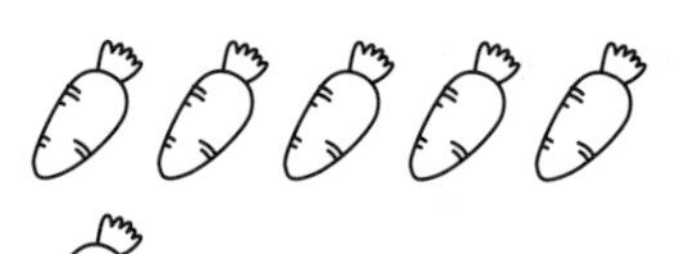

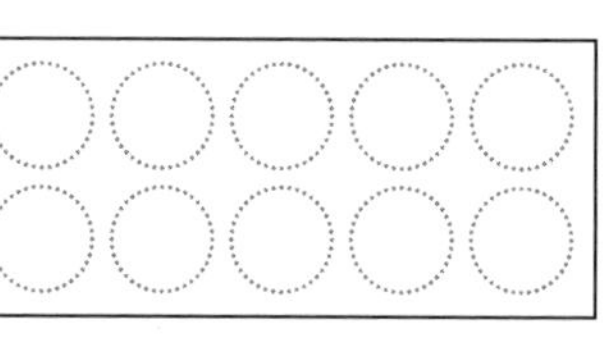
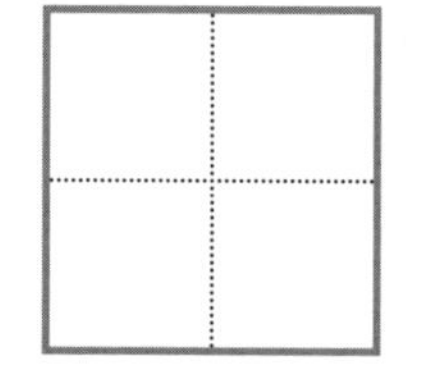

10までの　かず（4）

なまえ

● えの　かずだけ　□に　かずを　かきましょう。

①

②

③

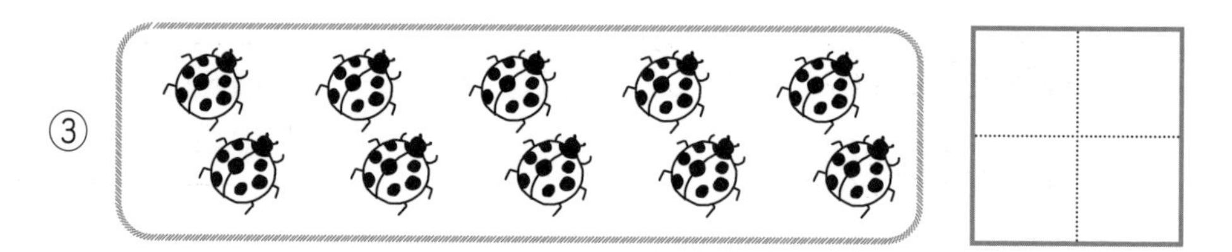

④

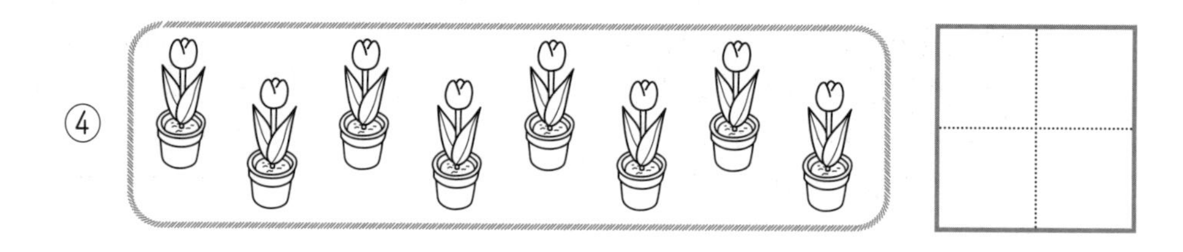

⑤

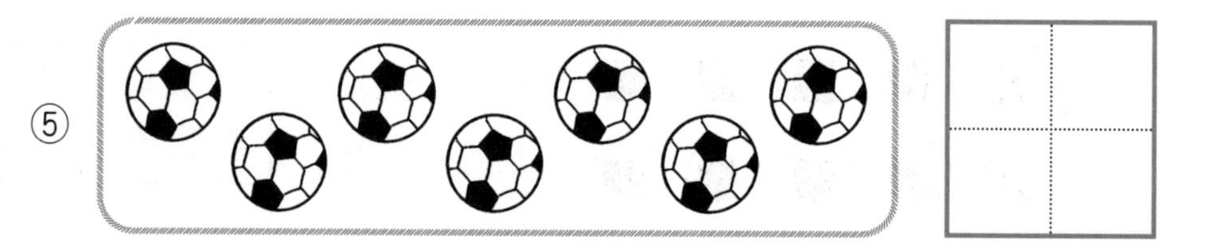

10までの　かず（5）

なまえ

1　□に　ぶろっくの　かずを　かきましょう。

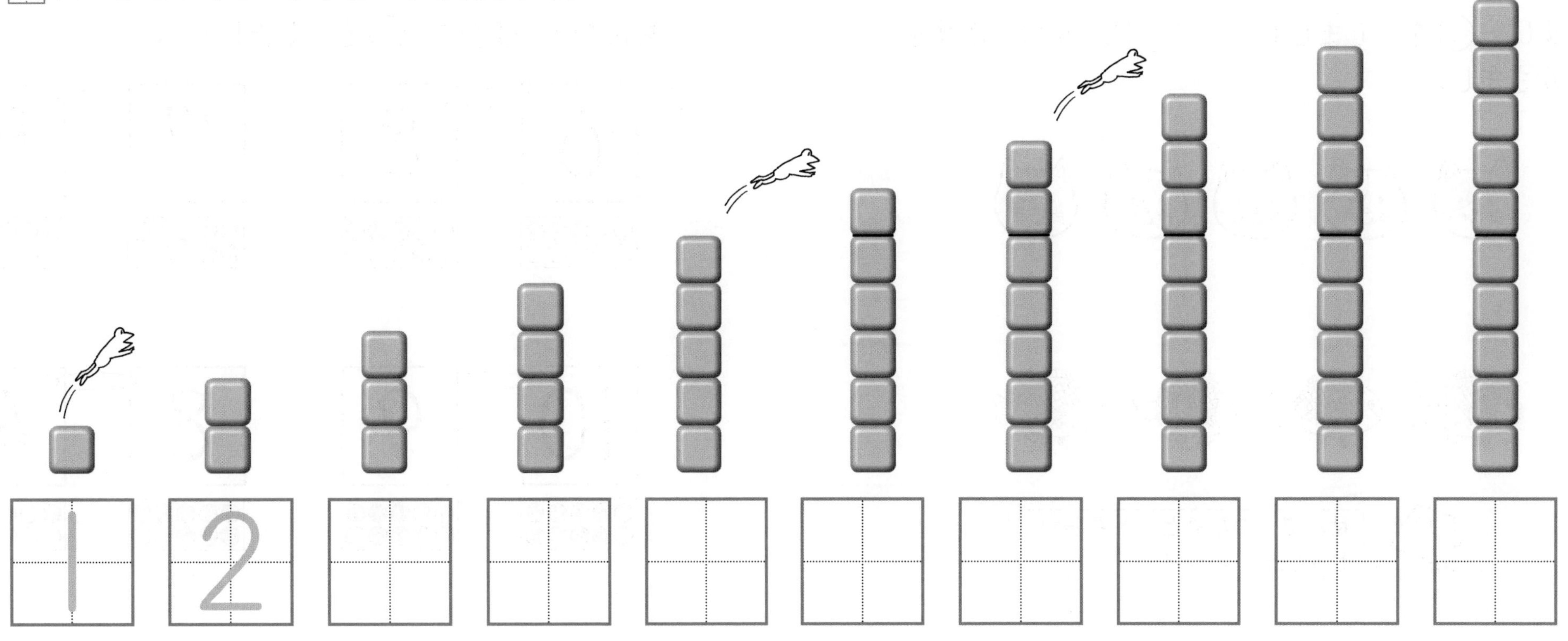

2　□に　かずを　かきましょう。

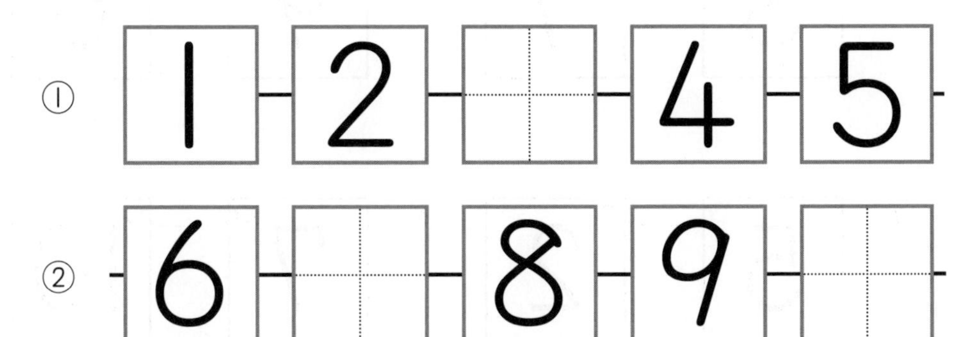

③ 3 － □ － 5 － 6 － □

10から　1まで　じゅんに
いってみよう。10，9，8，…。

10までの　かず (6)

どちらが おおい

なまえ

● どちらが　おおいか　くらべましょう。おおい　ほうの　えに　◯を　しましょう。□に　えの　かずを　かきましょう。

①

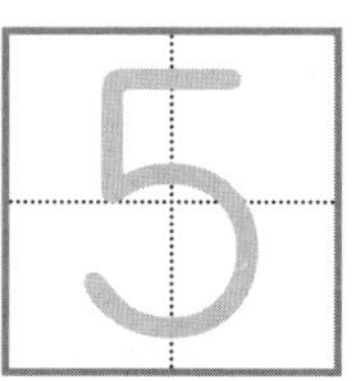

せんで　つなぐと　どちらが
おおいか　わかるね。

②

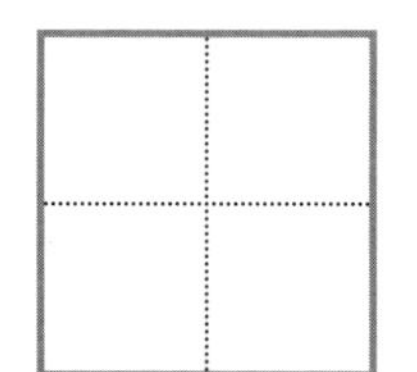

 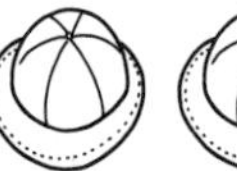 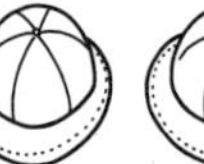 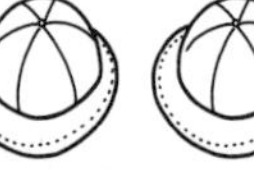 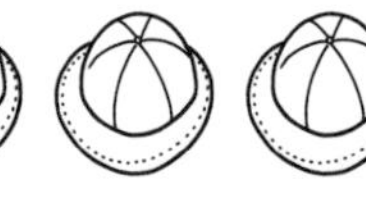

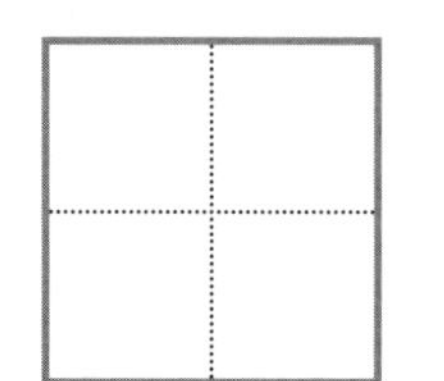

10までの　かず (7)

なまえ

● どちらが　おおきいか　くらべましょう。
おおきい　ほうに　◯を　しましょう。

① ②

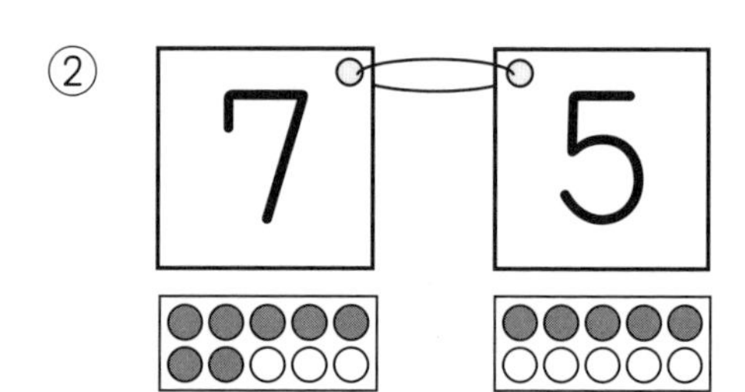

③ ④

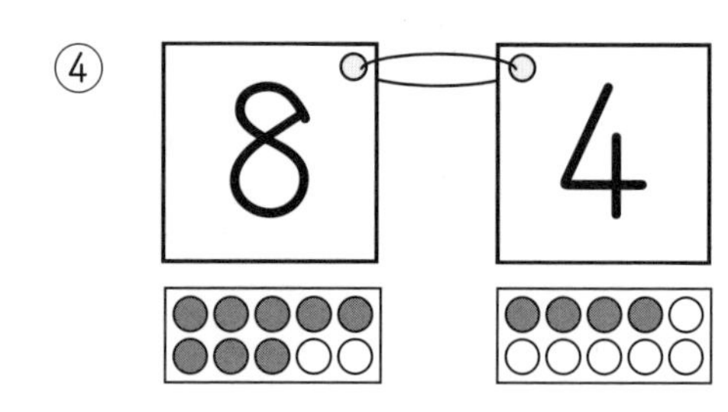

⑤ ⑥

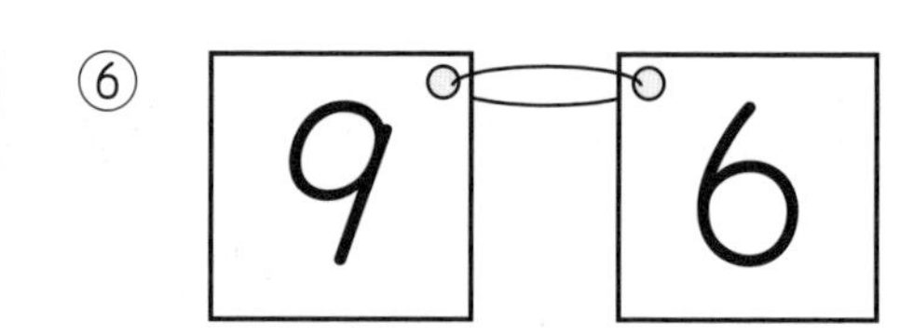

⑦ ⑧

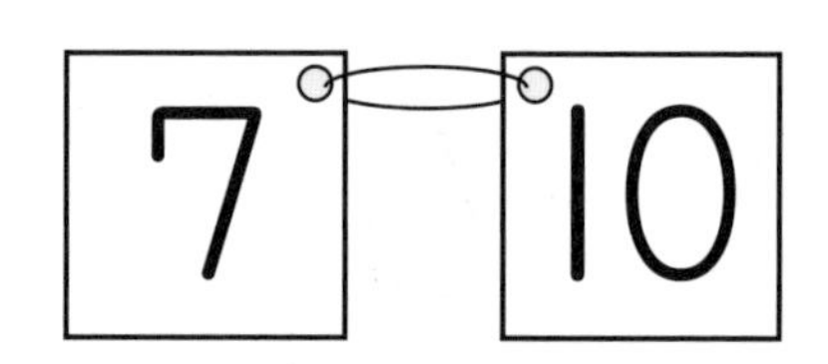

10までの　かず（8）

なまえ

1　□に　クッキー（くっきい）の　かずを　かきましょう。

れい

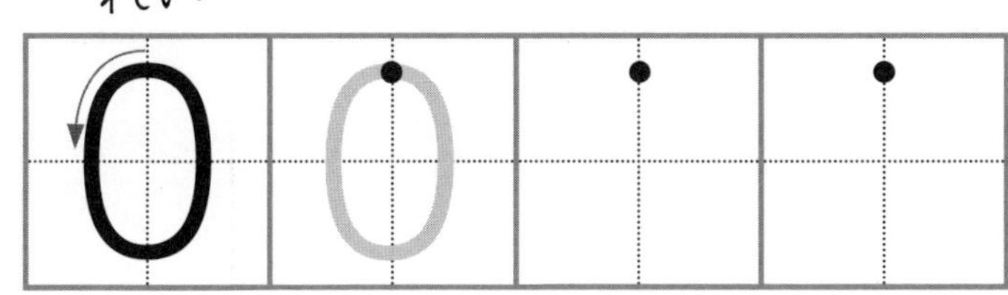

2　□に　いちごの　かずを　かきましょう。

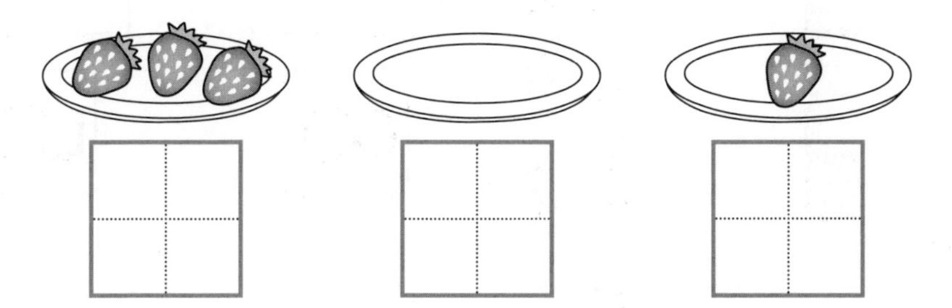

10までの　かず（9）

なまえ

●　おなじ　かずを　せんで　むすびましょう。

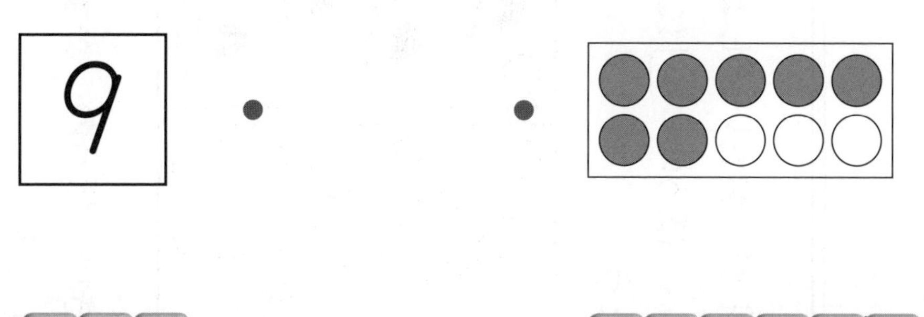

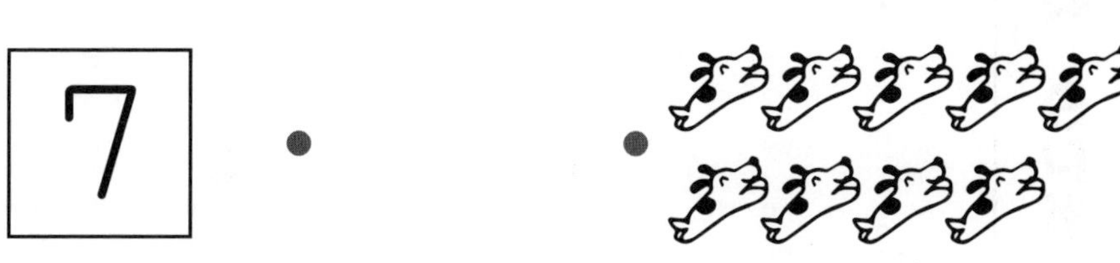

3

6　5

ふりかえりテスト　10までの　かず

なまえ

1　□に　かずを　かきましょう。(8×4)

①

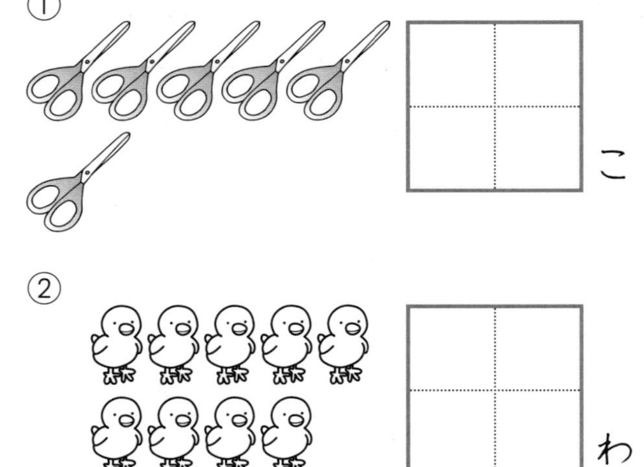

こ

②

わ

③

④

2　すうじの　かずだけ　◌に
いろを　ぬりましょう。(8×2)

①

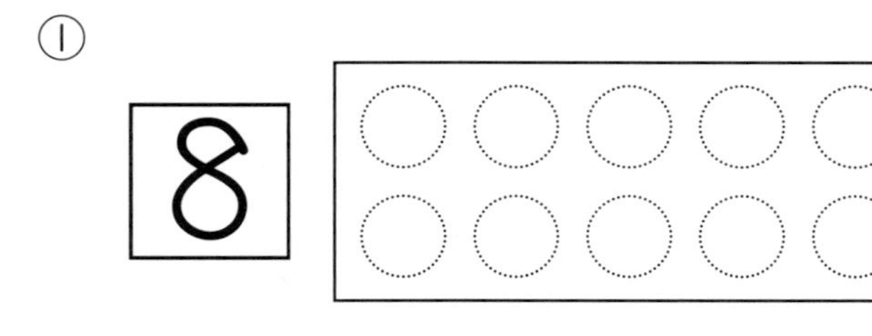

②

3　どちらが　おおいでしょう。
おおい　ほうの　□に　○を
しましょう。(10)

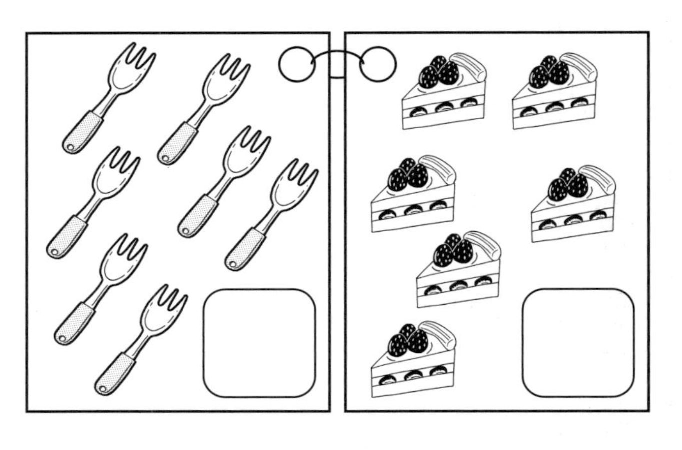

4　おおきい　ほうの　かずに　○を
つけましょう。(8×3)

①　10　8

②　4　6

③

5　□に　かずを　かきましょう。(8)

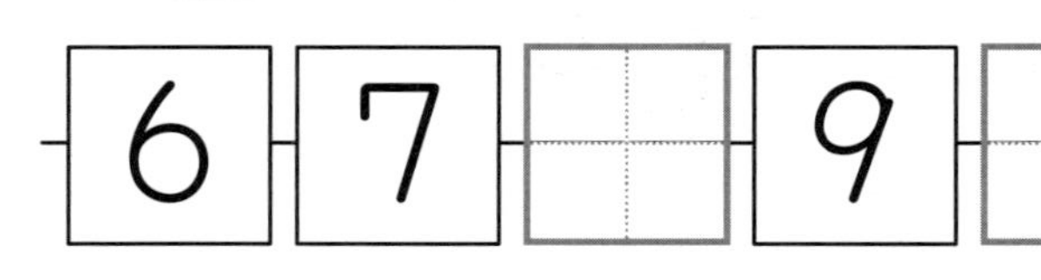

6　□に　みかんの　かずを
かきましょう。(10)

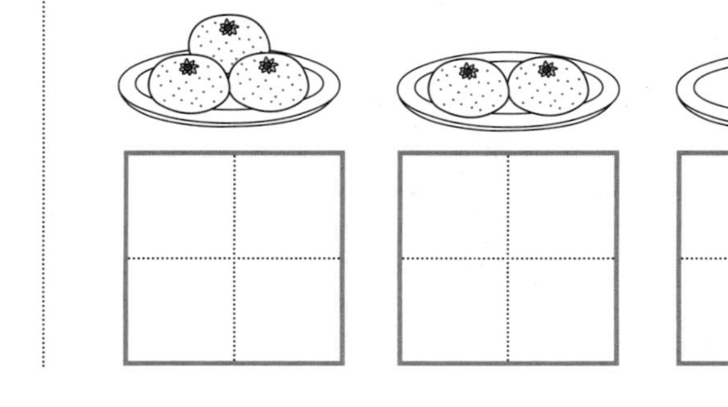

なんばんめ（1）

なまえ

●（　　）で　かこみましょう。

① まえから　3にん

まえ 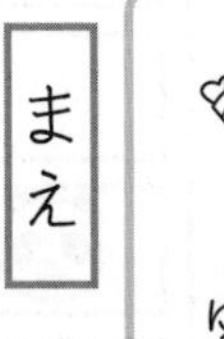       うしろ

ゆうと　ゆい　そうた　さくら　はると

② まえから　3にんめ

まえ 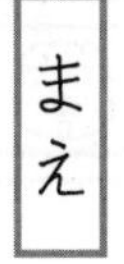      うしろ

ゆうと　ゆい　そうた　さくら　はると

③ まえから　4にん

まえ       うしろ

さくら　そうた　ゆい　ゆうと　あかり

④ まえから　5にんめ

まえ        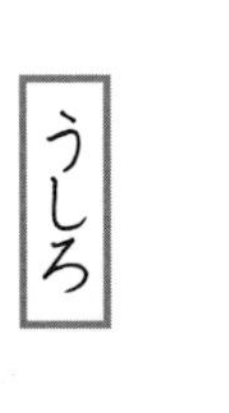 うしろ

さくら　そうた　ゆい　ゆうと　あかり

なんばんめ（2）

なまえ

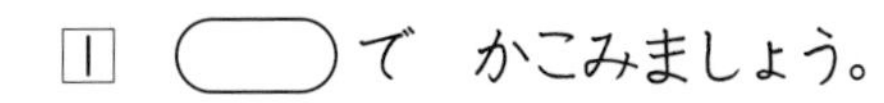

1（　　）で　かこみましょう。

① ひだりから　3ばんめ

ひだり        みぎ

くま　ぱんだ　ねこ　にわとり　ぶた　ぞう

② みぎから　5ばんめ

ひだり        みぎ

くま　ぱんだ　ねこ　にわとり　ぶた　ぞう

2 ふうせんに　いろを　ぬりましょう。

① みぎから　2ばんめは　あかです。

② ひだりから　3ばんめは　あおです。

ひだり     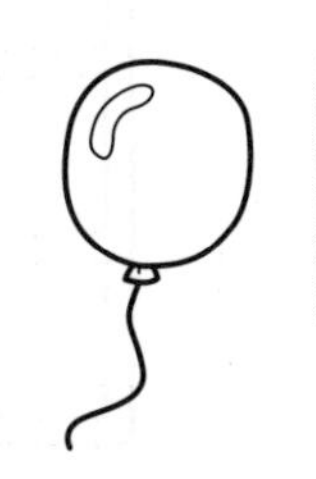 みぎ

なんばんめ（3）

なまえ

1 ⬭で　かこみましょう。

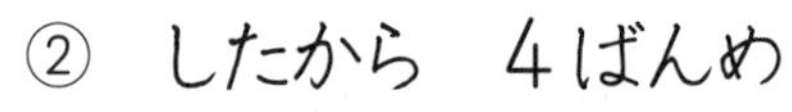

① うえから　3ばんめ　　② したから　4ばんめ

うえ
した

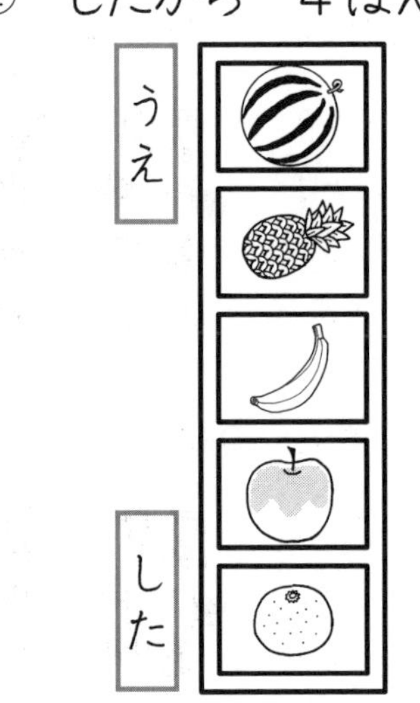

うえ
した

2 ⊞にすうじを　かきましょう。

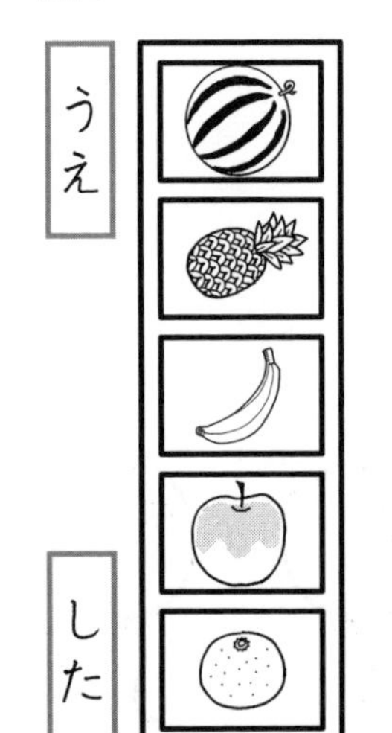

うえ
した

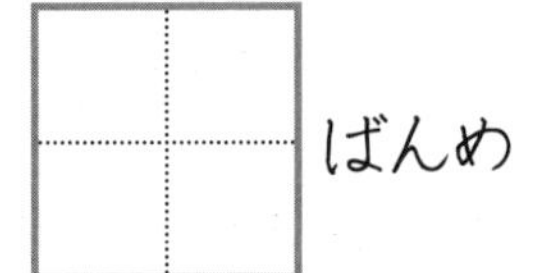

① 🍎は　うえから　□　ばんめ

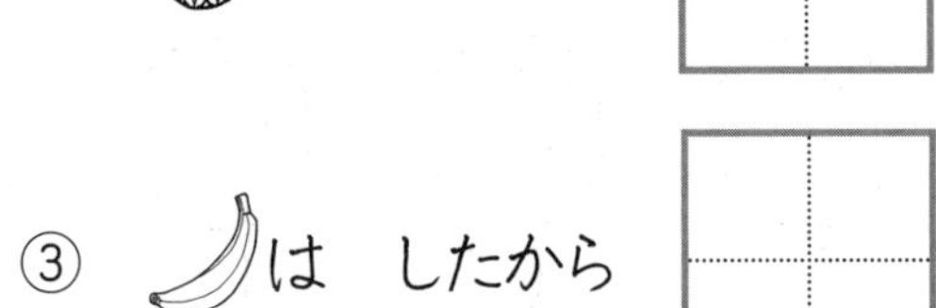

② 🍍は　うえから　□　ばんめ

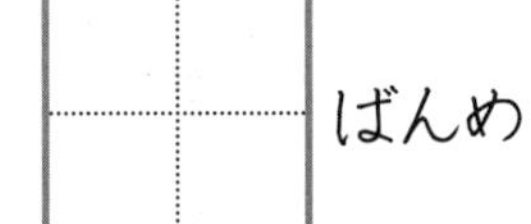

③ 🍌は　したから　□　ばんめ

なんばんめ（4）

なまえ

1 どうぶつの　いえは　どこかな。
せんで　むすびましょう。

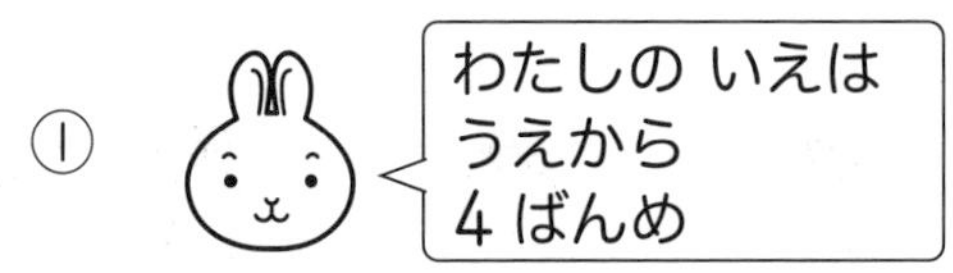

わたしの いえは
うえから
4 ばんめ

①

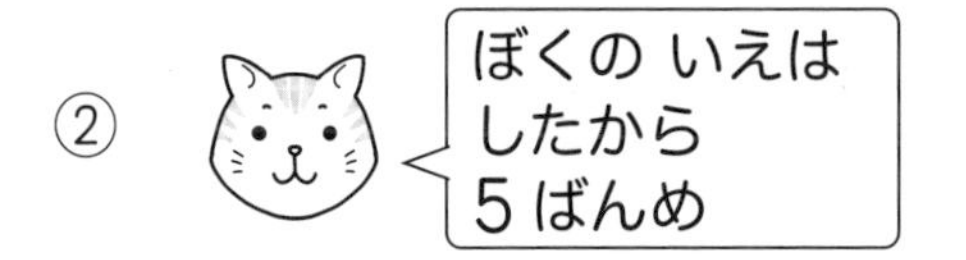

ぼくの いえは
したから
5 ばんめ

②

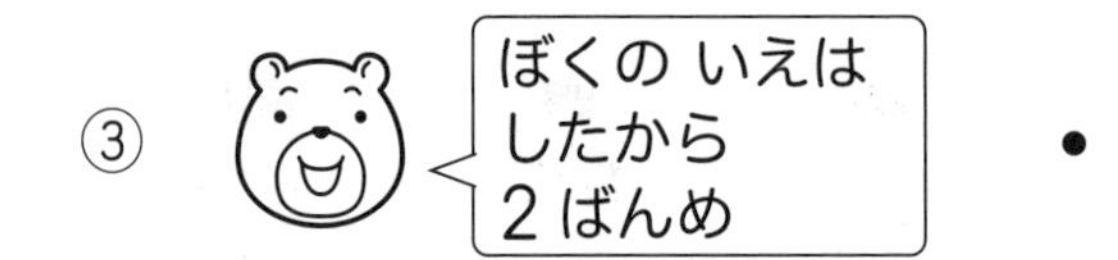

ぼくの いえは
したから
2 ばんめ

③

2 どうぶつの　たべたい　ものを　せんで　むすびましょう。

①

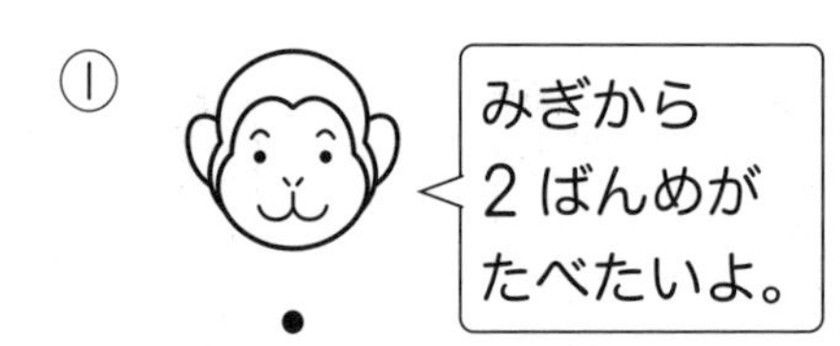

みぎから
2 ばんめが
たべたいよ。

②

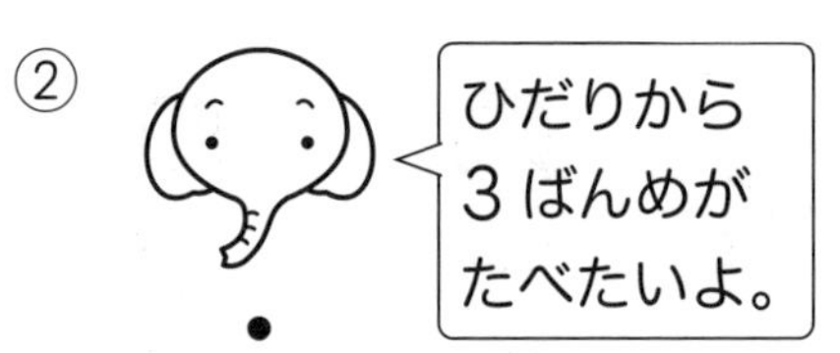

ひだりから
3 ばんめが
たべたいよ。

いくつと　いくつ（1）

5は　いくつと　いくつ

なまえ

□1 5この　みかんは　いくつと　いくつに
わけられるかな。□に　かずを　かきましょう。

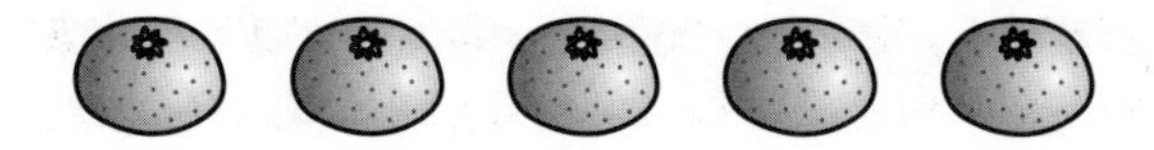

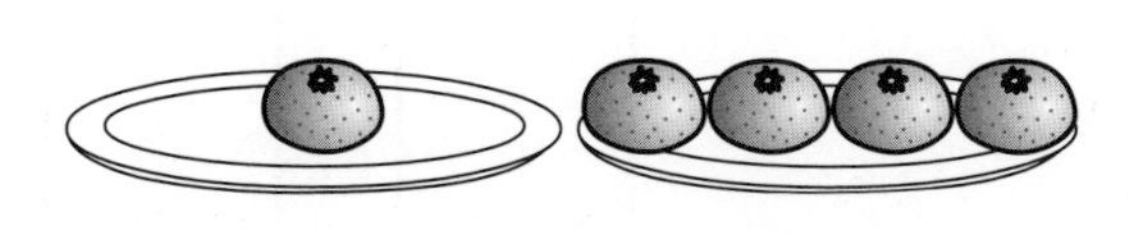 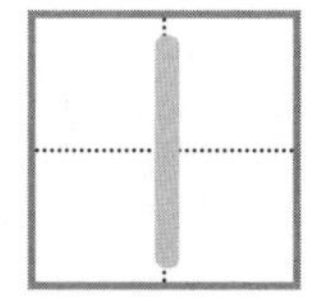 と 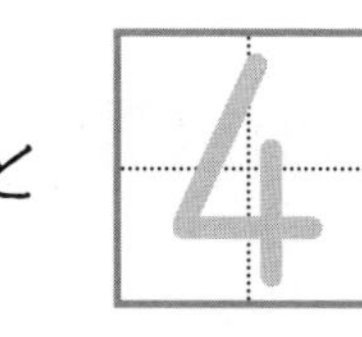

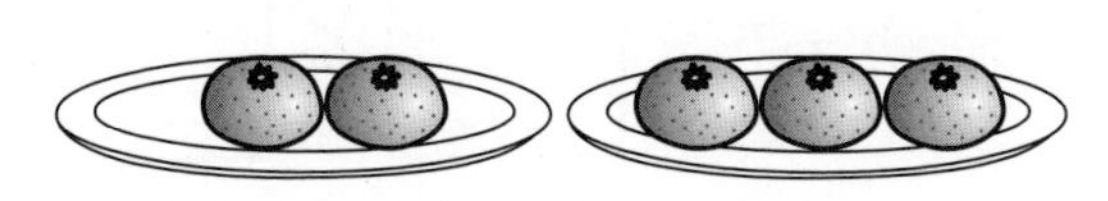 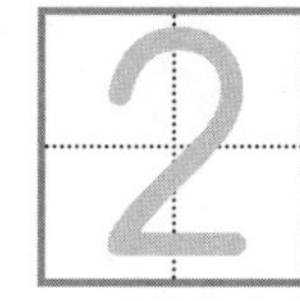 と 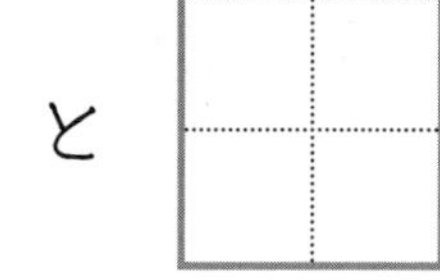

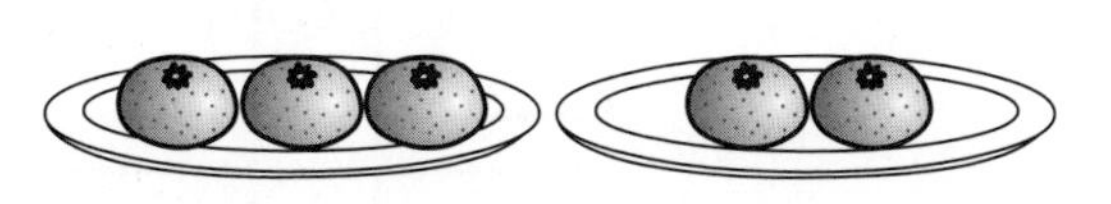 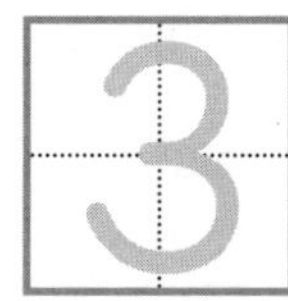 と 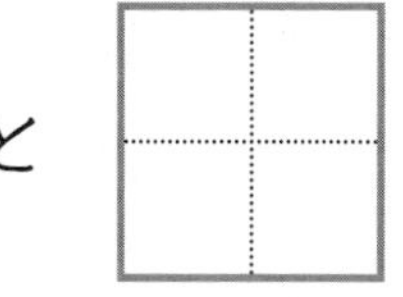

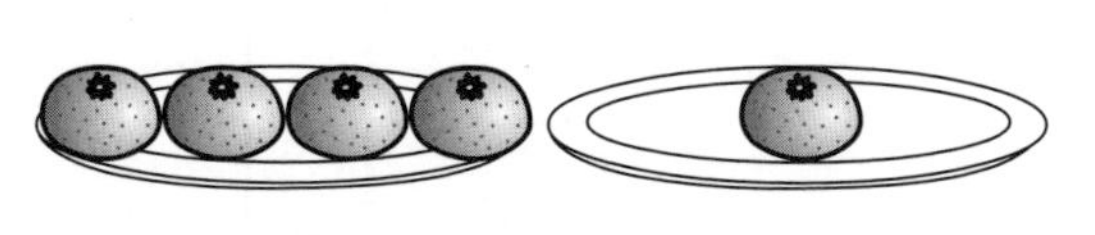 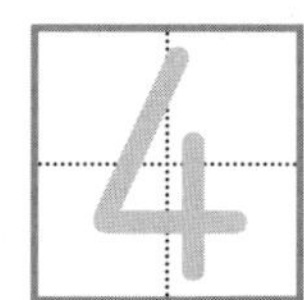 と 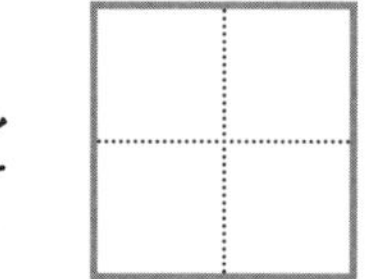

□2 □に　かずを　かきましょう。

① 5は 4 と 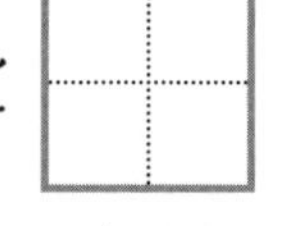　② 5は 3 と □

いくつと　いくつ（2）

6は　いくつと　いくつ

なまえ

● 6この　みかんは　いくつと　いくつに
わけられるかな。□に　かずを　かきましょう。

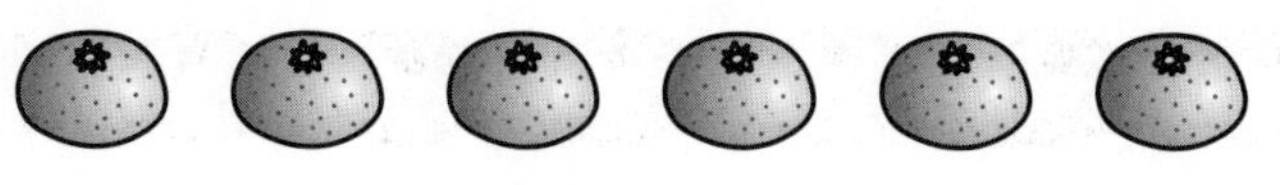

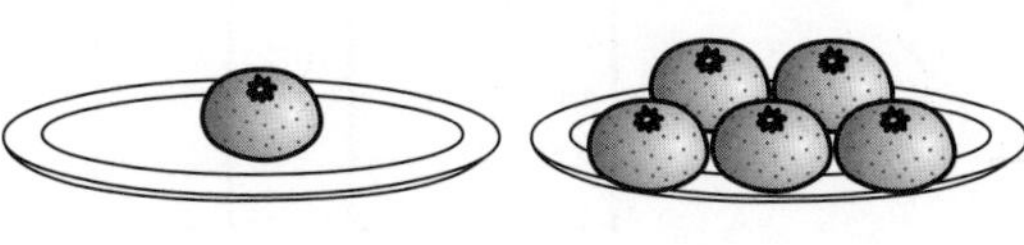 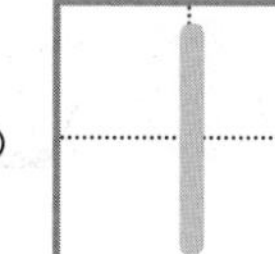 と 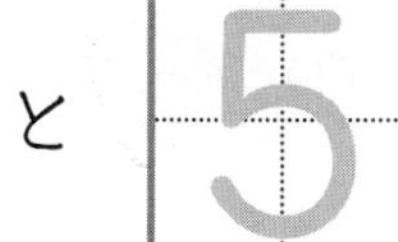

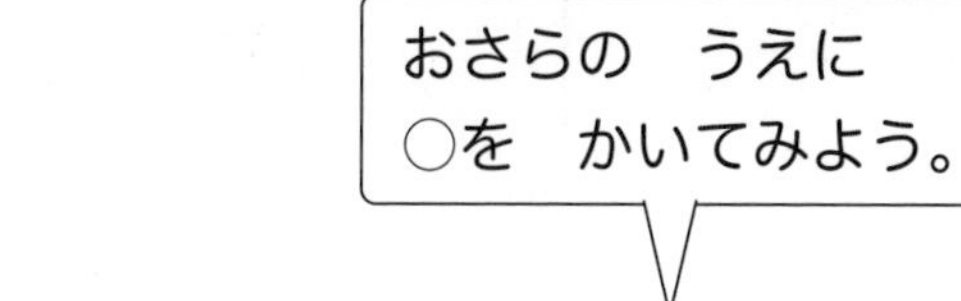

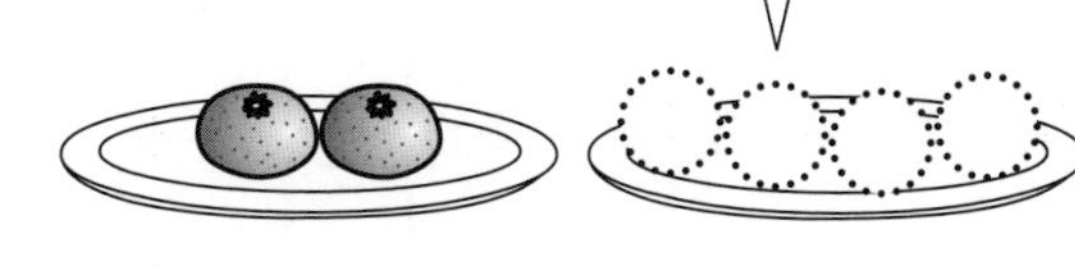 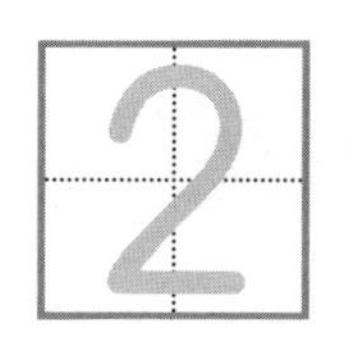 と 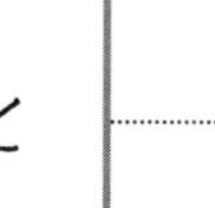

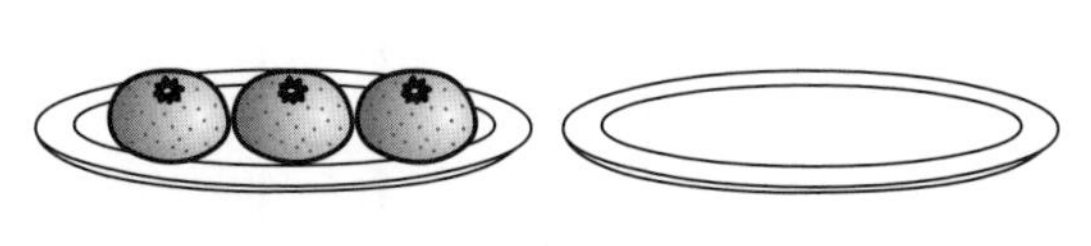 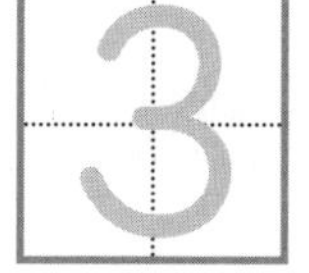 と 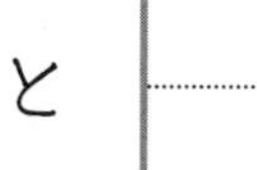

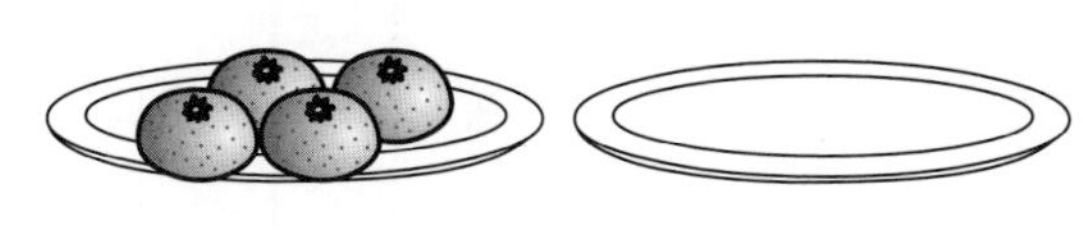 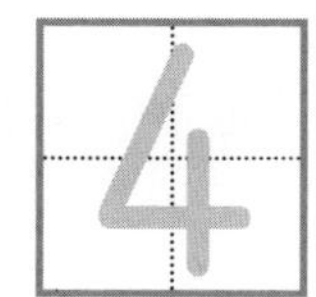  と 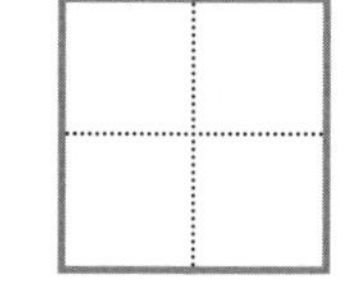

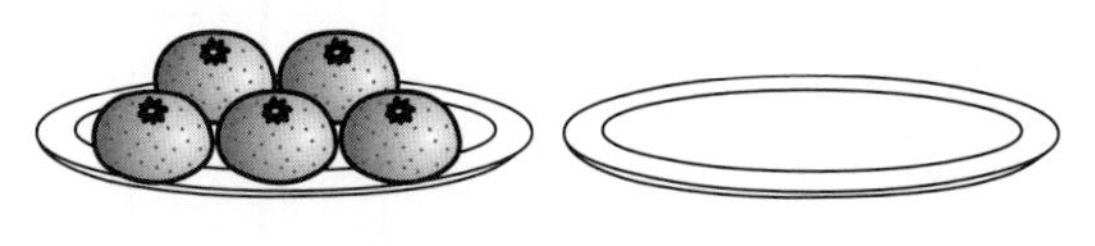  と □

いくつと　いくつ（3）

7は　いくつと　いくつ

なまえ

● 7は　いくつと　いくつかな。□に　かずを　かきましょう。

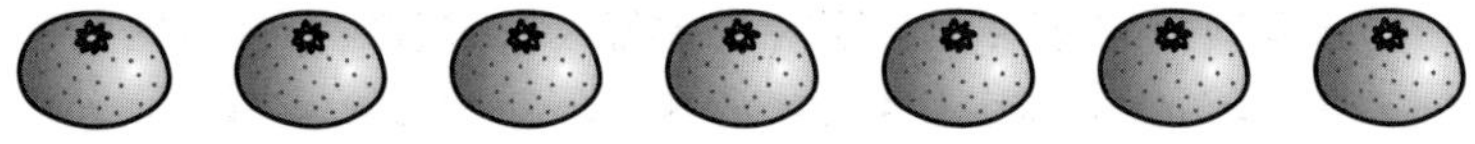
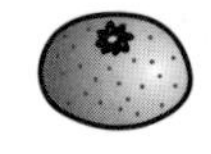 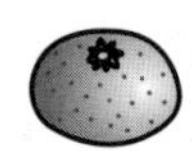 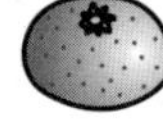 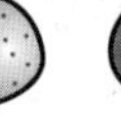 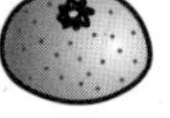 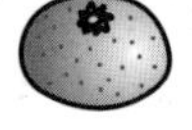 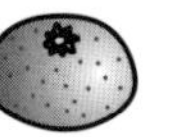

①  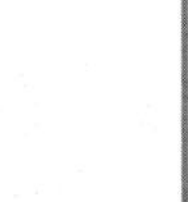 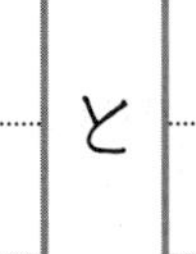 と 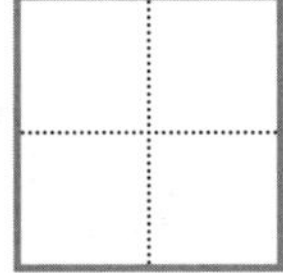

②  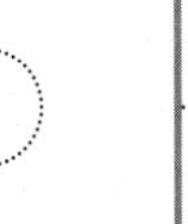 と 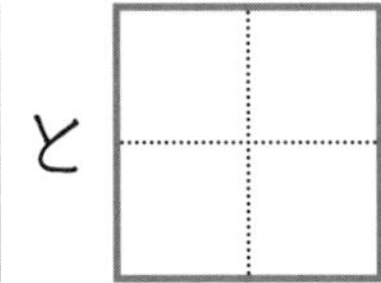

③ 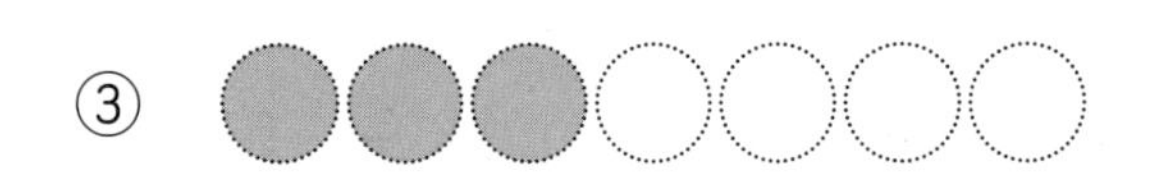 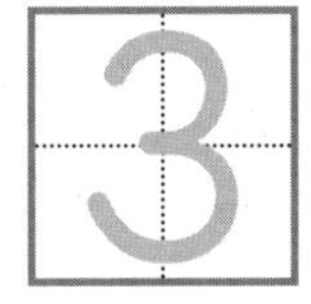 と 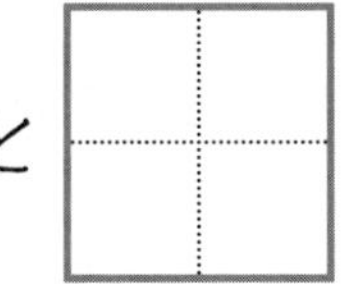

④ 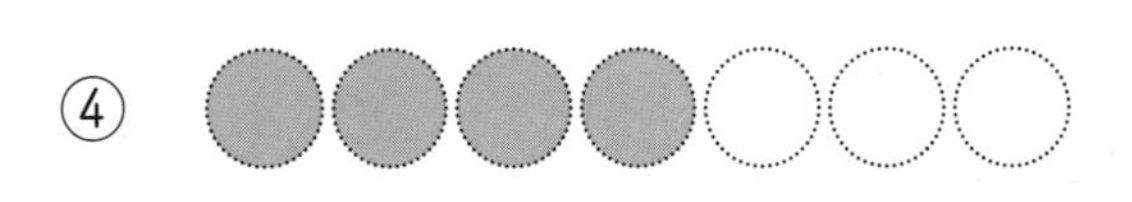 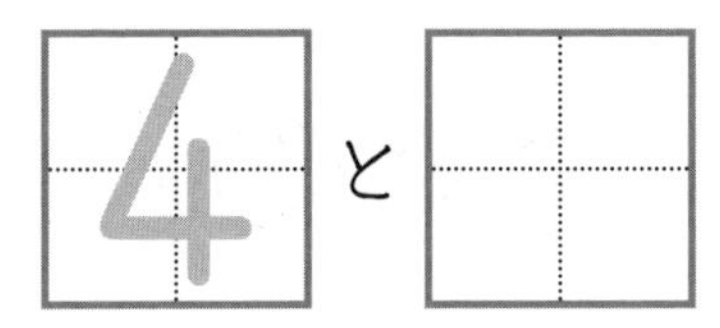 と

⑤ 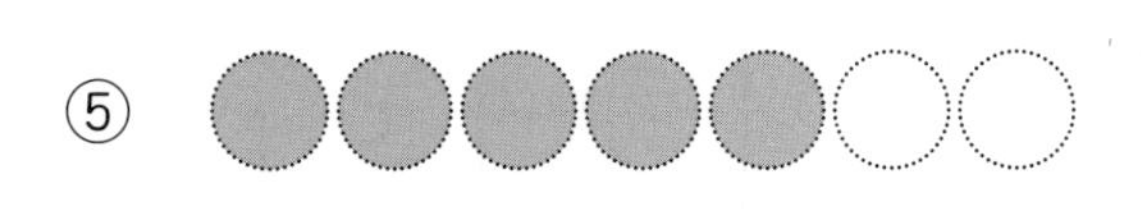 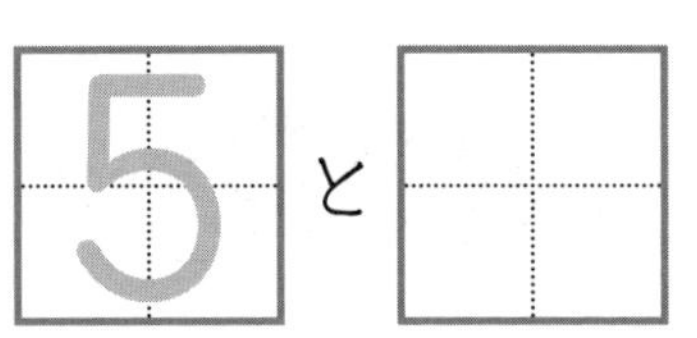 と

⑥ 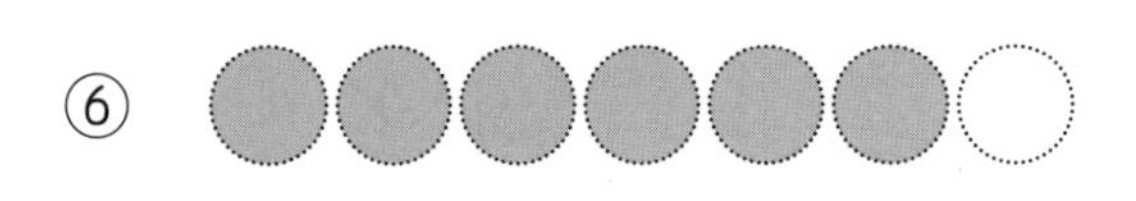 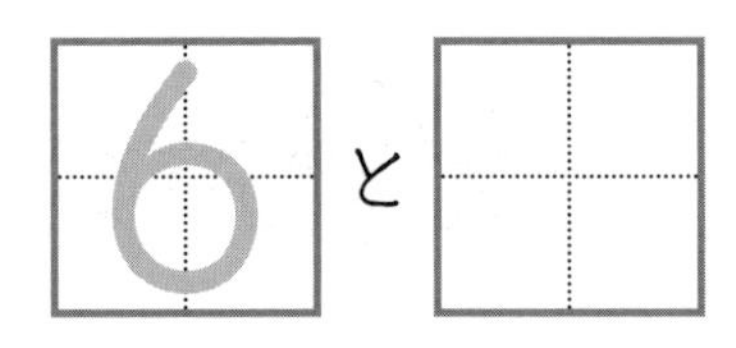 と

いくつと　いくつ（4）

8は　いくつと　いくつ

なまえ

● 8は　いくつと　いくつかな。□に　かずを　かきましょう。

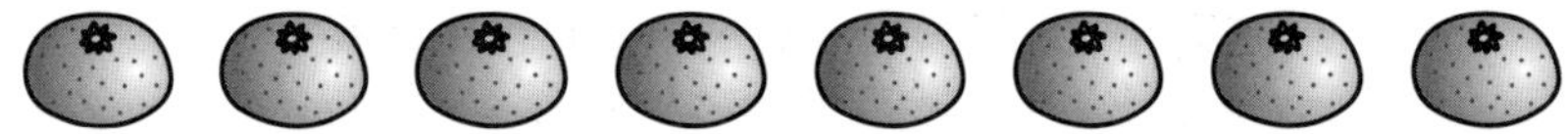
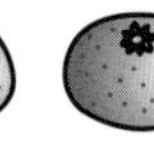  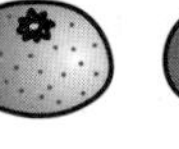 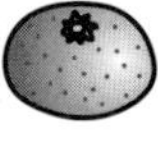 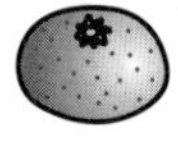 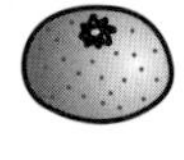 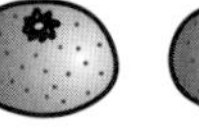 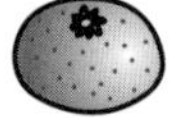

①   と 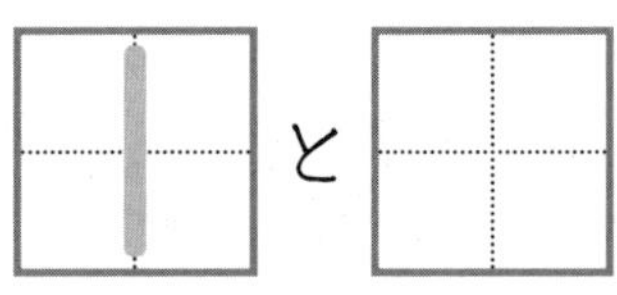

②  と 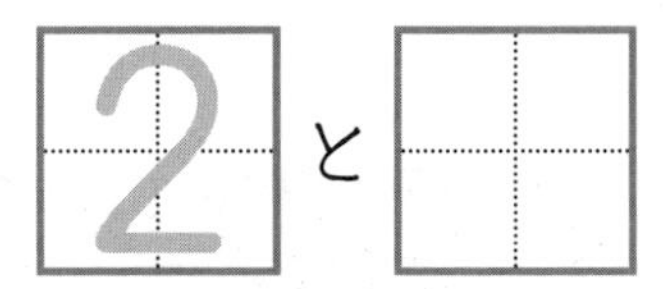

③ 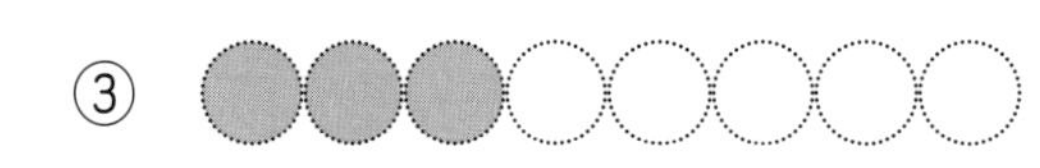 と 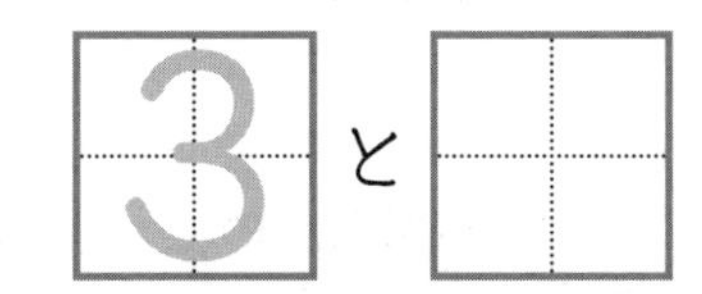

④  と 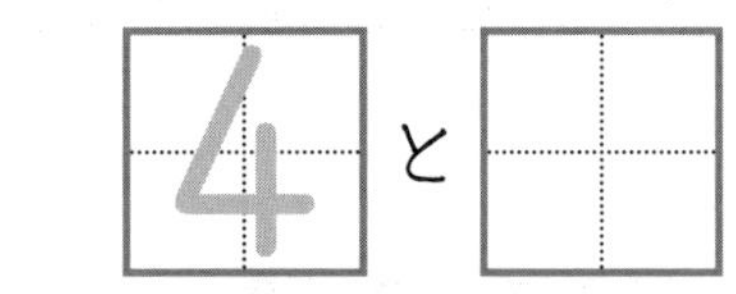

⑤ 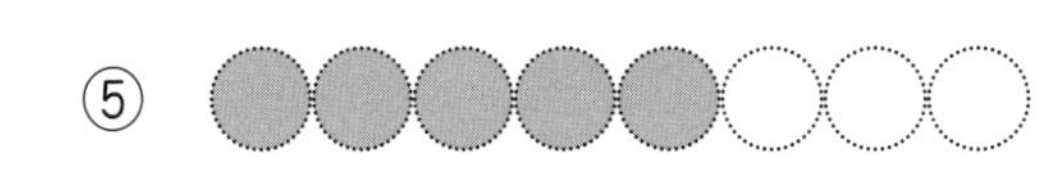 と 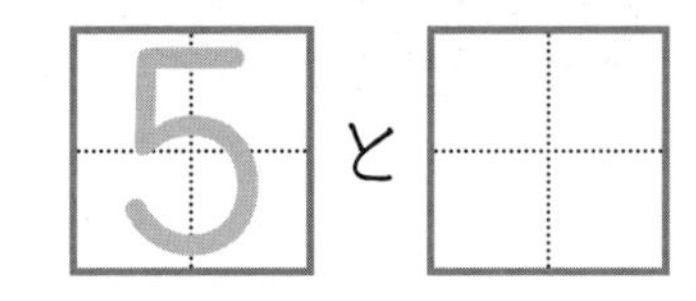

⑥  と 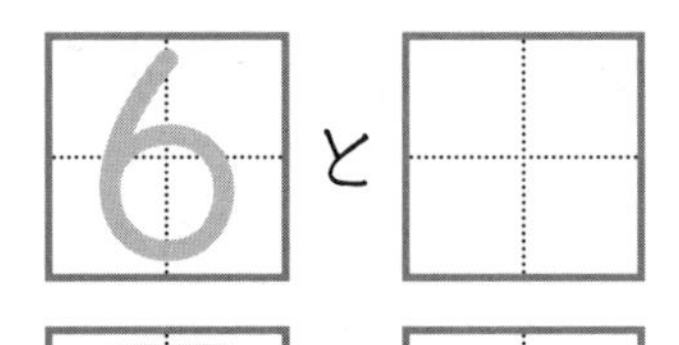

⑦  と 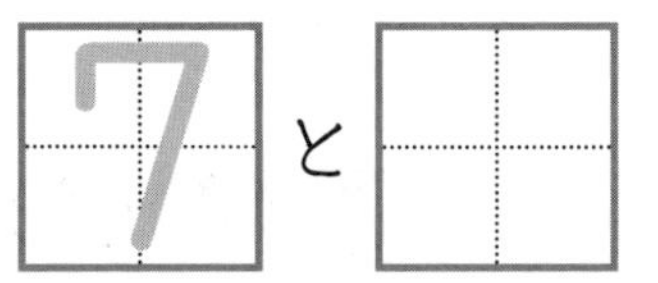

いくつと いくつ (5)

9は いくつと いくつ

なまえ

● 9は いくつと いくつかな。□に かずを かきましょう。

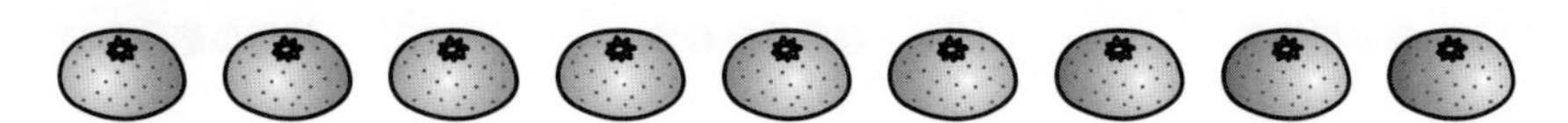

①  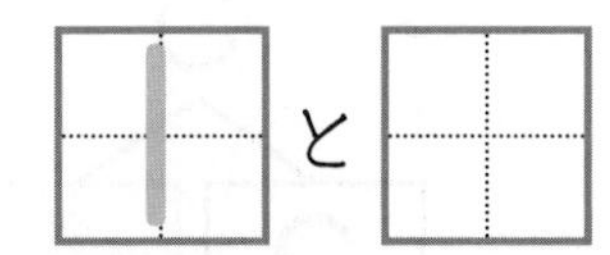 と □

②  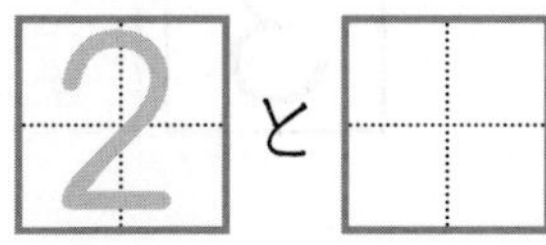 と □

③  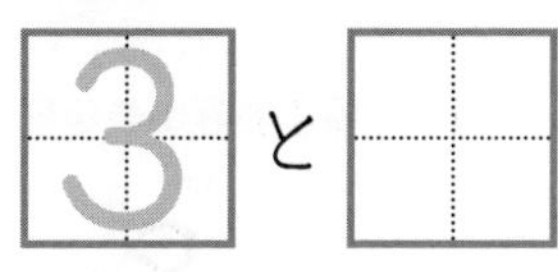 と □

④ 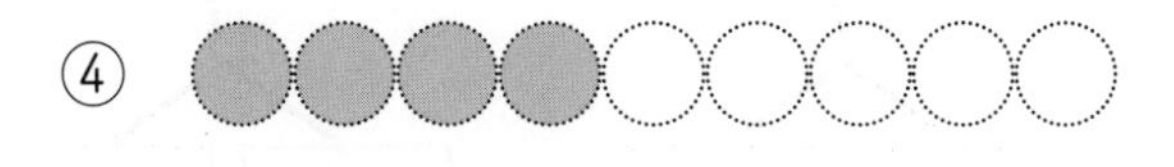 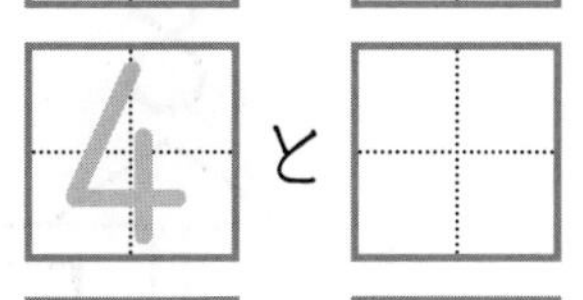 と □

⑤  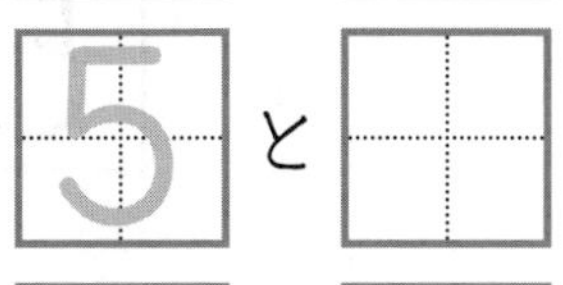 と □

⑥  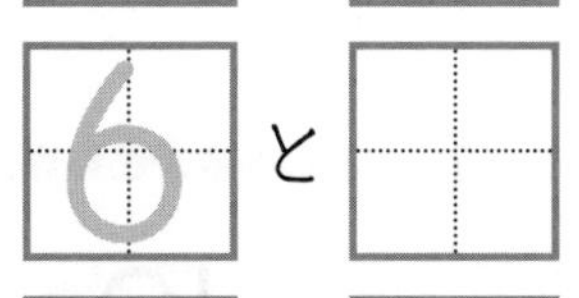 と □

⑦  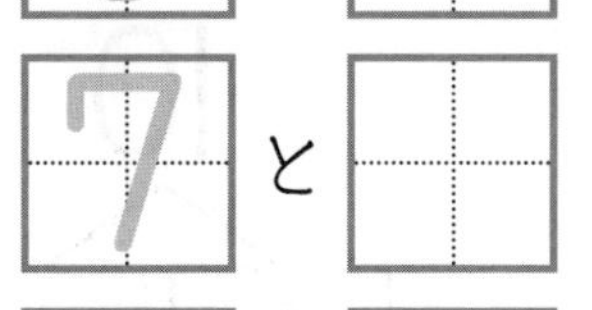 と □

⑧  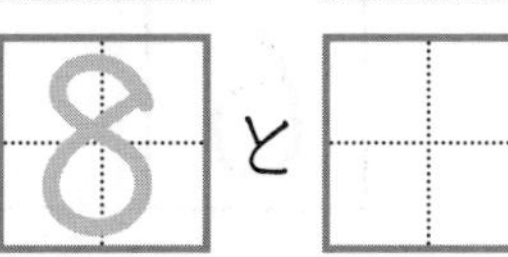 と □

いくつと いくつ (6)

10は いくつと いくつ

なまえ

● 10は いくつと いくつかな。□に かずを かきましょう。

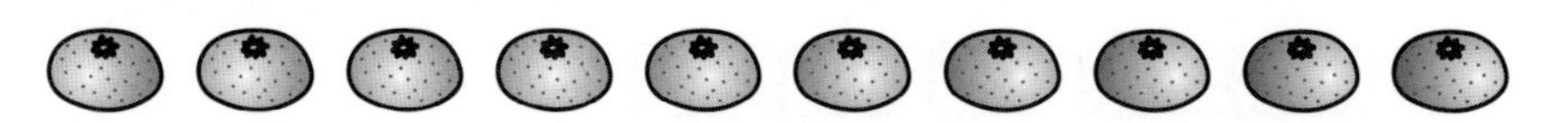

①  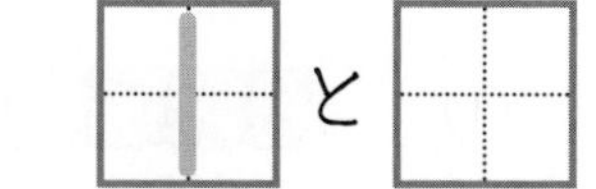 と □

②  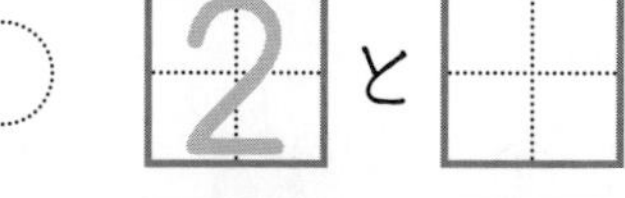 と □

③  3 と □

④  4 と □

⑤  5 と □

⑥  6 と □

⑦ 7 と □

⑧ 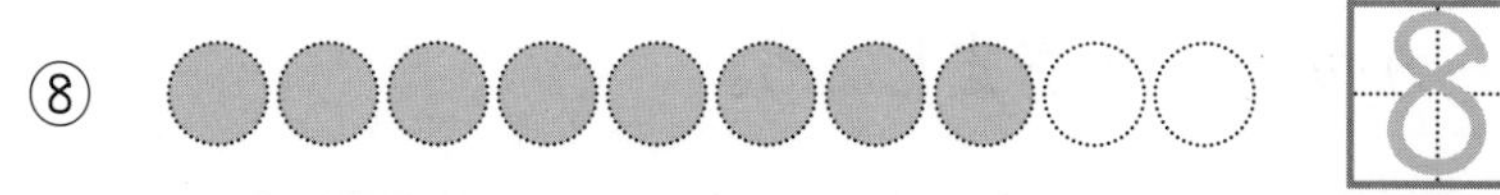 8 と □

⑨ 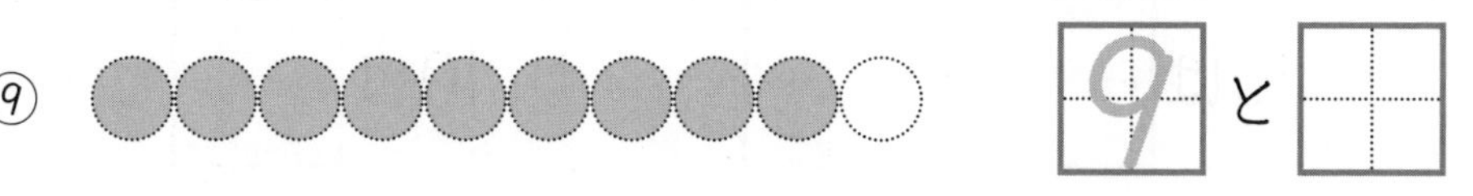 9 と □

いくつと　いくつ (7)

10は　いくつと　いくつ

なまえ

1　10は　いくつと　いくつかな。□に　かずを　かきましょう。

①   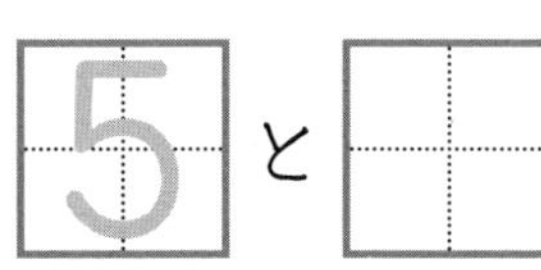

②   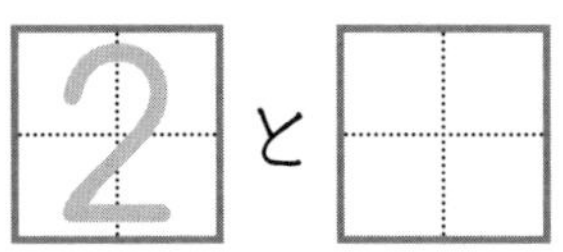

 ③   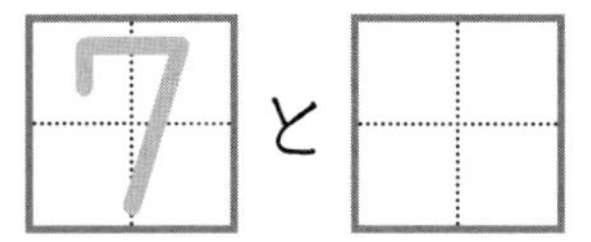

 ④ 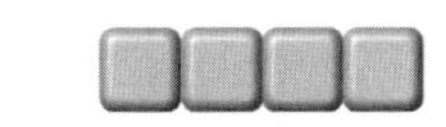 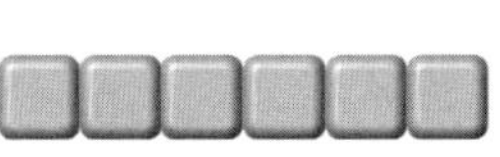 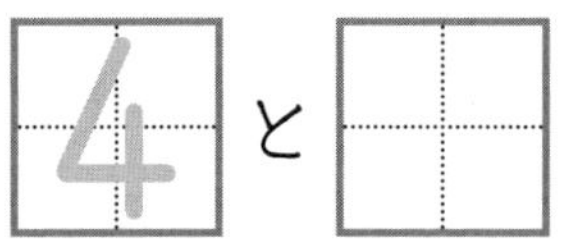

 ⑤   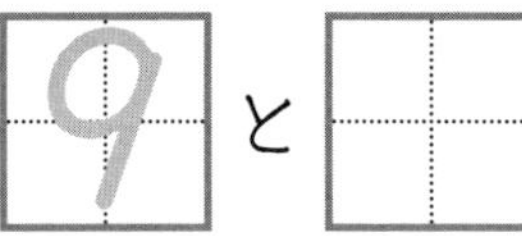

2　□に　かずを　かきましょう。

① 10は 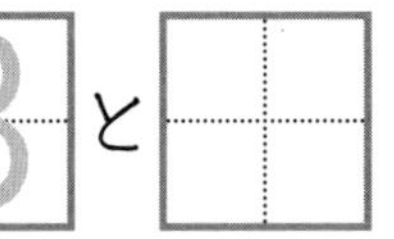

② 10は 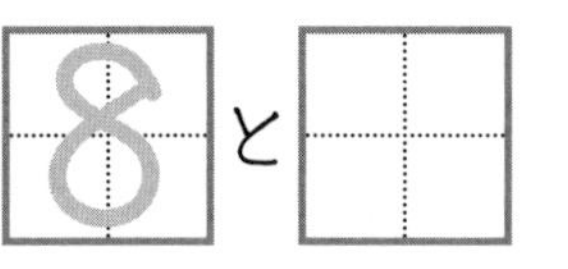

いくつと　いくつ (8)

なまえ

●　□に　あてはまる　かずを　かきましょう。

① ●●●●● 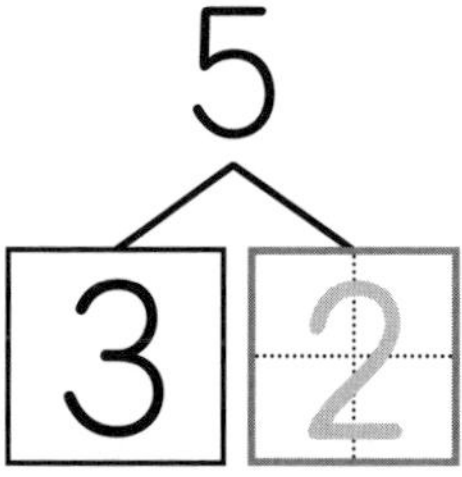

②  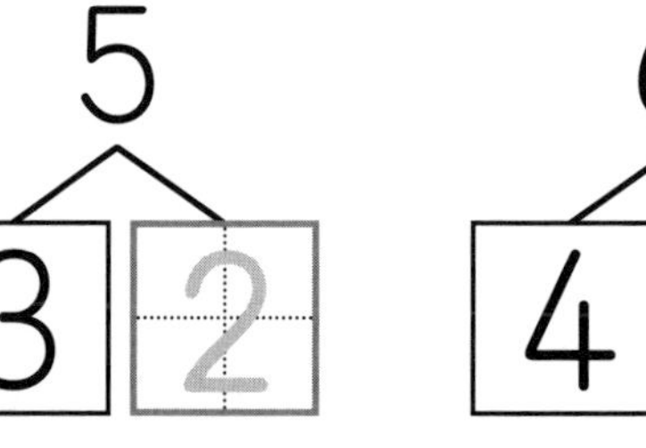

③  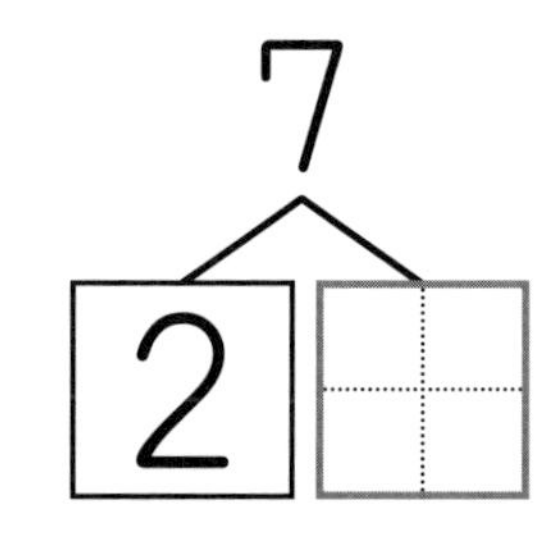

④ ●●●●●●●● 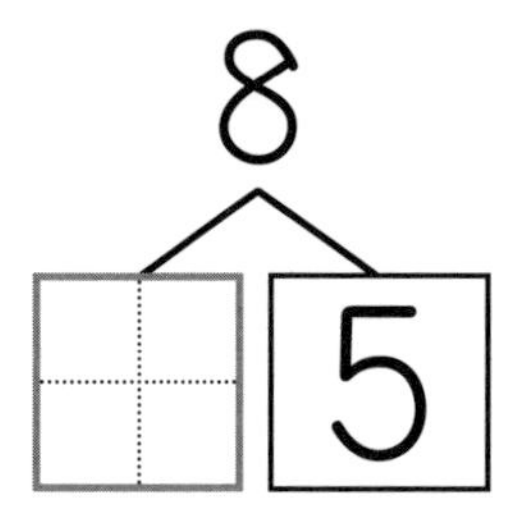

⑤  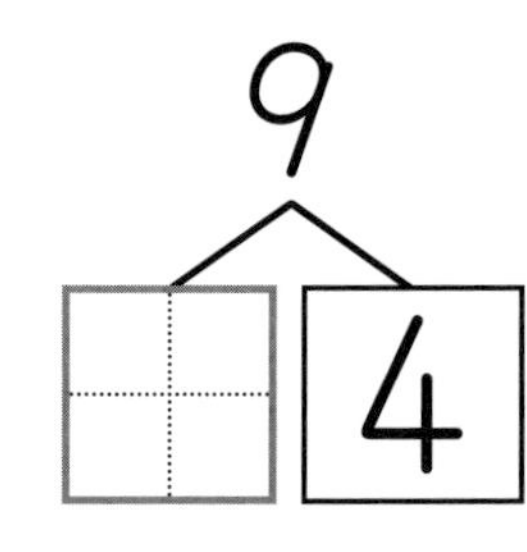

⑥ ●●●●●●●●● 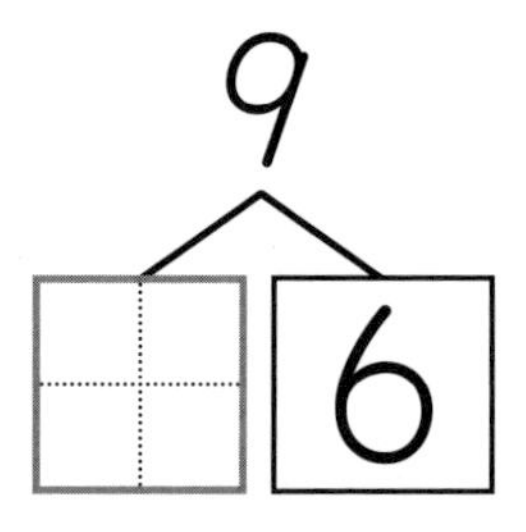

⑦ ●●●●●●●●●● 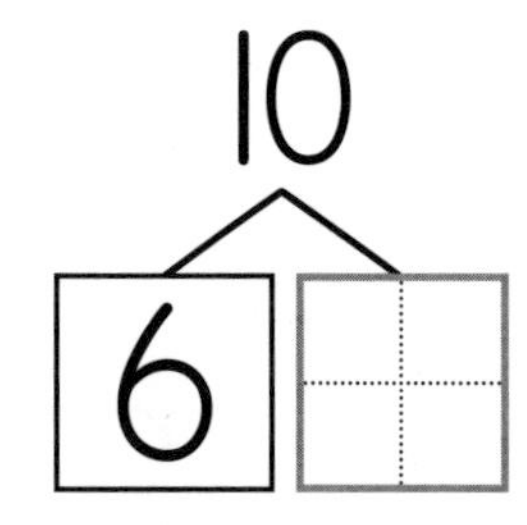

⑧ ●●●●●●●●●● 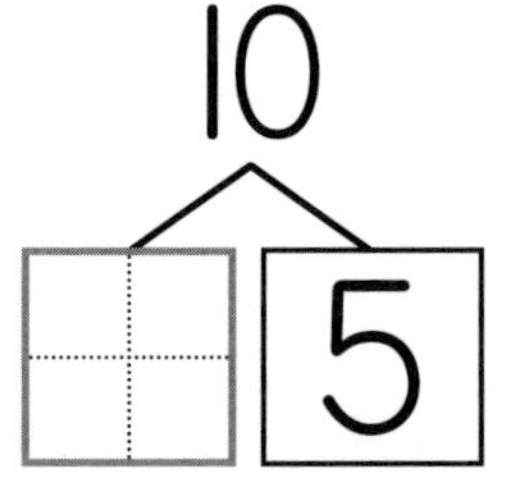

5までの たしざん（1） なまえ

1 りんごは　あわせて　なんこに　なりますか。

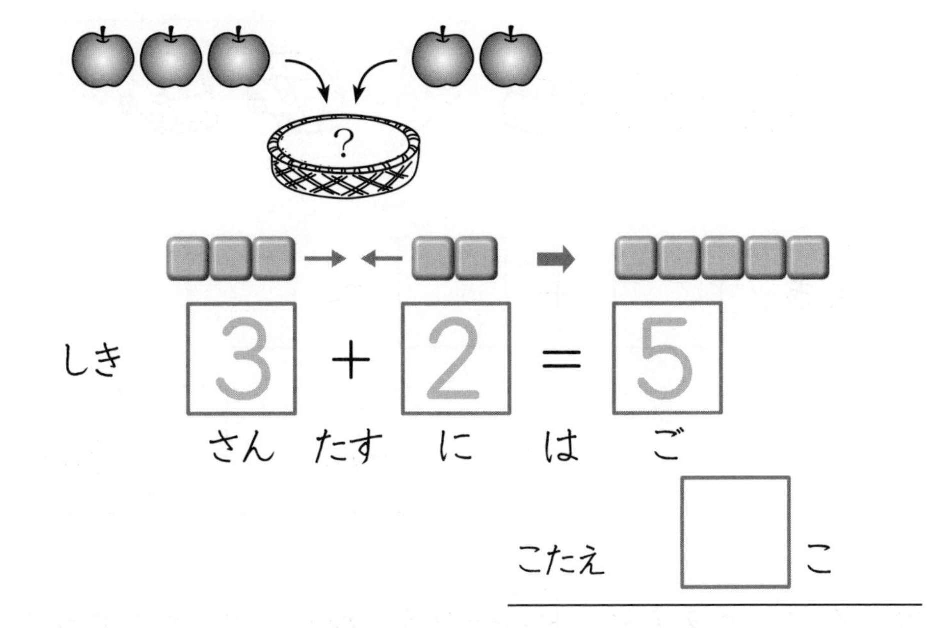

しき　3 ＋ 2 ＝ 5

さん　たす　に　は　ご

こたえ　□　こ

2 りんごは　あわせて　なんこに　なりますか。

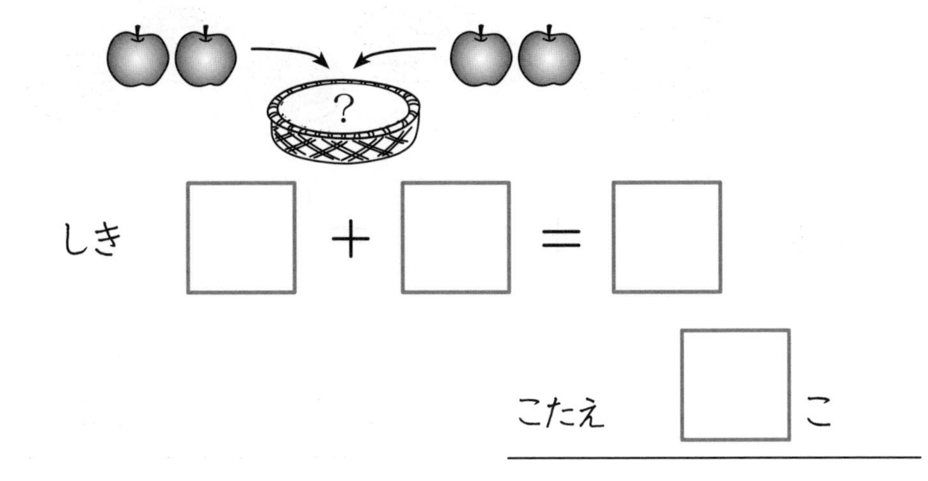

しき　□ ＋ □ ＝ □

こたえ　□　こ

5までの たしざん（2） なまえ

1 いぬは　あわせて　なんびきに　なりますか。

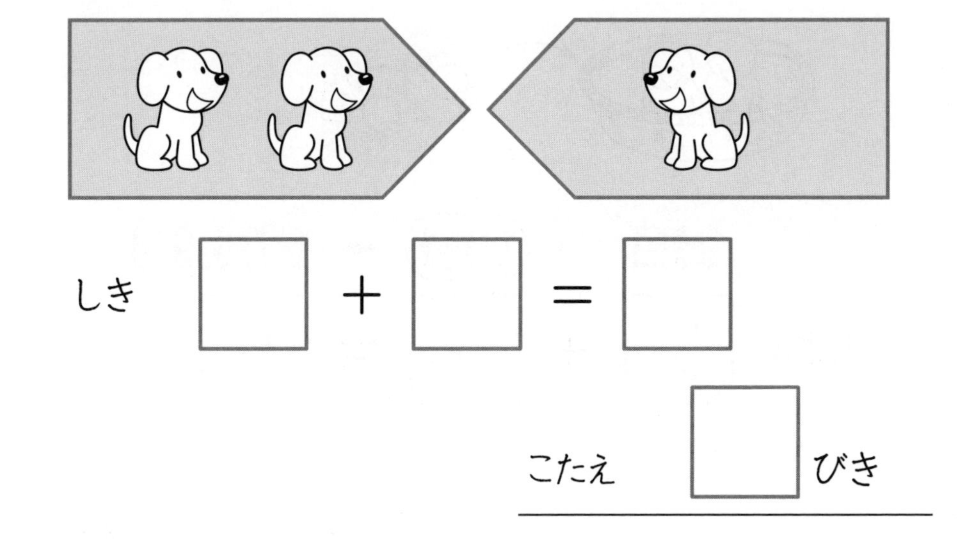

しき　□ ＋ □ ＝ □

こたえ　□　びき

2 はなは　あわせて　なんぼんに　なりますか。

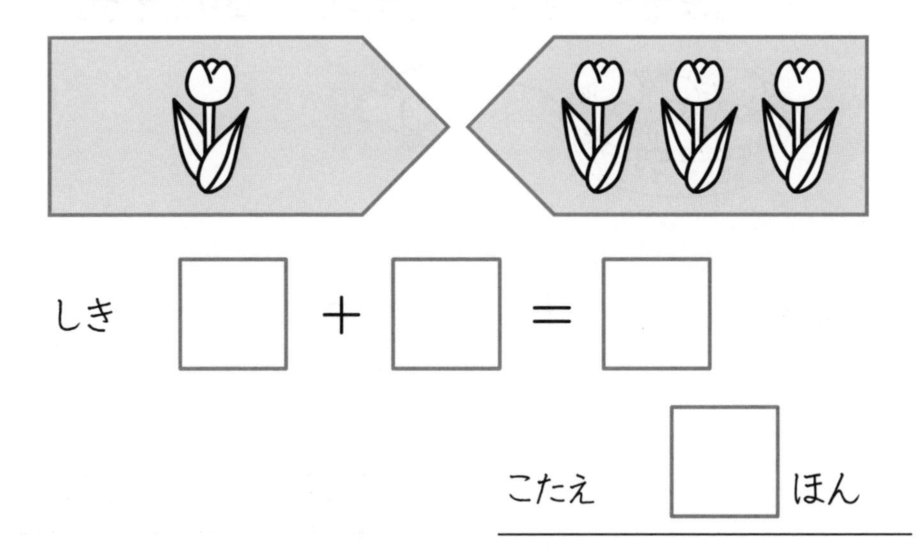

しき　□ ＋ □ ＝ □

こたえ　□　ほん

5までの たしざん（3）

なまえ

□1 2わ　ふえると　とりは　なんわに　なりますか。

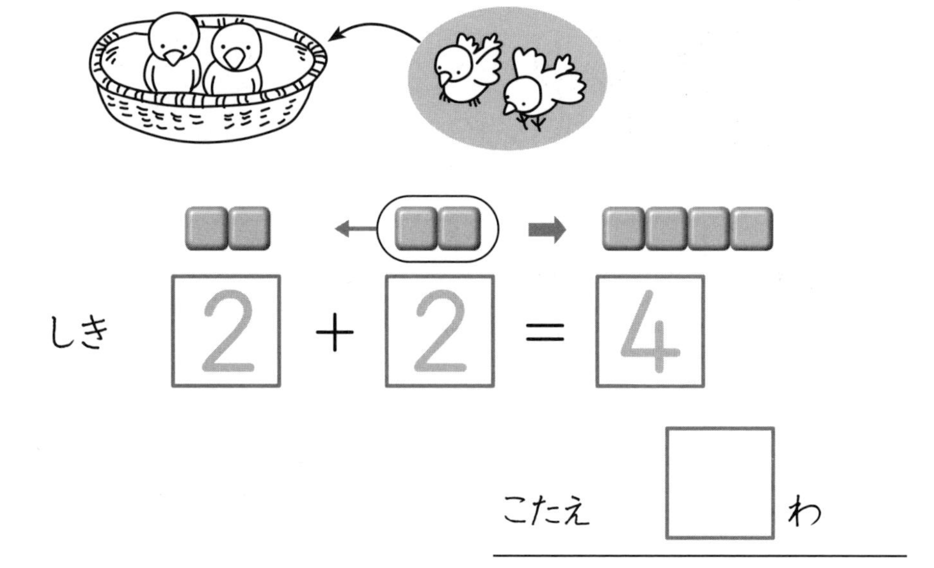

しき $2 + 2 = 4$

こたえ □ わ

□2 1わ　ふえると　とりは　なんわに　なりますか。

しき □ ＋ □ ＝ □

こたえ □ わ

5までの たしざん（4）

なまえ

□1 2だい　ふえると　くるまは　なんだいに　なりますか。

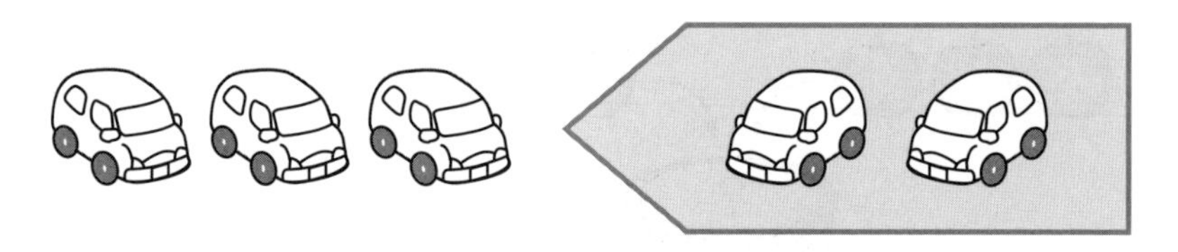

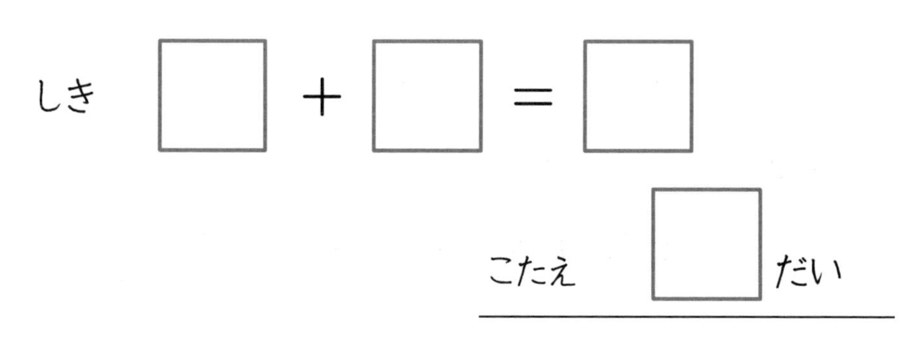

しき □ ＋ □ ＝ □

こたえ □ だい

□2 4こ　ふえると　ドーナツ（どうなつ）は　なんこに　なりますか。

しき □ ＋ □ ＝ □

こたえ □ こ

5までの たしざん（5） なまえ

①
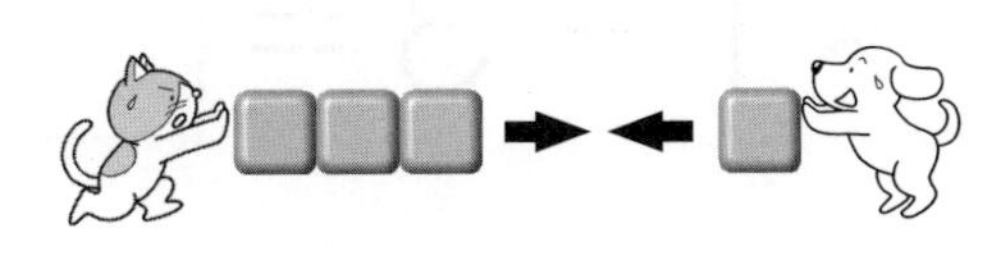
$3 + 1 = \square$

②
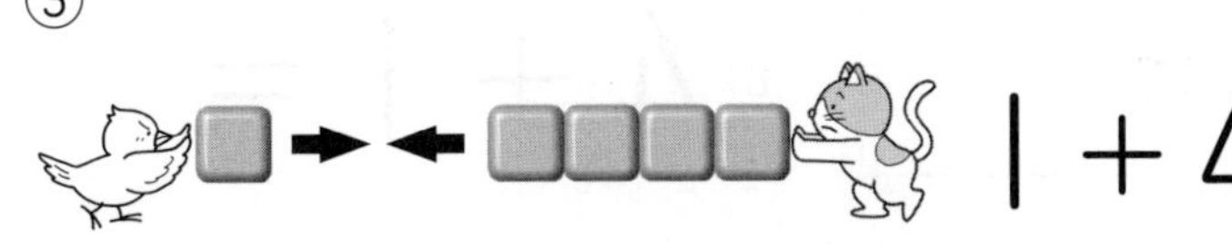
$2 + 2 = \square$

③

$1 + 4 = \square$

④

$2 + 3 = \square$

⑤

$2 + 1 = \square$

5までの たしざん（6） なまえ

①
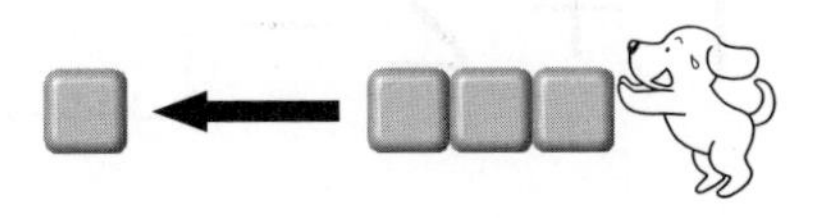
$1 + 3 = \square$

②
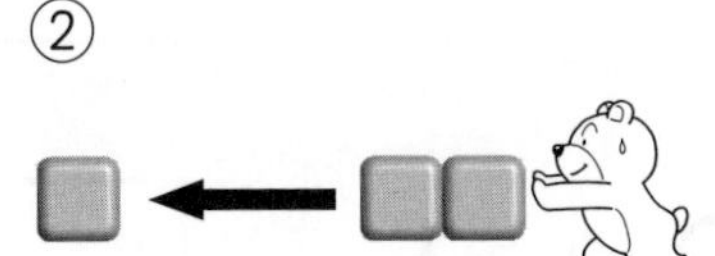
$1 + 2 = \square$

③
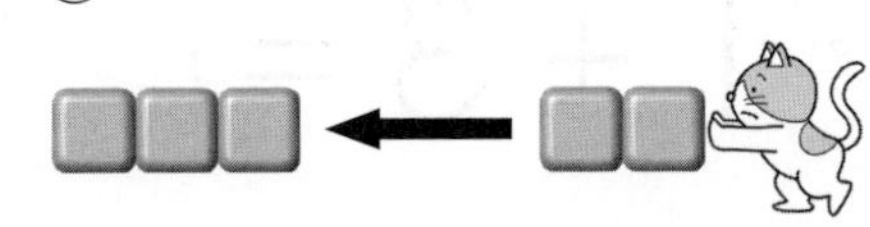
$3 + 2 = \square$

④
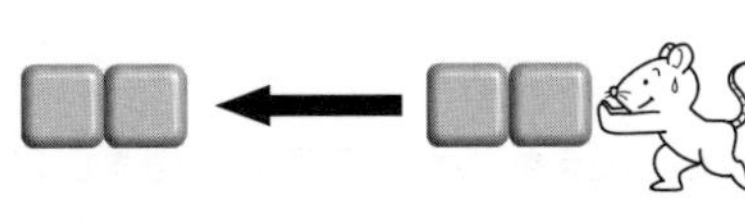
$2 + 2 = \square$

⑤
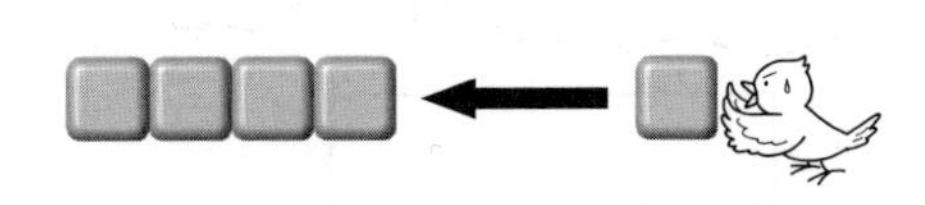
$4 + 1 = \square$

5までの たしざん (7)

なまえ ____________________

① $4+1=$ □　② $1+2=$ □

③ $2+3=$ □　④ $1+1=$ □

⑤ $1+4=$ □　⑥ $3+1=$ □

⑦ $2+1=$ □　⑧ $1+3=$ □

⑨ $3+2=$ □　⑩ $2+2=$ □

めいろは，こたえの おおきい ほうを とおりましょう。とおった こたえを したの □に かきましょう。

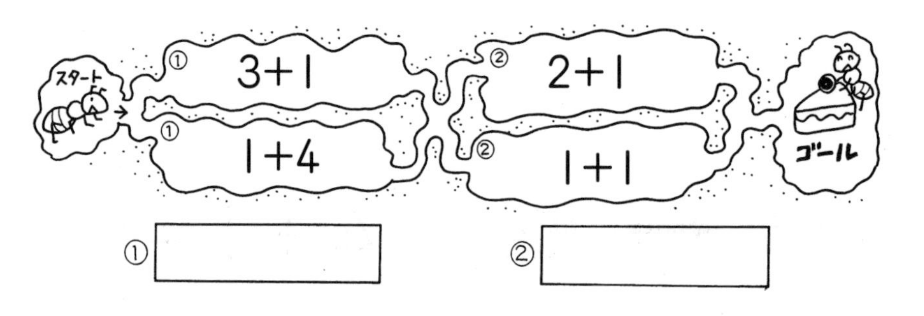

5までの たしざん (8)

なまえ ____________________

① $2+1=$ □　② $1+3=$ □

③ $1+2=$ □　④ $2+3=$ □

⑤ $3+1=$ □　⑥ $2+2=$ □

⑦ $1+4=$ □　⑧ $4+1=$ □

⑨ $1+1=$ □　⑩ $3+2=$ □

めいろは，こたえの おおきい ほうを とおりましょう。とおった こたえを したの □に かきましょう。

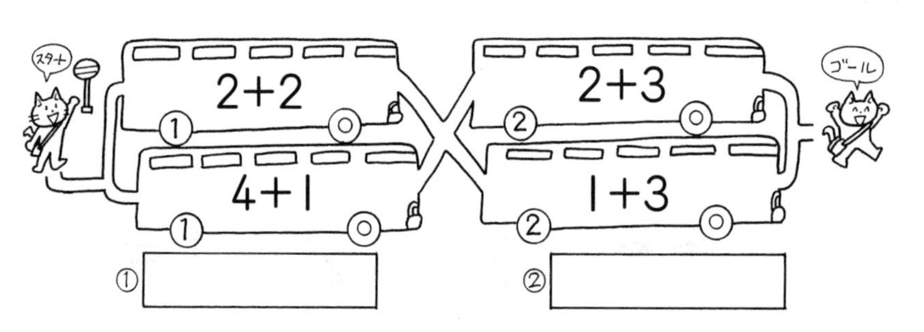

10までの たしざん（1）

なまえ

1 ちょうが　3びきと　5ひき　います。
あわせて　なんびきに　なりますか。

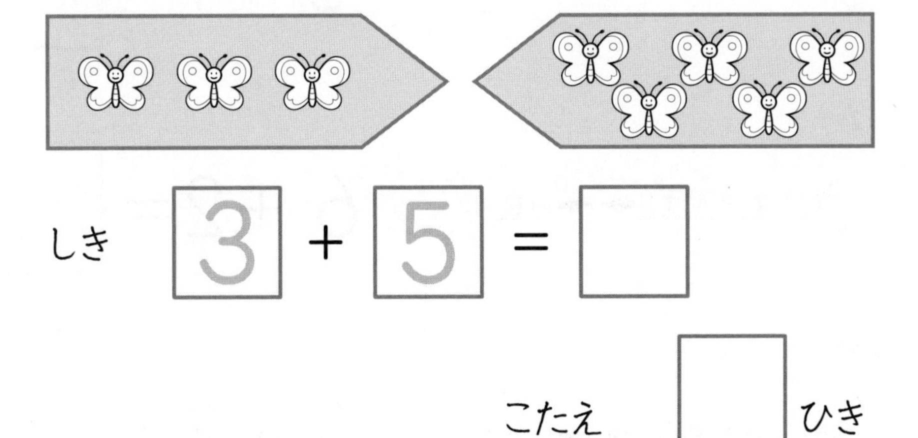

しき　3 ＋ 5 ＝ □

こたえ　□ ひき

2 あめが　6こと　4こ　あります。
あわせて　なんこに　なりますか。

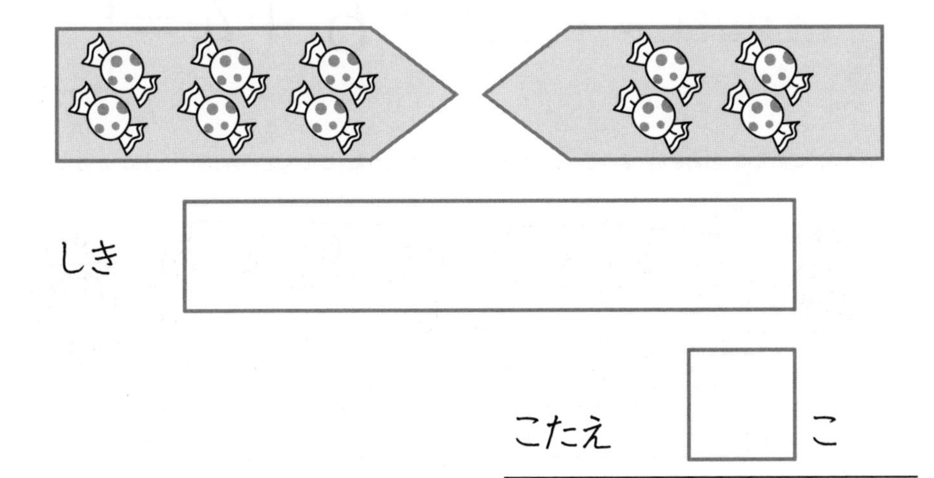

しき

こたえ　□ こ

10までの たしざん（2）

なまえ

1 すずめが　7わ　います。
2わ　くると，ぜんぶで　なんわに　なりますか。

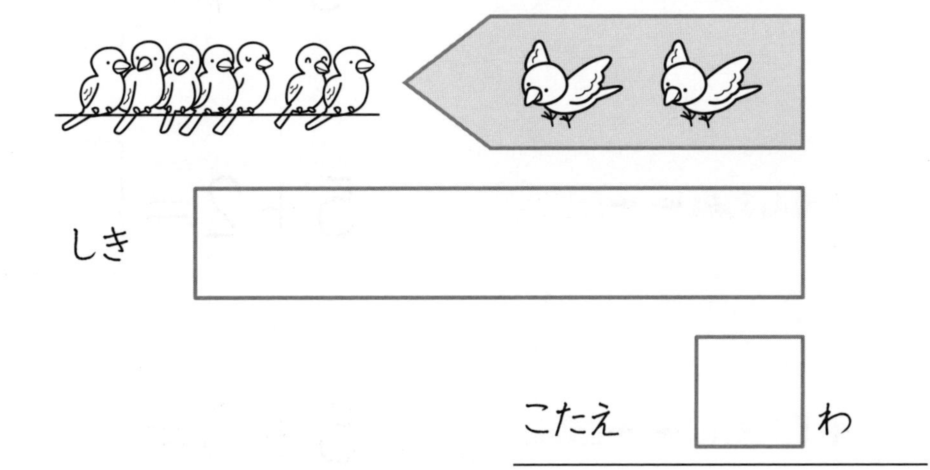

しき

こたえ　□ わ

2 えんぴつが　2ほん　あります。
4ほん　ふえると，なんぼんに　なりますか。

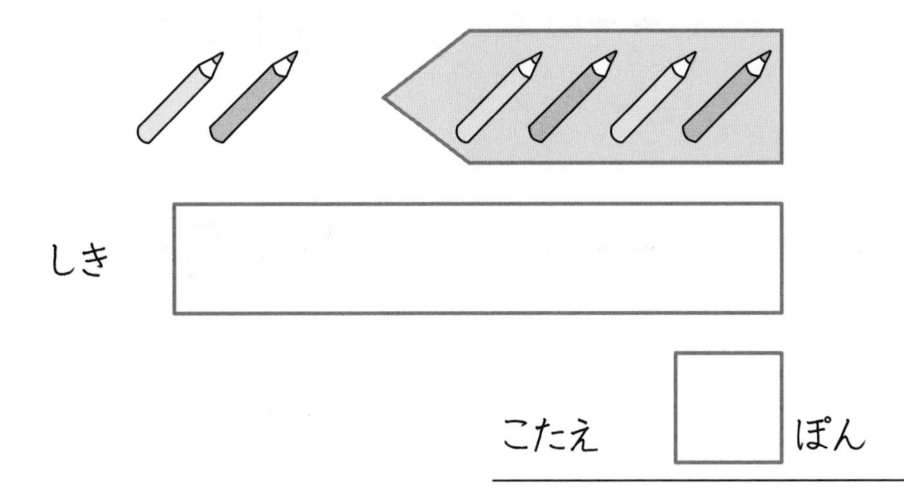

しき

こたえ　□ ぽん

10までの たしざん (3)

なまえ

①

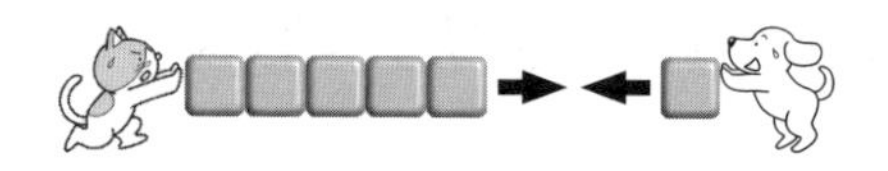

$5+1=$ □

②

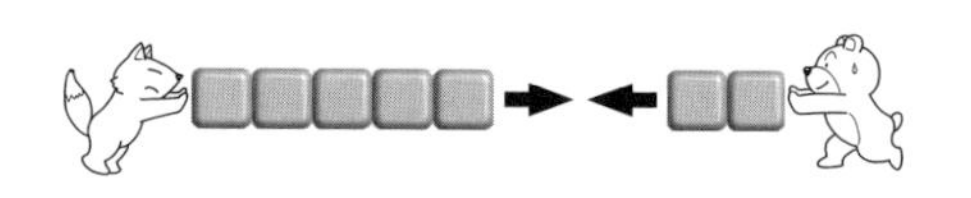

$5+2=$ □

③

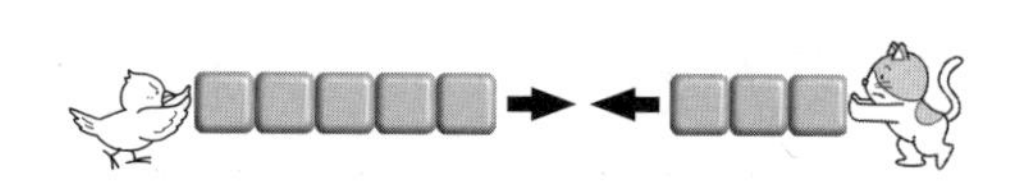

$5+3=$ □

④

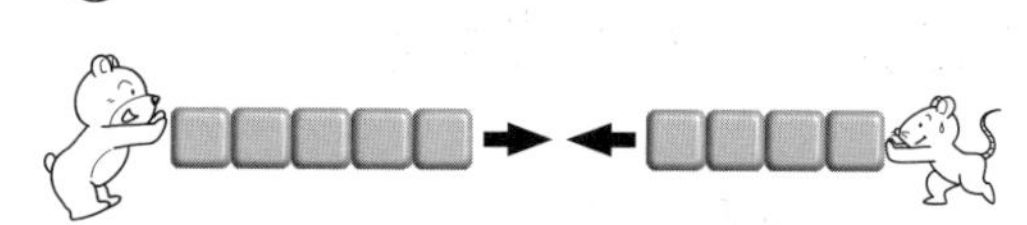

$5+4=$ □

⑤

$5+5=$ □

10までの たしざん (4)

なまえ

①

$6+1=$ □

②

$6+2=$ □

③

$6+3=$ □

④

$6+4=$ □

めいろは，こたえの おおきい ほうを とおりましょう。とおった こたえを したの □に かきましょう。

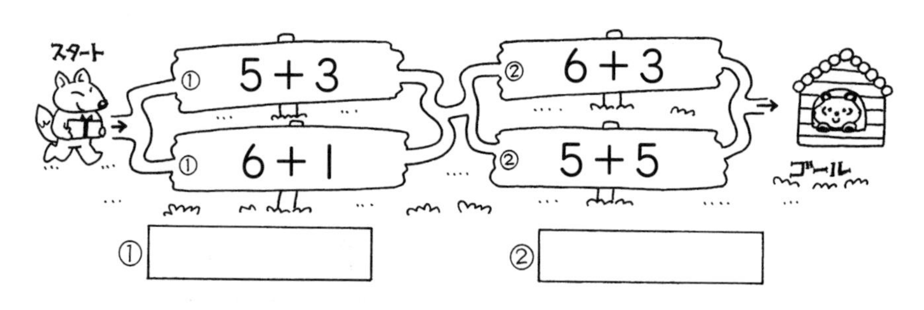

① □　② □

10までの たしざん (5)

なまえ

①

$7+1=$ □

②

$7+2=$ □

③

$7+3=$ □

④

$8+1=$ □

⑤

$8+2=$ □

⑥

$9+1=$ □

10までの たしざん (6)

なまえ

① $5+1=$ □　② $8+2=$ □

③ $2+6=$ □　④ $1+5=$ □

⑤ $4+4=$ □　⑥ $7+2=$ □

⑦ $3+5=$ □　⑧ $5+5=$ □

⑨ $7+1=$ □　⑩ $6+4=$ □

めいろは，こたえの　おおきい　ほうを　とおりましょう。とおった　こたえを　したの　□に　かきましょう。

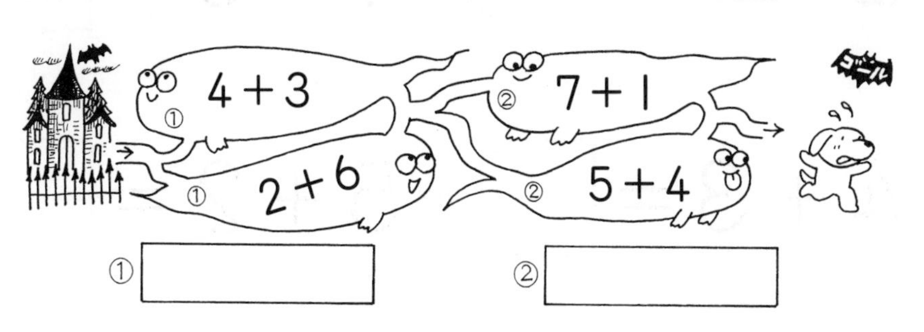

10までの たしざん (7)

なまえ

① $6+2=\square$ ② $3+6=\square$

③ $5+3=\square$ ④ $1+7=\square$

⑤ $3+4=\square$ ⑥ $2+4=\square$

⑦ $4+5=\square$ ⑧ $8+1=\square$

⑨ $2+7=\square$ ⑩ $7+3=\square$

⑪ $4+3=\square$ ⑫ $5+2=\square$

10までの たしざん (8)

なまえ

① $6+3=\square$ ② $5+4=\square$

③ $1+8=\square$ ④ $2+8=\square$

⑤ $4+6=\square$ ⑥ $3+7=\square$

⑦ $3+3=\square$ ⑧ $2+5=\square$

⑨ $4+2=\square$ ⑩ $9+1=\square$

めいろは，こたえの おおきい ほうを とおりましょう。とおった こたえを したの □ に かきましょう。

10までの たしざん (9)

なまえ

0の たしざん

● たまいれを しました。□に あてはまる かずを かきましょう。

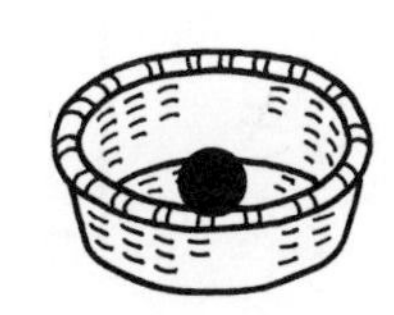

1かいめ　2かいめ

くま

  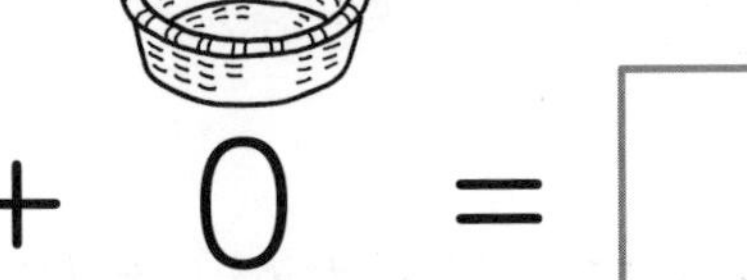

$3 + 0 = \square$

ねこ

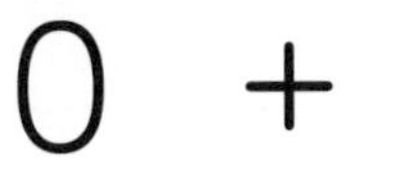 

$0 + 2 = \square$

うさぎ

 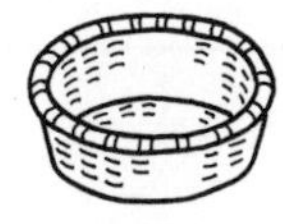 

$0 + 0 = \square$

10までの たしざん (10)

なまえ

① $3 + 7 = \square$　② $5 + 0 = \square$

③ $8 + 1 = \square$　④ $2 + 4 = \square$

⑤ $0 + 0 = \square$　⑥ $6 + 2 = \square$

⑦ $5 + 4 = \square$　⑧ $0 + 7 = \square$

⑨ $0 + 1 = \square$　⑩ $3 + 6 = \square$

⑪ $10 + 0 = \square$　⑫ $6 + 4 = \square$

10までの たしざん (11)

ぶんしょうだい

なまえ ＿＿＿＿＿＿＿＿

1 とりが　きに　5わ　います。
3わ　とんで　きました。
とりは　ぜんぶで　なんわ　いますか。

しき □ ＋ □ ＝ □

こたえ □ わ

2 あかい　はなが　4ほん，しろい　はなが　6ぽん　さいています。
はなは　ぜんぶで　なんぼん　さいていますか。

しき □ ＋ □ ＝ □

こたえ □ ぽん

10までの たしざん (12)

ぶんしょうだい

なまえ ＿＿＿＿＿＿＿＿

1 かめが　いけに　2ひき，きしに　5ひき　います。
かめは　ぜんぶで　なんびき　いますか。

しき □

こたえ □

2 こうえんに　こどもが　6にん　います。
そこへ　3にん　きました。
こどもは　みんなで　なんにん　いますか。

しき □

こたえ □

ふりかえりテスト　10までの たしざん

なまえ

1　けいさんを　しましょう。(7×10)

① $5+3=\square$

② $7+2=\square$

③ $6+4=\square$

④ $4+2=\square$

⑤ $9+0=\square$

⑥ $8+1=\square$

⑦ $2+8=\square$

⑧ $3+6=\square$

⑨ $0+0=\square$

⑩ $4+4=\square$

2　ボール（ぼうる）は　あわせて　なんこに
なりますか。(10)

しき

こたえ

3　ねこが　5ひき　います。
2ひき　ふえると，ねこは
ぜんぶで　なんびきに　なりますか。(10)

しき

こたえ

4　いろがみが　7まい　あります。
おねえさんに　3まい　もらいました。
いろがみは　ぜんぶで
なんまいに　なりましたか。(10)

しき

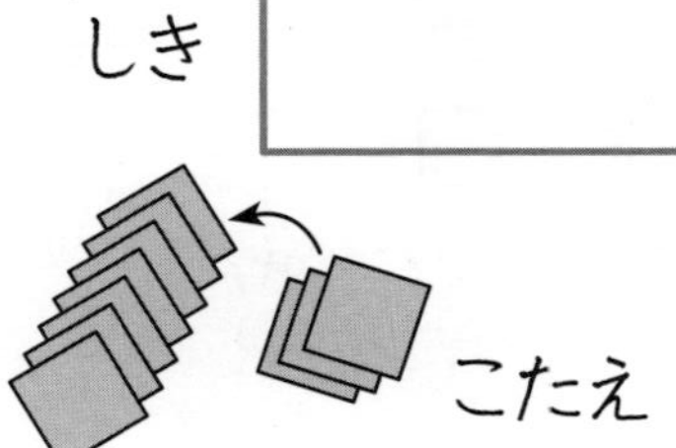
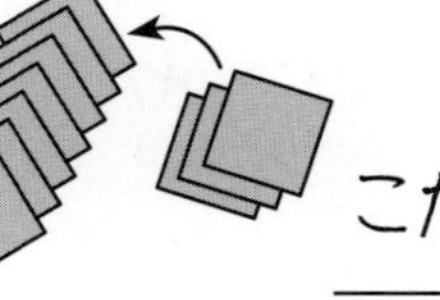

こたえ

5までの ひきざん (1)　なまえ

1　のこりの　みかんは　なんこに　なりますか。

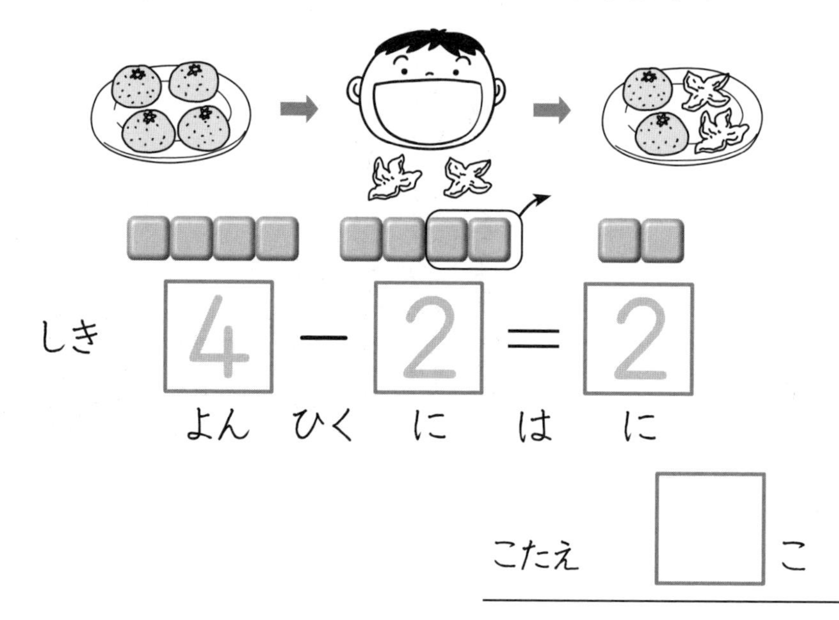

しき　4 − 2 ＝ 2

よん　ひく　に　は　に

こたえ　□ こ

2　のこりの　みかんは　なんこに　なりますか。

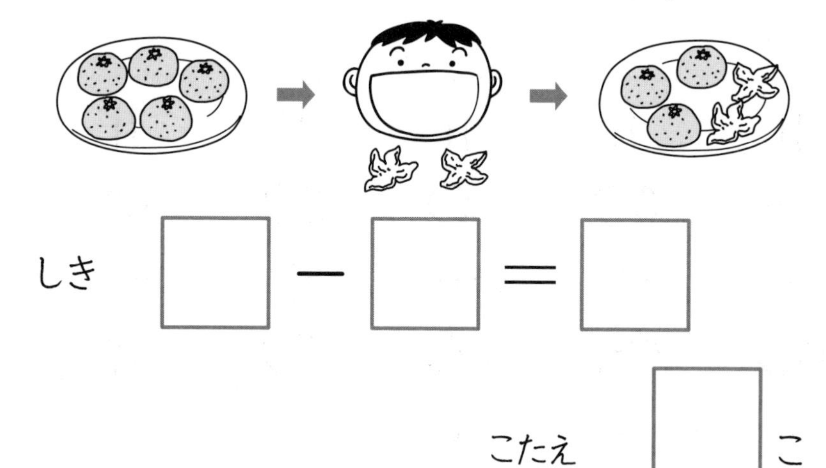

しき　□ − □ ＝ □

こたえ　□ こ

5までの ひきざん (2)　なまえ

1　のこりの　とりは　なんわに　なりますか。

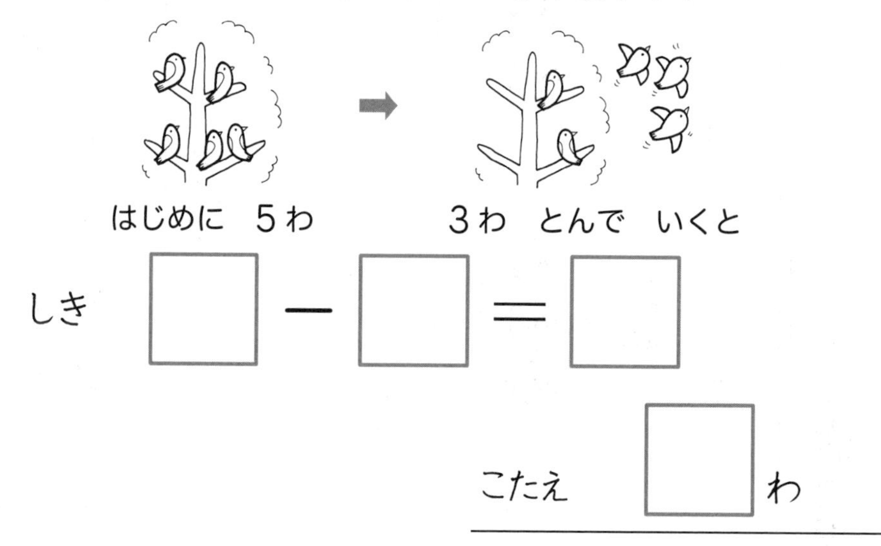

はじめに　5わ　　3わ　とんで　いくと

しき　□ − □ ＝ □

こたえ　□ わ

2　のこりの　ふうせんは　なんこに　なりますか。

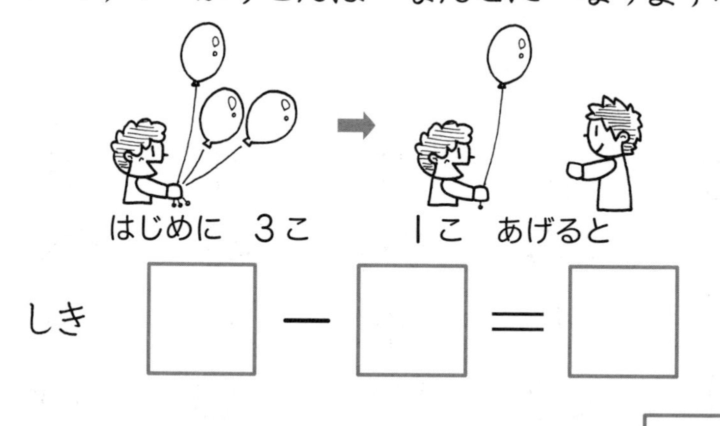

はじめに　3こ　　1こ　あげると

しき　□ − □ ＝ □

こたえ　□ こ

5までの ひきざん（3）

なまえ ＿＿＿＿＿＿＿＿＿＿

①

$5 - 4 =$ □

②

$5 - 3 =$ □

③

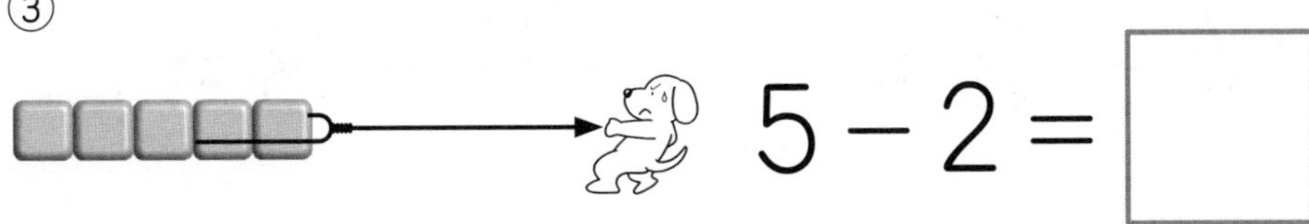

$5 - 2 =$ □

④

$5 - 1 =$ □

⑤

$2 - 1 =$ □

5までの ひきざん（4）

なまえ ＿＿＿＿＿＿＿＿＿＿

①

$4 - 3 =$ □

②

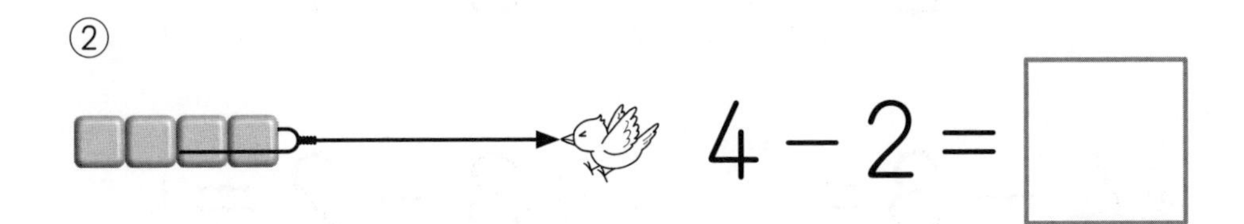

$4 - 2 =$ □

③

$4 - 1 =$ □

④

$3 - 2 =$ □

⑤

$3 - 1 =$ □

5までの ひきざん（5）

なまえ

① 5－3＝□　② 5－1＝□

③ 4－2＝□　④ 3－1＝□

⑤ 4－3＝□　⑥ 3－2＝□

⑦ 5－2＝□　⑧ 4－1＝□

⑨ 5－4＝□　⑩ 2－1＝□

めいろは，こたえの おおきい ほうを とおりましょう。とおった こたえを したの □に かきましょう。

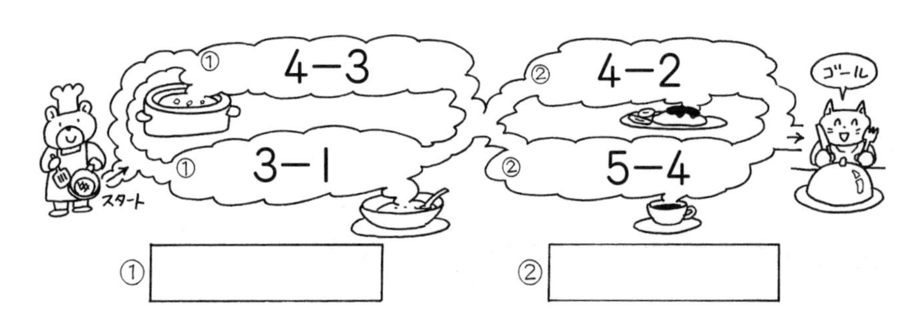

① □　② □

5までの ひきざん（6）

なまえ

① 3－2＝□　② 5－1＝□

③ 3－1＝□　④ 5－2＝□

⑤ 2－1＝□　⑥ 4－3＝□

⑦ 4－2＝□　⑧ 5－3＝□

⑨ 4－1＝□　⑩ 5－4＝□

めいろは，こたえの おおきい ほうを とおりましょう。とおった こたえを したの □に かきましょう。

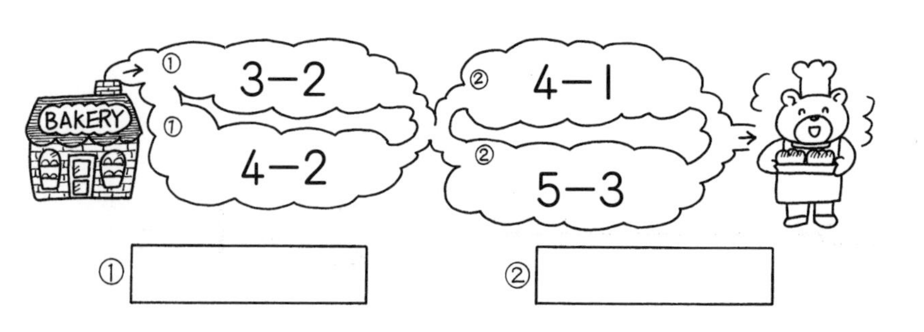

① □　② □

10までの ひきざん (1)

なまえ

1 のこりの あめは なんこに なりますか。

はじめに 7こ　　4こ たべると

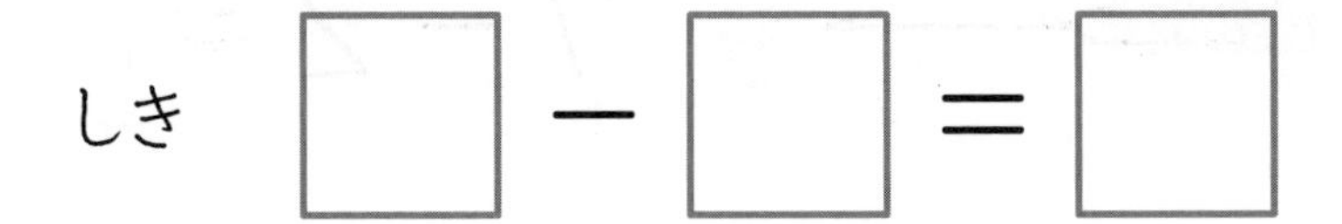

しき □ − □ ＝ □

こたえ □ こ

2 のこりの くるまは なんだいに なりますか。

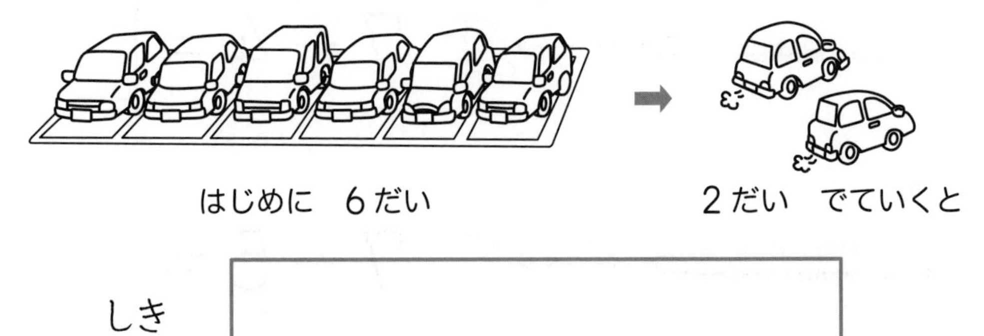

はじめに 6だい　　2だい でていくと

しき

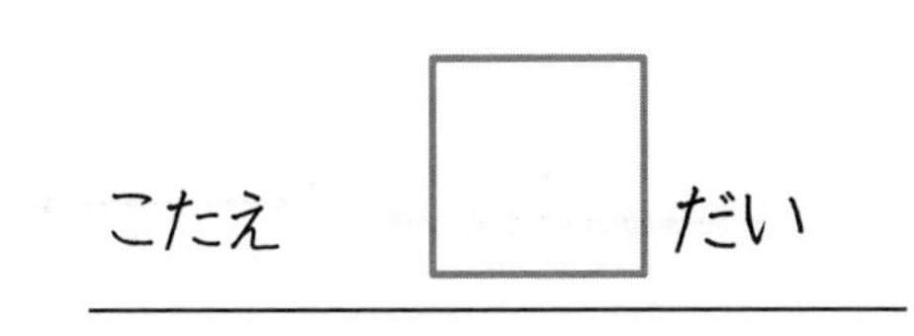

こたえ □ だい

10までの ひきざん (2)

なまえ

1 のこりの りんごは なんこに なりますか。

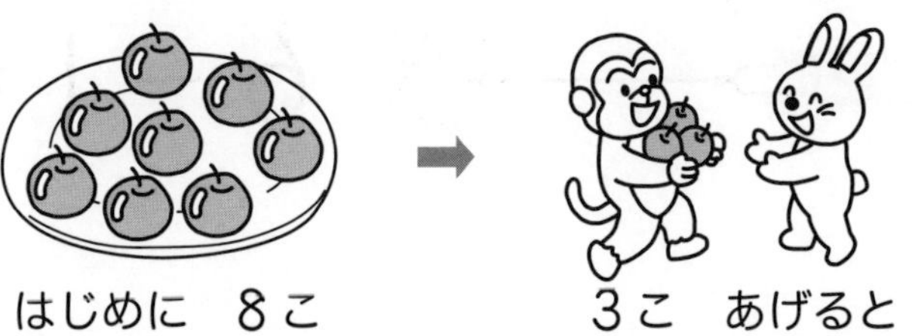

はじめに 8こ　　3こ あげると

しき

こたえ □ こ

2 のこりの いぬは なんびきに なりますか。

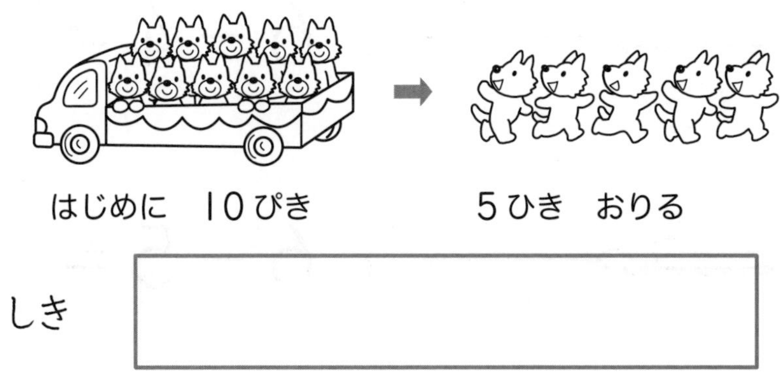

はじめに 10ぴき　　5ひき おりる

しき

こたえ □ ひき

10までの ひきざん (3)

なまえ

①

$6 - 1 =$ □

②

$6 - 2 =$ □

③

$6 - 3 =$ □

④

$6 - 4 =$ □

⑤

$6 - 5 =$ □

10までの ひきざん (4)

なまえ

①

$7 - 1 =$ □

②

$7 - 2 =$ □

③

$7 - 3 =$ □

④

$7 - 4 =$ □

⑤

$7 - 5 =$ □

⑥

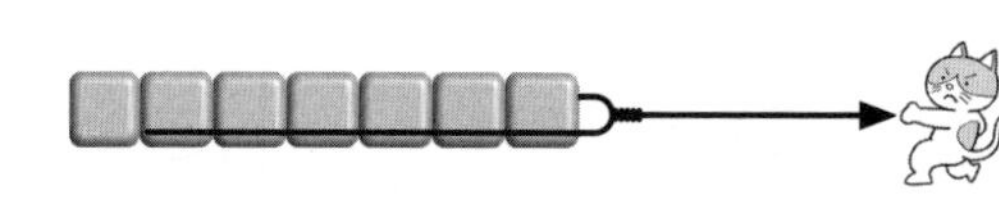

$7 - 6 =$ □

10までの ひきざん (5)

なまえ

①

8 − 1 =

②

8 − 2 =

③

8 − 3 =

④

8 − 4 =

⑤

8 − 5 =

⑥

8 − 6 =

⑦

8 − 7 =

10までの ひきざん (6)

なまえ

①

9 − 1 =

②

9 − 2 =

③

9 − 3 =

④

9 − 4 =

⑤

9 − 5 =

⑥

9 − 6 =

⑦

9 − 7 =

⑧

9 − 8 =

10までの ひきざん (7)

なまえ

① $10-1=$ □

② $10-2=$ □

③ $10-3=$ □

④ $10-4=$ □

⑤ $10-5=$ □

⑥ $10-6=$ □

⑦ $10-7=$ □

⑧ $10-8=$ □

⑨ $10-9=$ □

10までの ひきざん (8)

なまえ

① $10-4=$ □　② $8-5=$ □

③ $6-4=$ □　④ $9-5=$ □

⑤ $10-1=$ □　⑥ $7-6=$ □

⑦ $8-2=$ □　⑧ $9-8=$ □

⑨ $7-3=$ □　⑩ $9-2=$ □

めいろは，こたえの おおきい ほうを とおりましょう。とおった こたえを したの □に かきましょう。

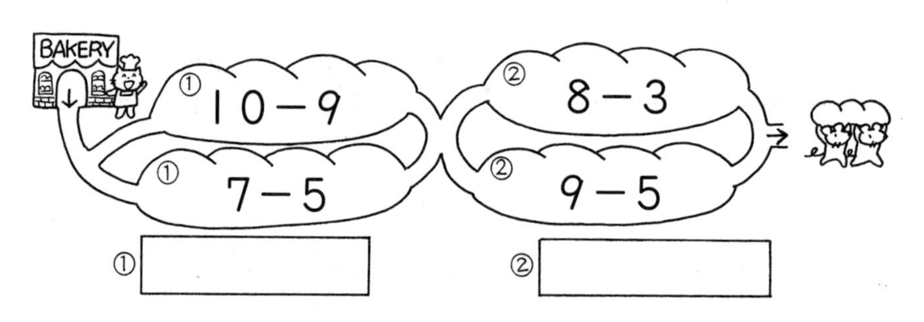

10までの ひきざん (9)

なまえ

① $8-3=\square$　② $10-2=\square$

③ $9-6=\square$　④ $6-5=\square$

⑤ $10-5=\square$　⑥ $7-4=\square$

⑦ $6-2=\square$　⑧ $9-3=\square$

⑨ $10-7=\square$　⑩ $8-6=\square$

⑪ $6-4=\square$　⑫ $7-2=\square$

10までの ひきざん (10)

なまえ

① $10-3=\square$　② $9-4=\square$

③ $6-3=\square$　④ $7-5=\square$

⑤ $9-1=\square$　⑥ $10-6=\square$

⑦ $7-2=\square$　⑧ $8-4=\square$

⑨ $10-8=\square$　⑩ $9-7=\square$

めいろは，こたえの おおきい ほうを とおりましょう。とおった こたえを したの □ に かきましょう。

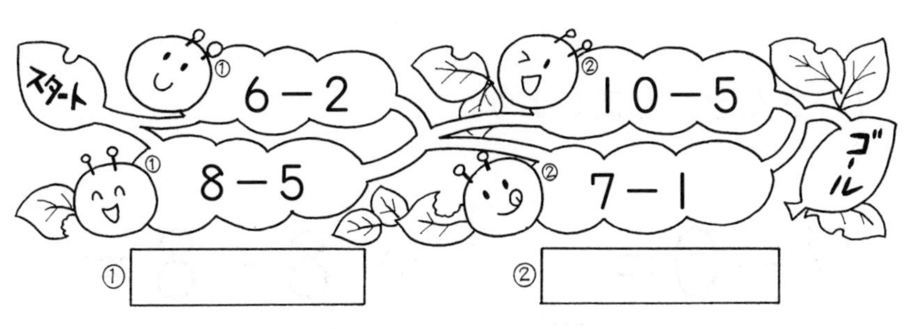

10までの ひきざん（11）

なまえ

0の ひきざん

1 にんじんが　3ぼん　ありました。
のこりの　にんじんは　なんぼんですか。

① 1ぽん　たべました。

3 − 1 ＝ □

② 3ぼん　たべました。

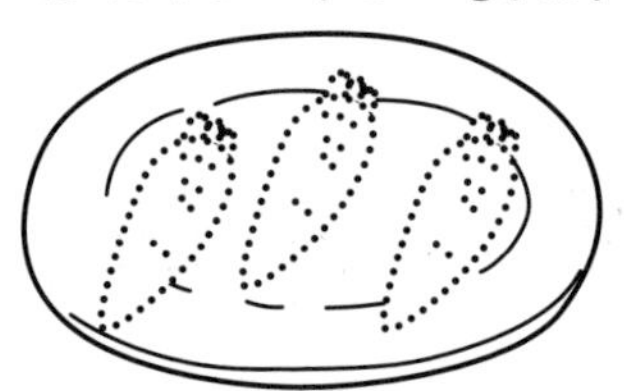

3 − 3 ＝ □

③ たべませんでした。

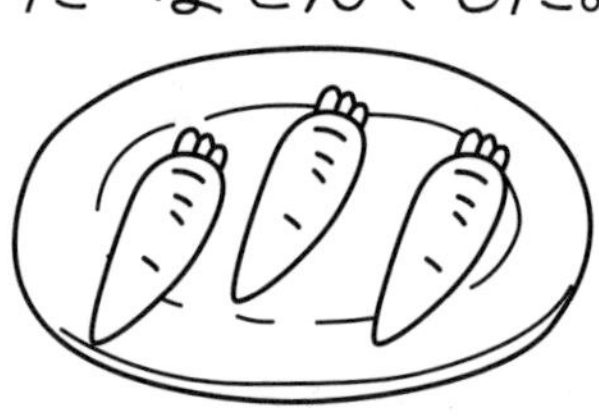

3 − 0 ＝ □

2 けいさんを　しましょう。

① 7−0＝□　② 8−8＝□

10までの ひきざん（12）

なまえ

① 10 − 10 ＝ □　② 8 − 5 ＝ □

③ 5 − 5 ＝ □　④ 7 − 4 ＝ □

⑤ 6 − 5 ＝ □　⑥ 9 − 3 ＝ □

⑦ 2 − 0 ＝ □　⑧ 10 − 7 ＝ □

⑨ 8 − 6 ＝ □　⑩ 10 − 0 ＝ □

⑪ 7 − 3 ＝ □　⑫ 6 − 2 ＝ □

10までの ひきざん (13)

なまえ ________________

こちらは　いくつ

1　いぬが　7ひき　います。
　は　4ひきです。　は　なんびきですか。

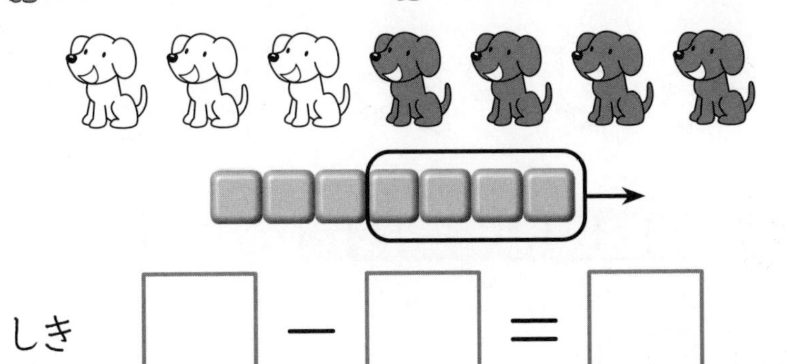

しき　□ － □ ＝ □

こたえ　□ びき

2　パン(ぱん)が　6こ　あります。
　は　2こです。　は　なんこですか。

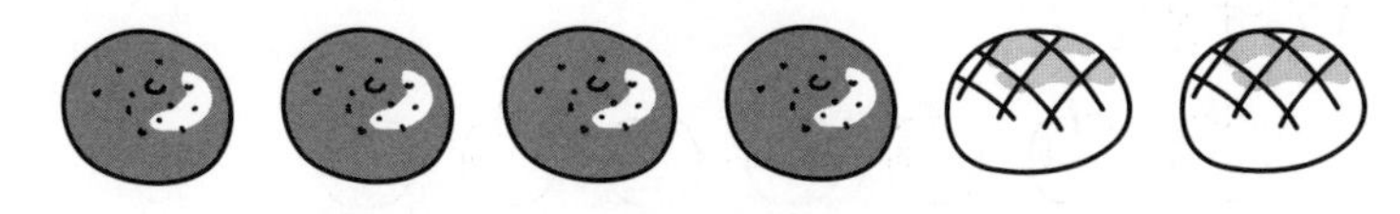

しき　□ － □ ＝ □

こたえ　□ こ

10までの ひきざん (14)

なまえ ________________

こちらは　いくつ

1　ねこが　8ひき　います。
そのうち　は　3びきで，　のこりは　です。

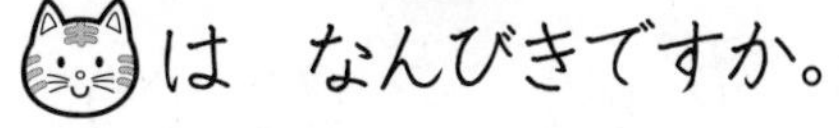

は　なんびきですか。

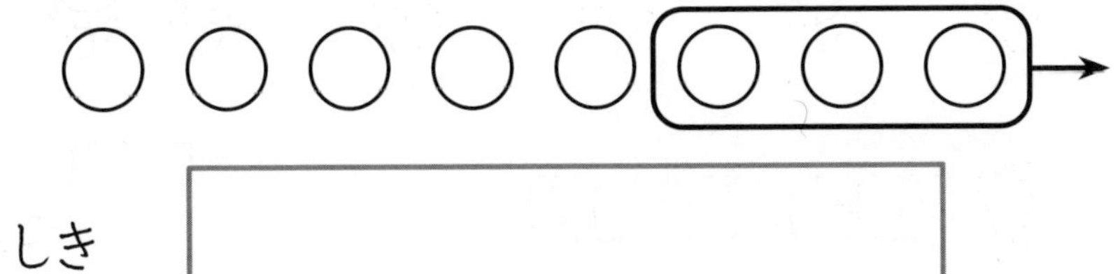

しき　□

こたえ　□ ひき

2　おりがみが　10まい　あります。
そのうち　6まいは　あかで，　のこりは　きいろです。
きいろの　おりがみは　なんまいですか。

しき　□

こたえ　□ まい

10までの ひきざん（15）

なまえ ________

ちがいは　いくつ

● 🌷の　ほうが　🌷より　なんぼん　おおいですか。

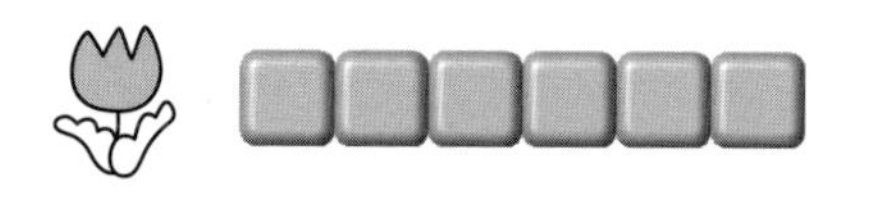

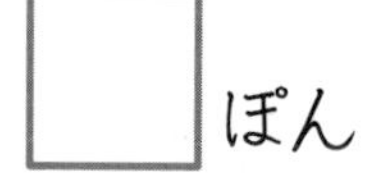

ぽん

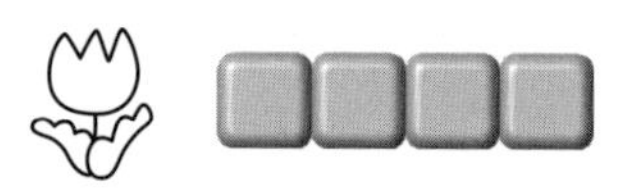

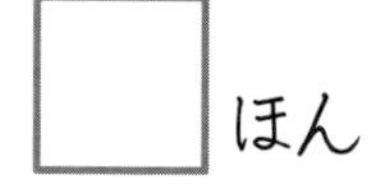

ほん

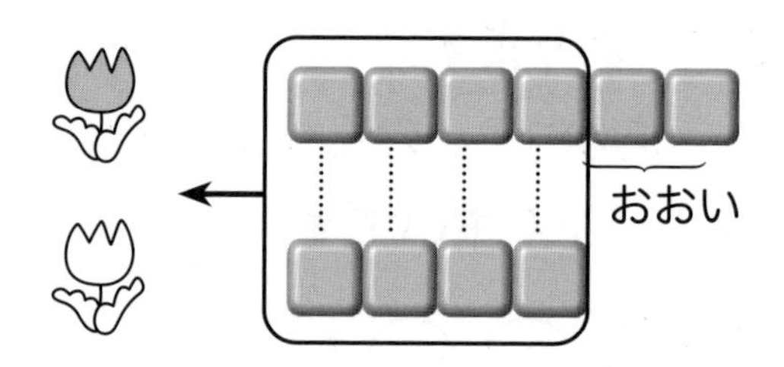

しき　□ － □ ＝ □

こたえ　□ ほん

10までの ひきざん（16）

なまえ ________

ちがいは　いくつ

1 ひよこの　ほうが　にわとりより　なんわ
おおいですか。

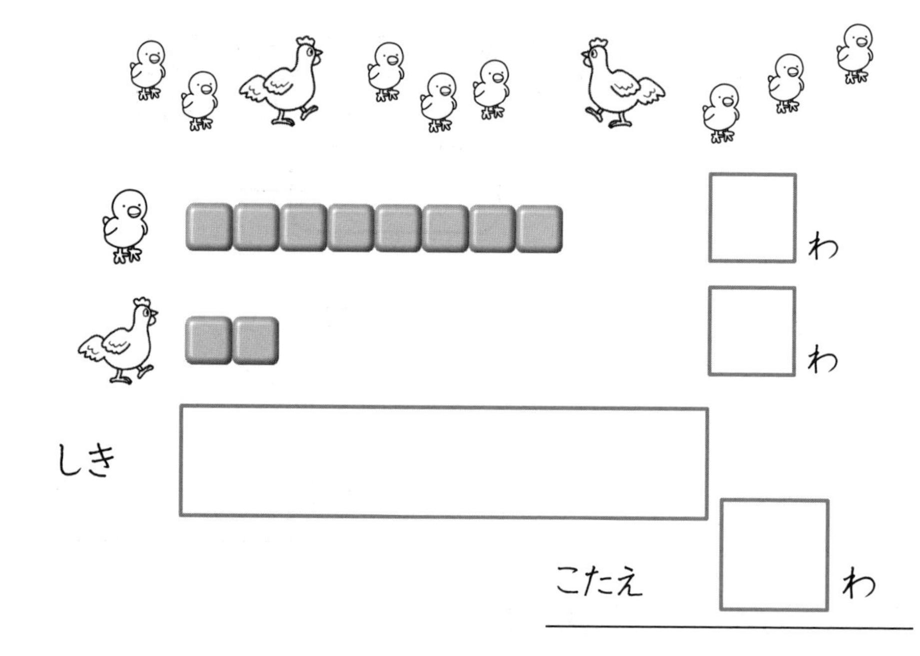

2 りんごの　ほうが　みかんより　なんこ
おおいですか。

しき

こたえ　□ こ

10までの ひきざん（17）

ちがいは いくつ

なまえ

● いぬと ねこは どちらが なんびき おおいですか。

 □ ひき

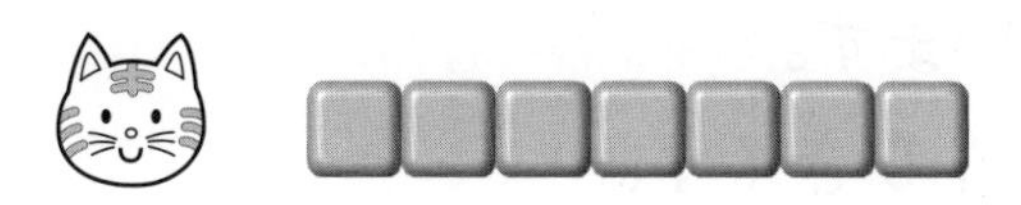 □ ひき

しき □ − □ ＝ □

こたえ □ が □ ひき おおい。

10までの ひきざん（18）

ちがいは いくつ

なまえ

1 バス（ばす）が 3だい，くるまが 6だい とまっています。どちらが なんだい おおいですか。

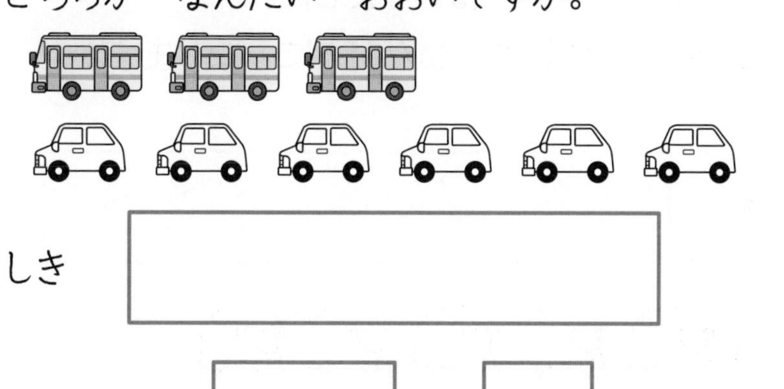

しき □

こたえ □ が □ だい おおい。

2 おおきい さかなが 3びき，ちいさい さかなが 8ひき います。

どちらの さかなが なんびき おおいですか。

しき □

こたえ □ さかなが □ ひき おおい。

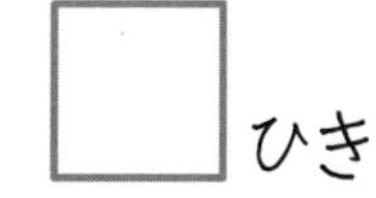

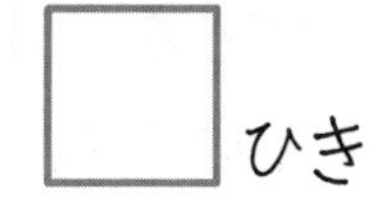

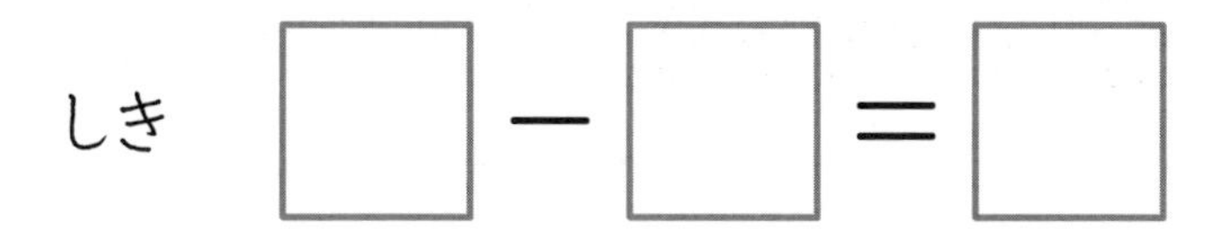

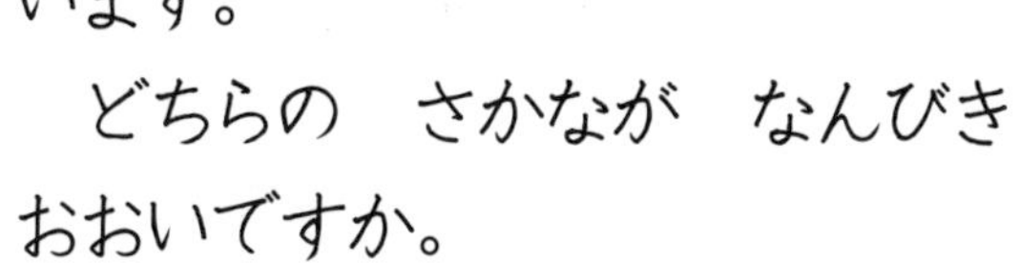

10までの ひきざん (19)
ぶんしょうだい

なまえ

1 ひつじが 6ぴき います。
4ひきが こやへ はいりました。
のこりの ひつじは なんびきに なりますか。

しき

こたえ

2 いもほりで いもを 10こ とりました。
そのうち 5こを やいて たべました。
のこりの いもは なんこに なりますか。

しき

こたえ

10までの ひきざん (20)
ぶんしょうだい

なまえ

1 あさがおが 9こ さきました。
そのうち 6こは あおで, のこりは あかです。
あかの あさがおは なんこ さきましたか。

しき

こたえ

2 さるが 10ぴき います。
そのうち おすは 4ひきです。
めすの さるは なんびきですか。

しき

こたえ

10までの ひきざん (21)
ぶんしょうだい

なまえ

[1] メロン(めろん)が　7こ，すいかが　2こ　あります。
どちらが　なんこ　おおいですか。

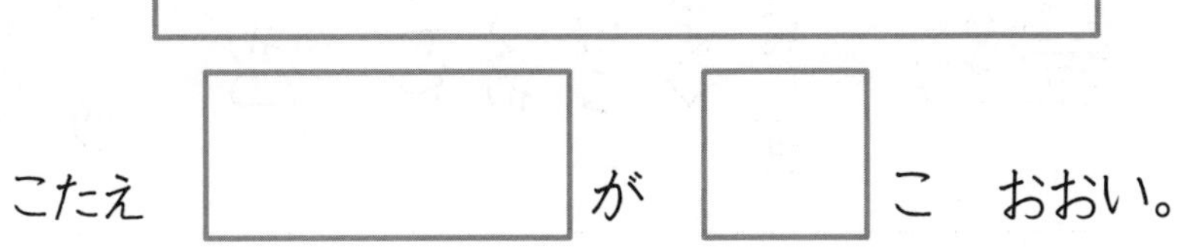

しき

こたえ　□　が　□　こ　おおい。

[2] かえるが　4ひき，おたまじゃくしが　8ひき
います。どちらが　なんびき　おおいですか。

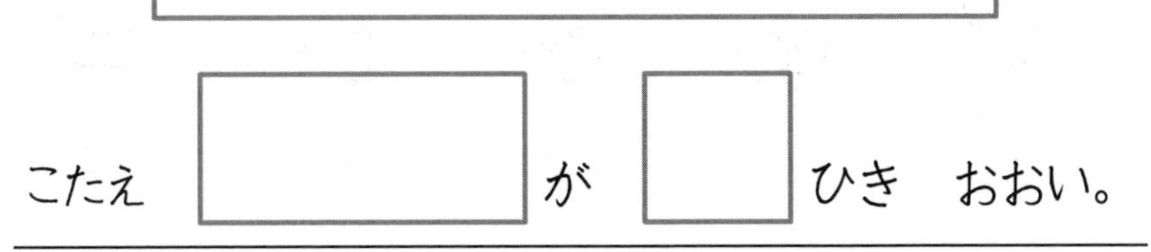

しき

こたえ　□　が　□　ひき　おおい。

10までの ひきざん (22)
ぶんしょうだい

なまえ

[1] シール(しいる)を　9まい　もって　います。2まい
おねえさんに　あげました。　のこりの　シールは
なんまいに　なりますか。

しき

こたえ

[2] りんごが　10こ　あります。　そのうち　あかい
りんごは　7こで　のこりは　みどりの　りんごです。
みどりの　りんごは　なんこに　なりますか。

しき

こたえ

[3] とんぼが　6ぴき，せみが　5ひき　います。
どちらが　なんびき　おおいですか。

しき

こたえ　□　が　□　ぴき　おおい。

ふりかえりテスト 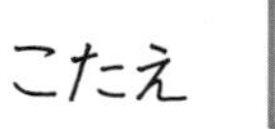 10までの ひきざん

なまえ ＿＿＿＿＿＿＿＿＿＿

1 けいさんを しましょう。(7×10)

① 8－5＝□

② 7－3＝□

③ 10－6＝□

④ 9－7＝□

⑤ 6－4＝□

⑥ 10－2＝□

⑦ 8－4＝□

⑧ 9－3＝□

⑨ 7－6＝□

⑩ 10－4＝□

2 こどもが こうえんで 8にん
あそんで います。
3にん かえりました。
のこりの こどもは なんにんに
なりましたか。(10)

しき □

こたえ □

3 くじが 7ほん あります。
はずれは 5ほんです。
あたりは なんぼんですか。(10)

しき □

こたえ □

4 あかい きんぎょが 2ひき，
くろい きんぎょが 6ぴき
います。くろい きんぎょは あかい
きんぎょより なんびき おおい
ですか。(10)

しき □

こたえ □

ながさくらべ（1）

なまえ

● ながさを　くらべましょう。　ながい　ほうや　たかい　ほうの　（　）に　○を　かきましょう。

① えんぴつ

（　　）
（　　）

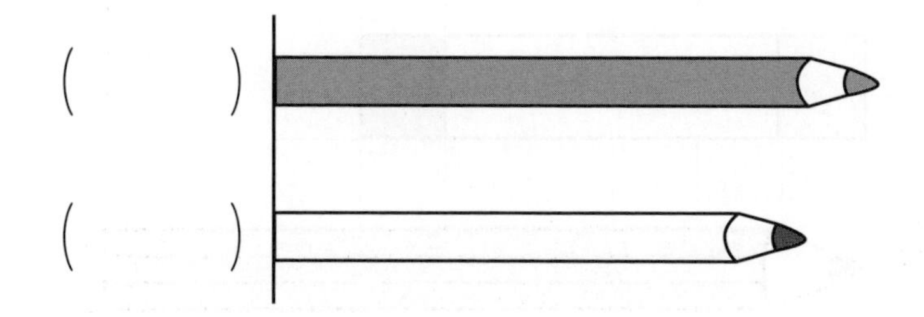

② なわとび

（　　）
（　　）

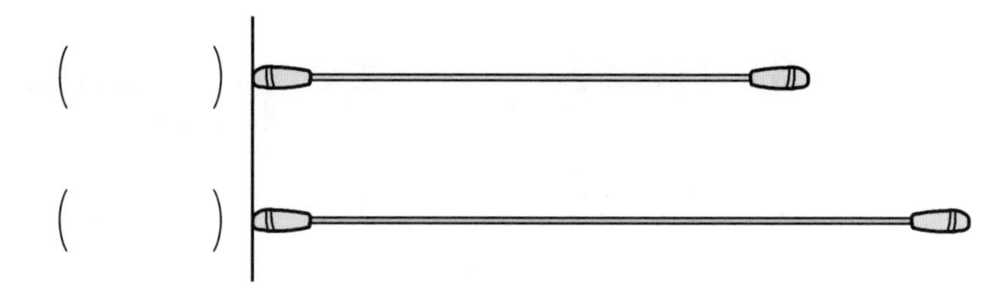

③ き

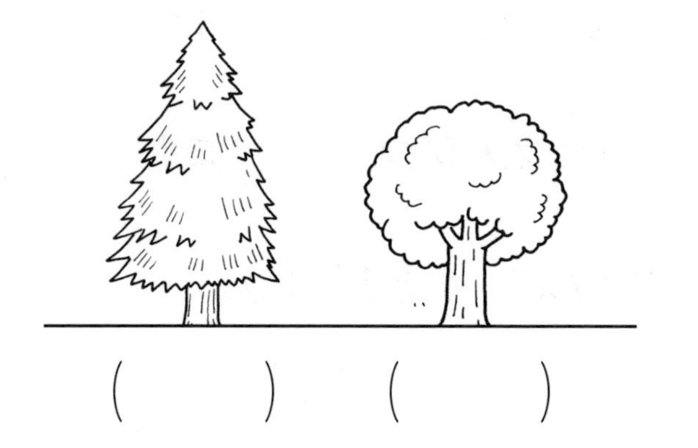

（　　）　（　　）

ながさくらべ（2）

なまえ

● ながさを　くらべましょう。　ながい　ほうの　（　）に　○を　つけましょう。

① はがき

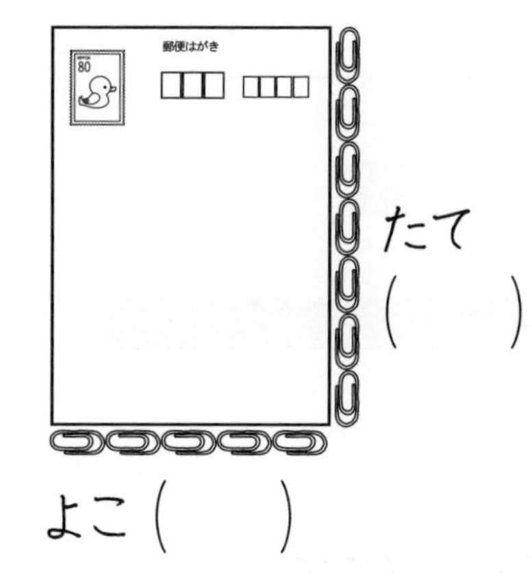

たて（　　）

よこ（　　）

② ほん

たて（　　）

よこ（　　）

③

（　　）

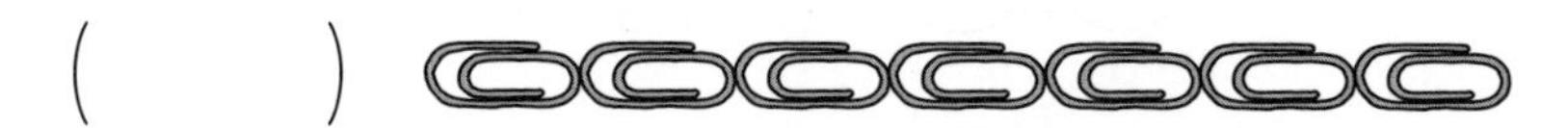

（　　）

④

（　　）

（　　）

ながさくらべ (3)

なまえ

● ながい　じゅんに（　）に　1，2，3を
かきましょう。

①

（　　　）

（　　　）

（　　　）

②

（　　　）

（　　　）

（　　　）

③

（　　　）

（　　　）

（　　　）

ながさくらべ (4)

なまえ

● ながさを　くらべましょう。

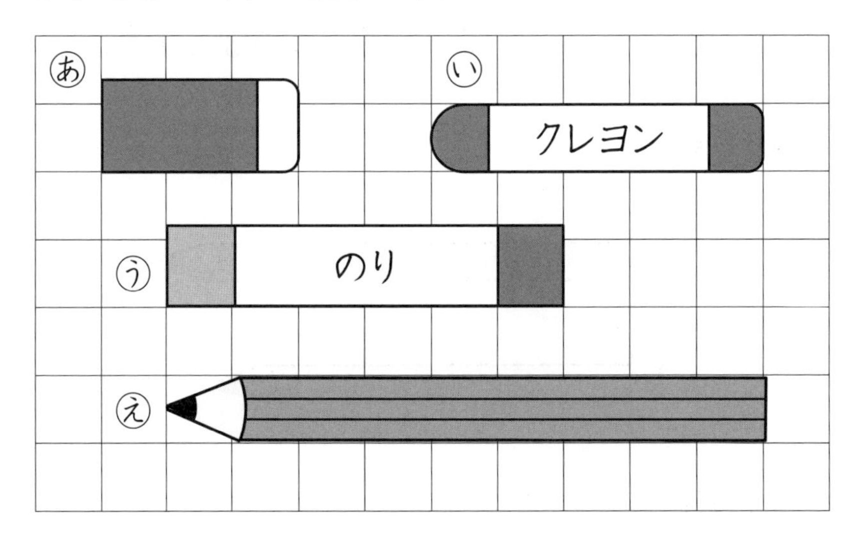

あ	けしゴム	ます	□	こぶん
い	クレヨン	ます	□	こぶん
う	のり	ます	□	こぶん
え	えんぴつ	ます	□	こぶん

ながい　じゅんに　かきましょう。

えんぴつ → □ → □ → □

かずを　せいりしよう

なまえ

● どうぶつの　かずを　しらべましょう。

① したから　じゅんに　どうぶつの　かずだけ　いろを　ぬりましょう。

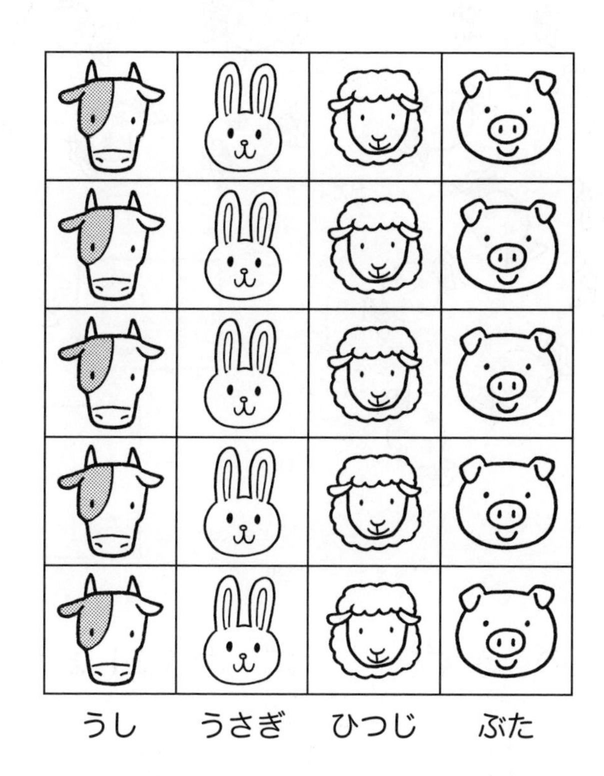

② いちばん　おおい　どうぶつは　なんですか。

(　　　　　　　　)

③ いちばん　すくない　どうぶつは　なんですか。

(　　　　　　　　)

20までの かず（1）

なまえ

1 10ずつ ○で かこんで かずを かぞえましょう。 □に かずを かきましょう。

①

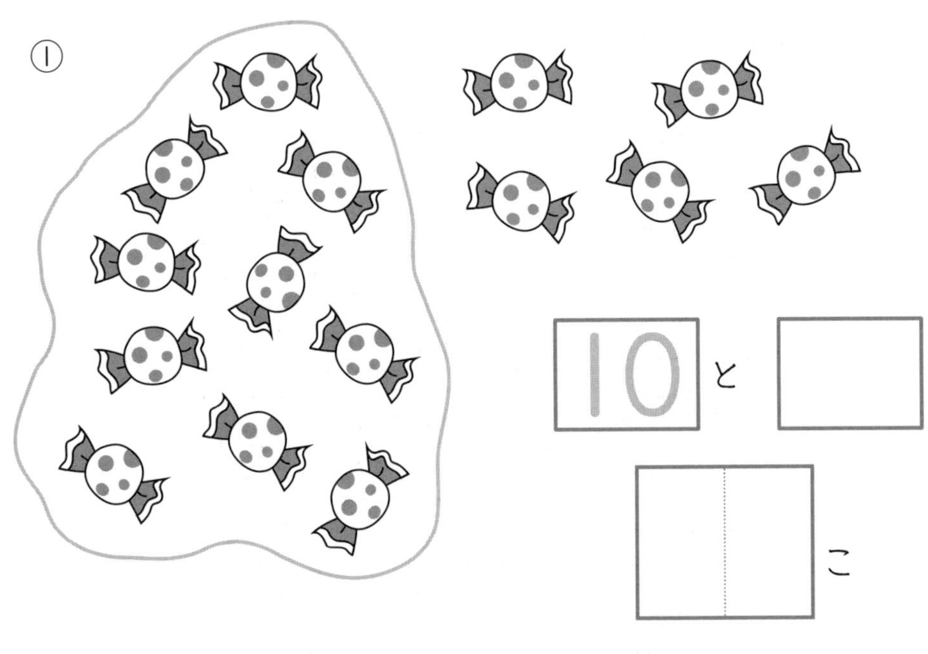

②

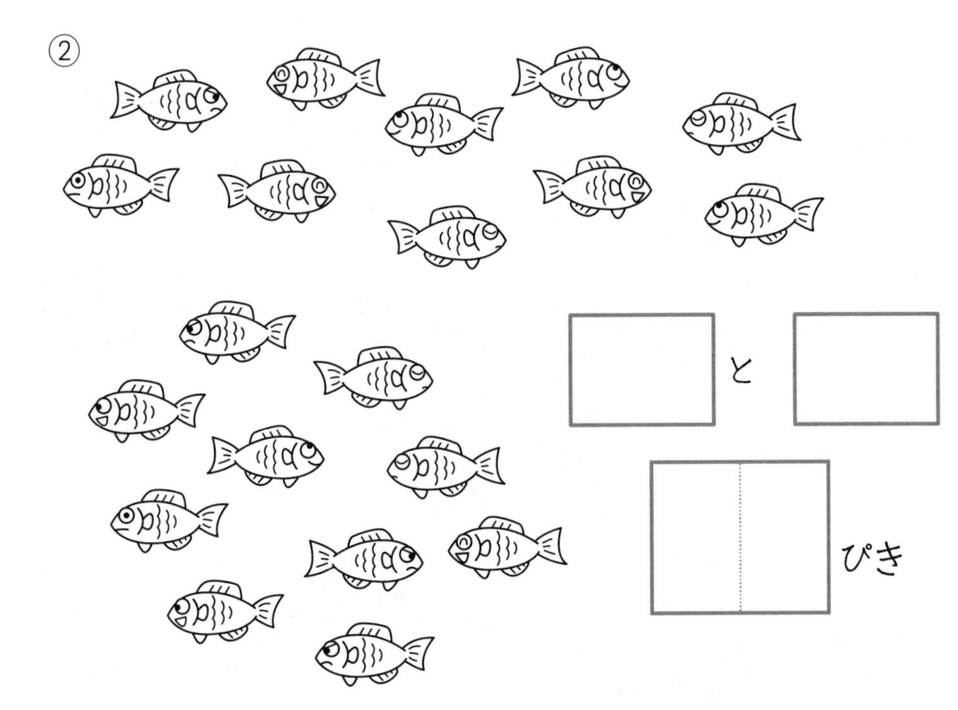

2 ぶろっくの かずを □に かきましょう。

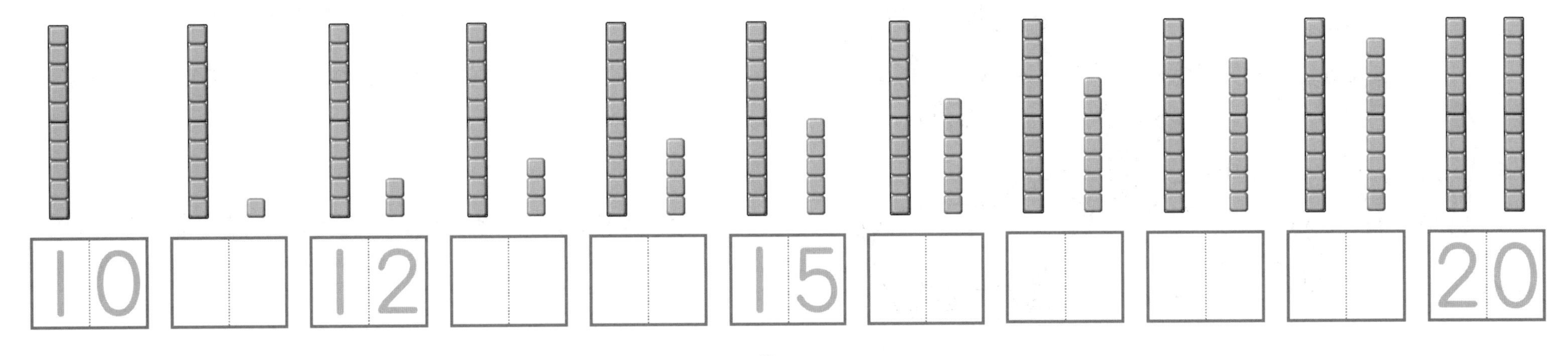

20までの かず (2)

なまえ

● 10ずつ ○で かこんで かずを かぞえましょう。
□に かずを かきましょう。

①

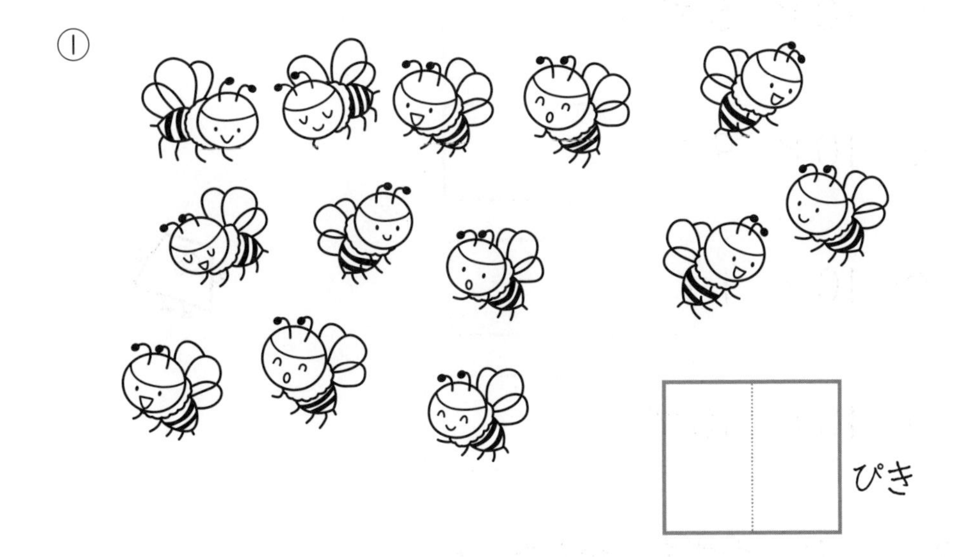

□ ぴき

②

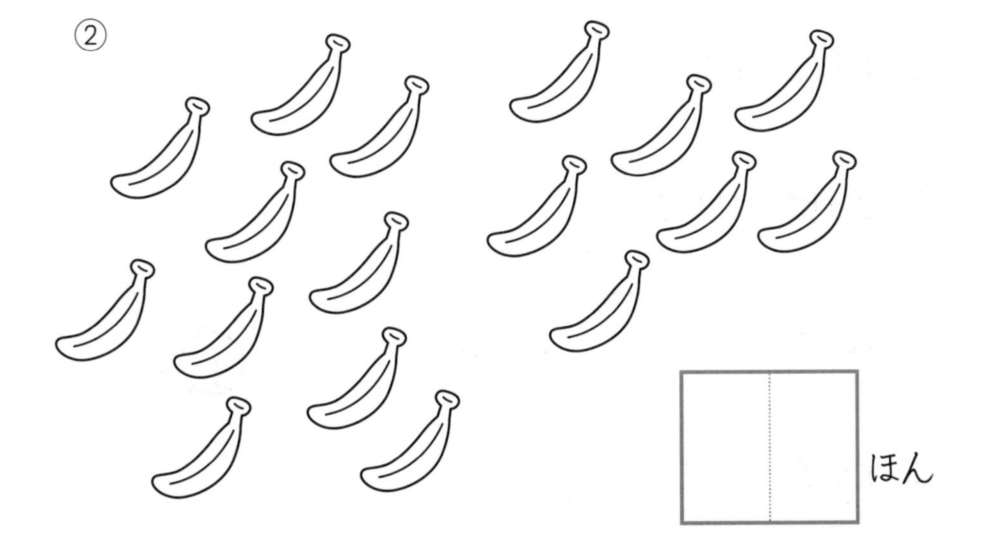

□ ほん

20までの かず (3)

なまえ

● 10ずつ ○で かこんで かずを かぞえましょう。
□に かずを かきましょう。

①

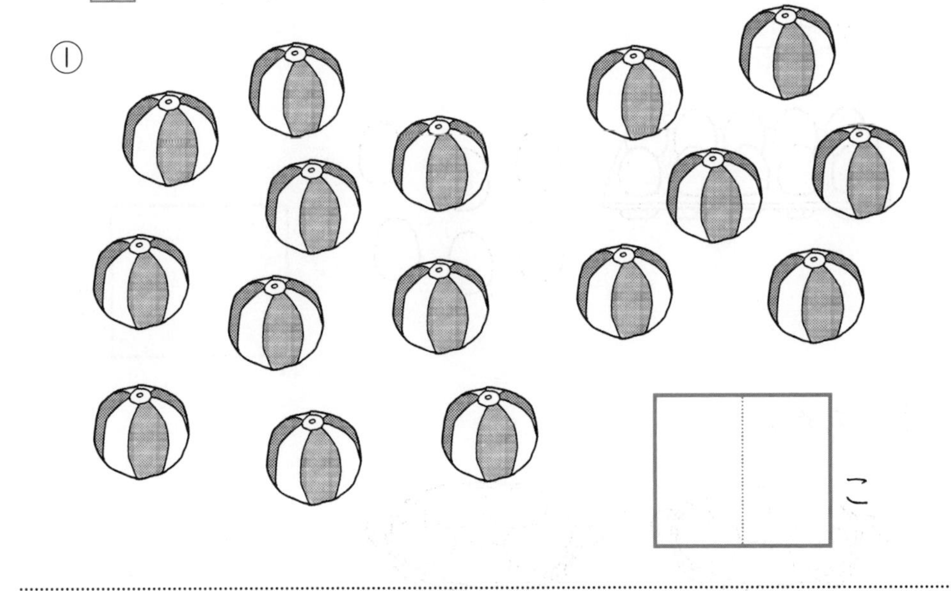

□ こ

②

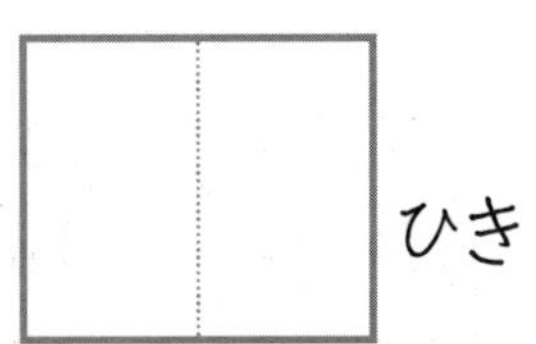

□ ひき

20までの かず (4)

なまえ ＿＿＿＿＿＿＿＿

● □に かずを かきましょう。

① たまご

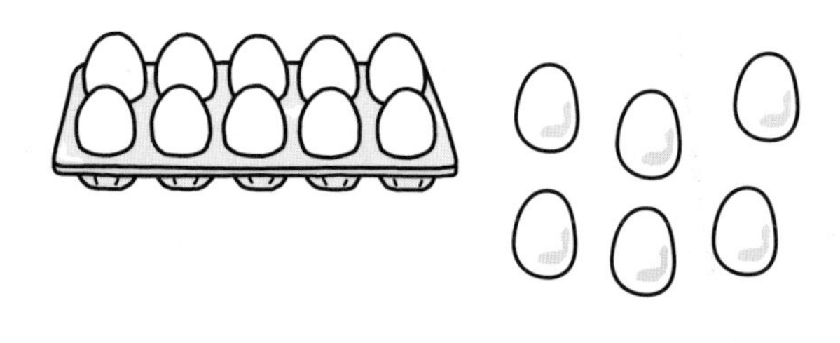

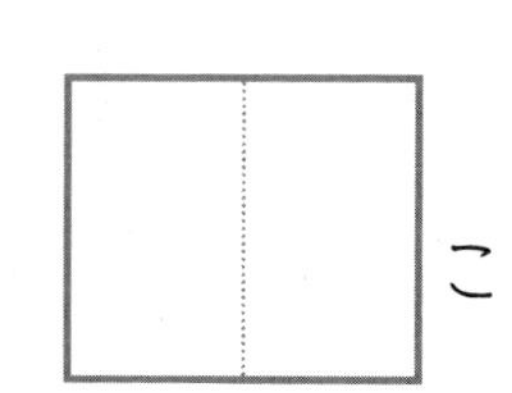

こ

② みかん

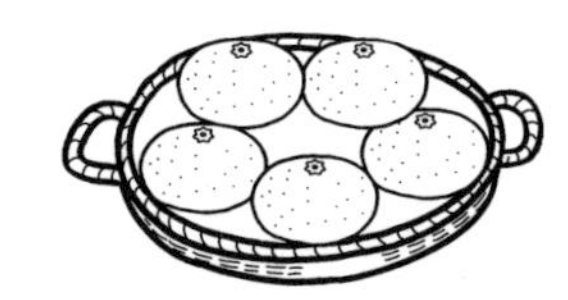

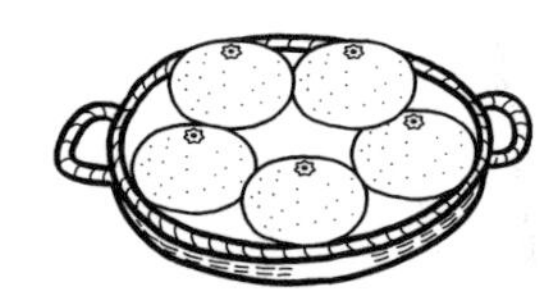

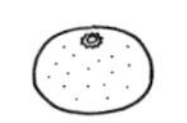

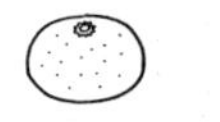

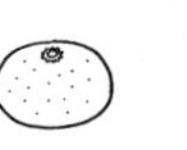

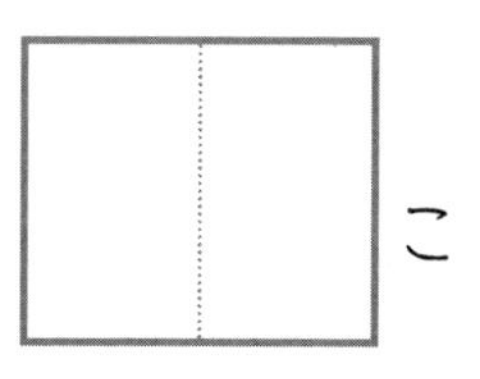

こ

③ きんぎょ

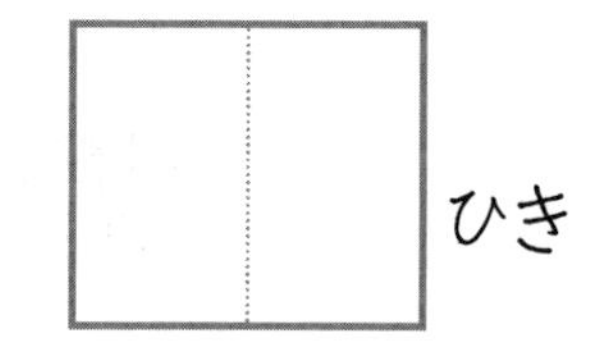

ひき

20までの かず (5)

なまえ ＿＿＿＿＿＿＿＿

1 □に かずを かきましょう。

① 10と 6で □

② 10と 9で □

③ 10と 1で □

④ 10と 10で □

2 □に かずを かきましょう。

① 13は 10と □

② 20は 10と □

③ 18は □ と 8

④ 15は □ と 5

20までの かず (6)

なまえ

● かずの せんを つかって かんがえましょう。

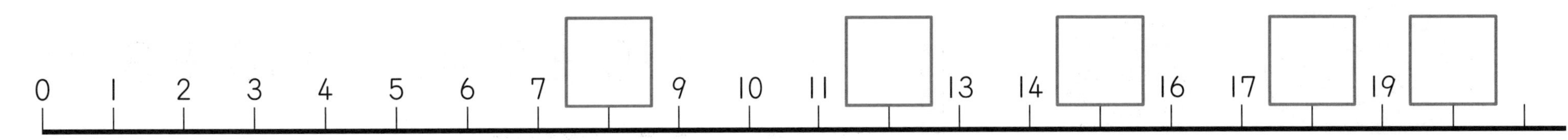

1 うえの かずの せんの □に あてはまる かずを かきましょう。

2 □に あてはまる かずを かきましょう。

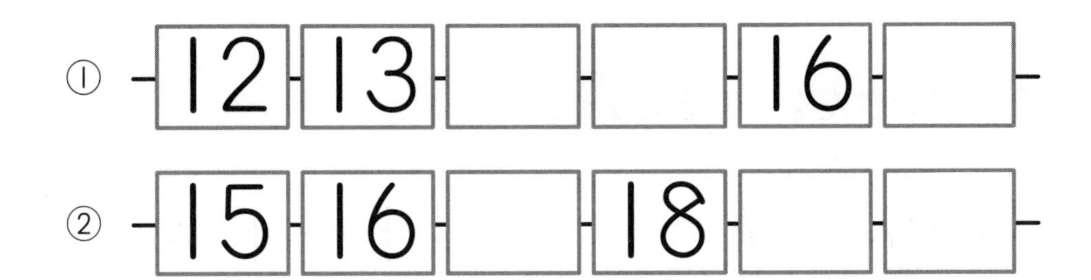

③ 10より 5 おおきい かずは □ です。

④ 17より 3 ちいさい かずは □ です。

3 おおきい ほうに ○を つけましょう。

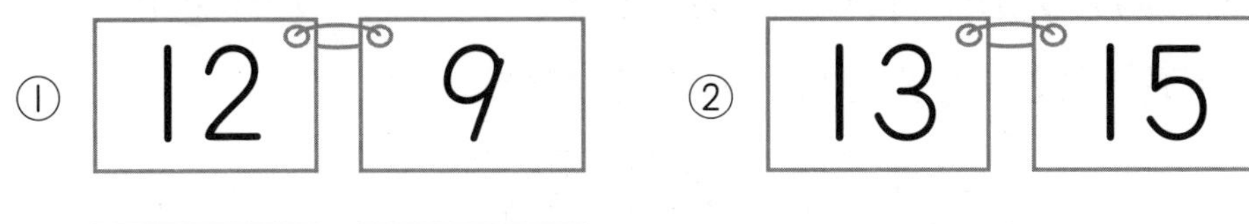

③ 18 20

めいろは，かずの おおきい ほうを とおりましょう。とおった かずを したの □に かきましょう。

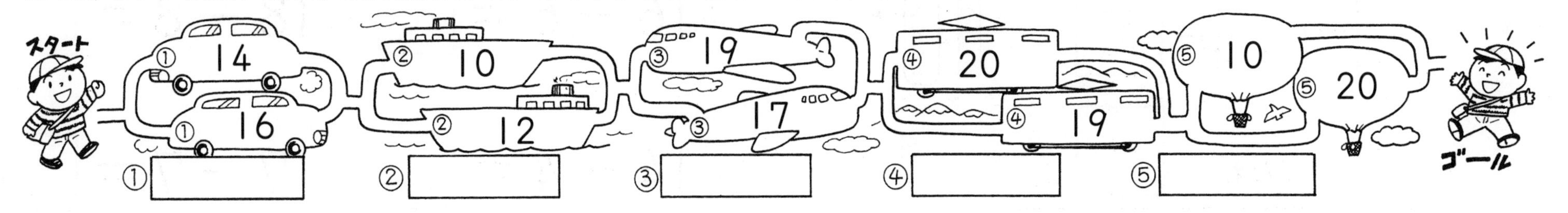

20までの かず (7)
たしざん・ひきざん

なまえ

□1 りんごは　あわせて　なんこに　なりますか。

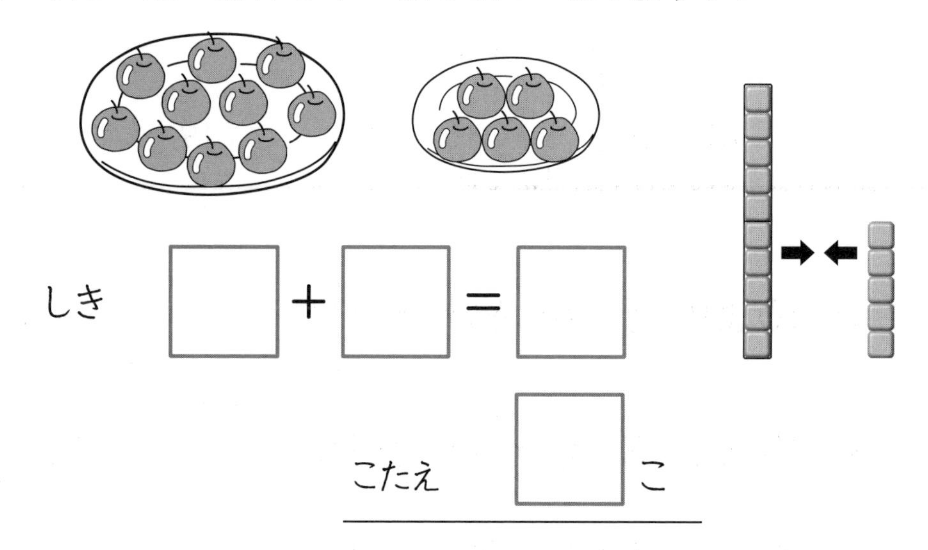

しき　□ ＋ □ ＝ □

こたえ　□ こ

□2 みかんが　15こ　あります。　5こ　たべると
のこりは　なんこに　なりますか。

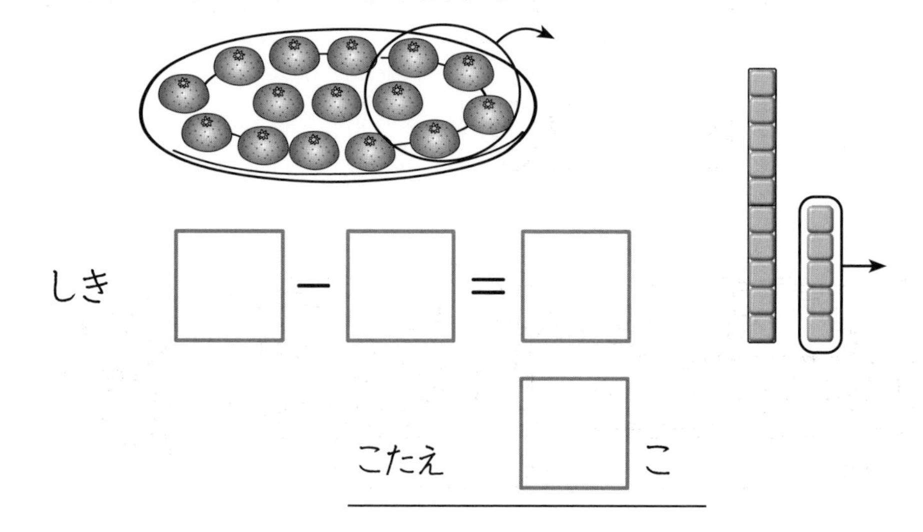

しき　□ − □ ＝ □

こたえ　□ こ

20までの かず (8)
たしざん・ひきざん

なまえ

□1 けいさんを　しましょう。

① $10 + 7 = \square$　② $10 + 3 = \square$

③ $10 + 9 = \square$　④ $10 + 10 = \square$

⑤ $10 + 6 = \square$　⑥ $10 + 1 = \square$

□2 けいさんを　しましょう。

① $19 - 9 = \square$　② $11 - 1 = \square$

③ $16 - 6 = \square$　④ $18 - 8 = \square$

⑤ $14 - 4 = \square$　⑥ $17 - 7 = \square$

20までの かず (9)
たしざん・ひきざん

なまえ

1 クレヨンは あわせて なんぼんに なりますか。

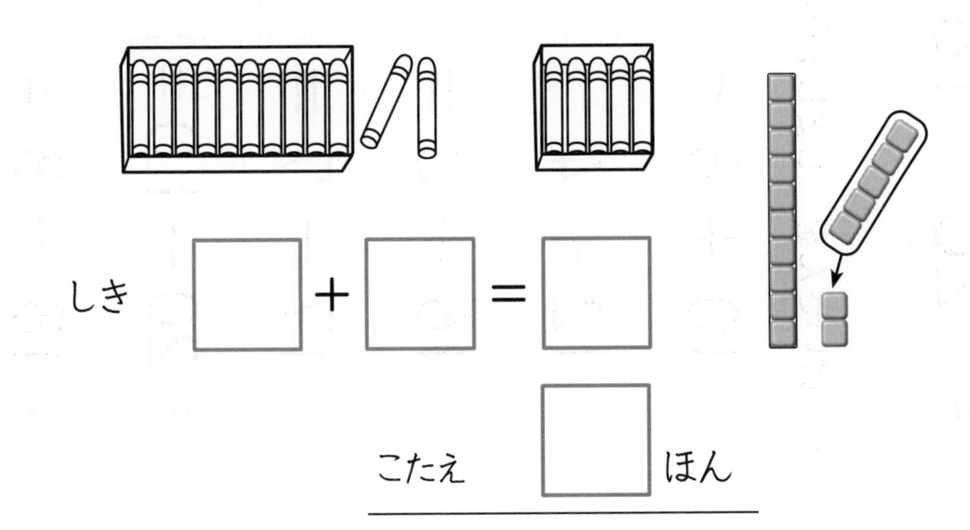

しき □ ＋ □ ＝ □

こたえ □ ほん

2 たまごが 15こ あります。 3こ つかうと のこりは なんこに なりますか。

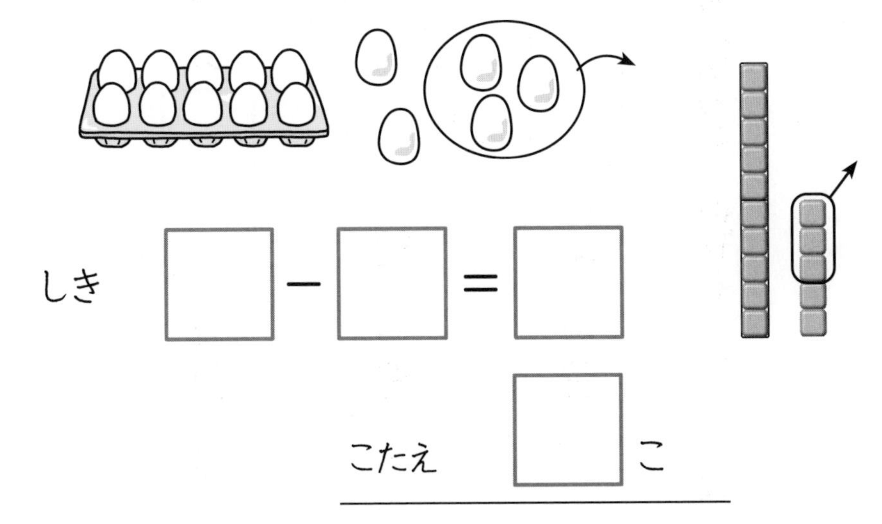

しき □ − □ ＝ □

こたえ □ こ

20までの かず (10)
たしざん・ひきざん

なまえ

1 けいさんを しましょう。

① $16 + 2 =$ □ ② $11 + 6 =$ □

③ $14 + 5 =$ □ ④ $15 + 3 =$ □

⑤ $17 + 2 =$ □ ⑥ $11 + 3 =$ □

⑦ $12 + 2 =$ □ ⑧ $13 + 3 =$ □

2 けいさんを しましょう。

① $18 - 6 =$ □ ② $19 - 5 =$ □

③ $16 - 3 =$ □ ④ $17 - 2 =$ □

⑤ $14 - 3 =$ □ ⑥ $15 - 2 =$ □

⑦ $18 - 5 =$ □ ⑧ $19 - 3 =$ □

ふりかえりテスト  20までの かず

なまえ ＿＿＿＿＿＿＿＿＿＿

1 □に かずを かきましょう。(6×2)

① どんぐり

□ こ

② たまご

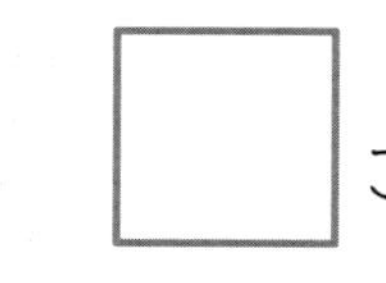

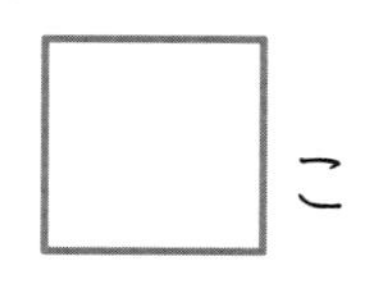

□ こ

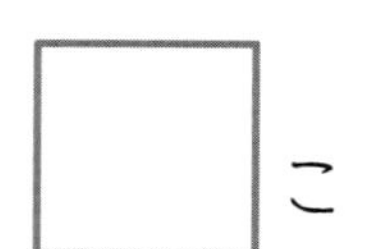

2 □に かずを かきましょう。(6×3)

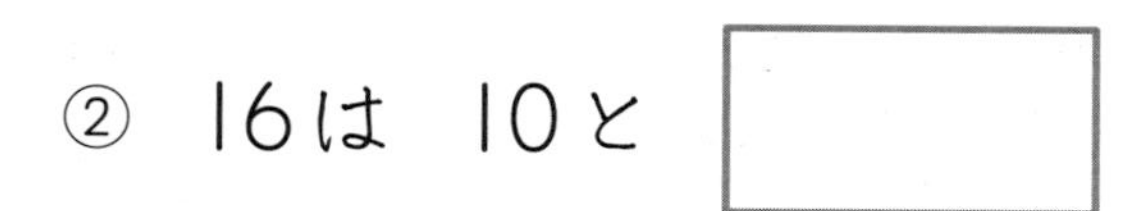

① 10と 7で □

② 16は 10と □

③ 12は □ と 2

3 □に あてはまる かずを かきましょう。(7×2)

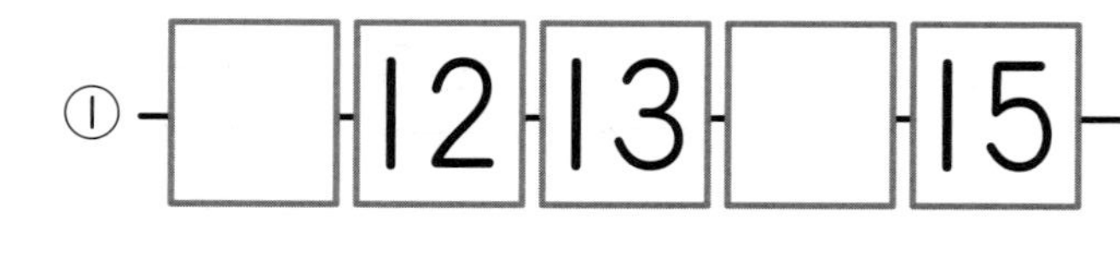
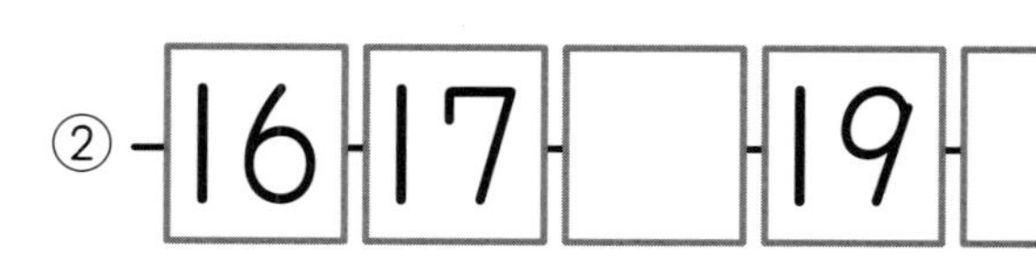

① □ 12 13 □ 15

② 16 17 □ 19 □

4 おおきい ほうに ○を つけましょう。(7×2)

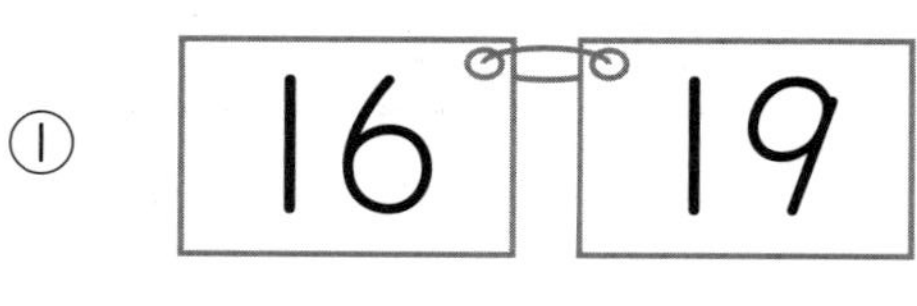

① 16 19

② 20 18

5 けいさんを しましょう。(7×6)

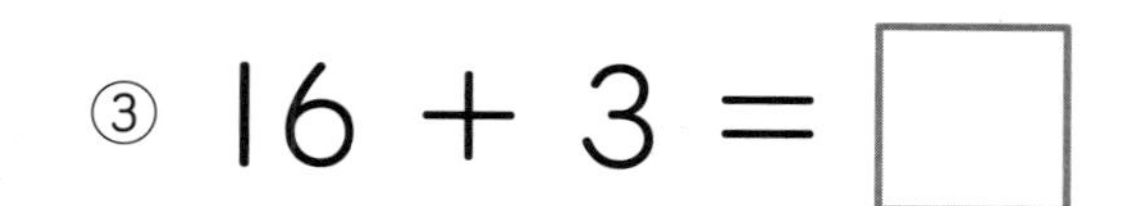

① $10 + 6 = \square$

② $12 + 4 = \square$

③ $16 + 3 = \square$

④ $17 - 7 = \square$

⑤ $20 - 10 = \square$

⑥ $18 - 3 = \square$

かさくらべ (1)

なまえ

1　おおい　ほうに　○を　しましょう。

①

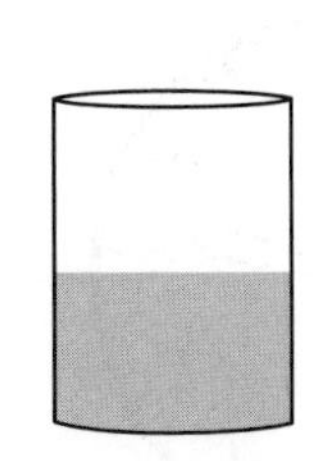

(　)　(　)

②

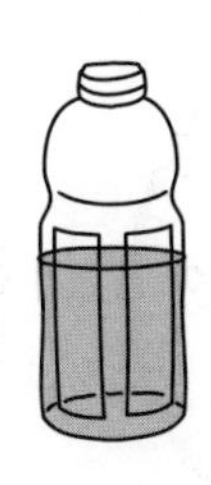

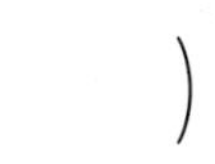

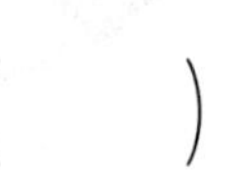

2　こっぷを　つかって　みずの　かさを　くらべました。
おおい　じゅんに　ばんごうを　かきましょう。

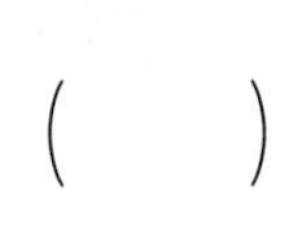

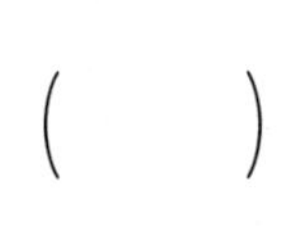

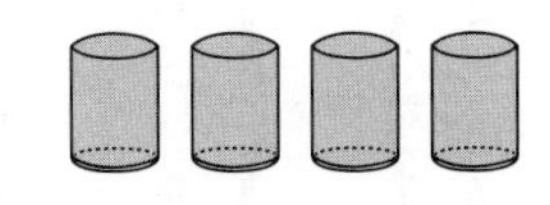

かさくらべ (2)

なまえ

1　どちらの　はこが　おおきいでしょうか。
おおきい　ほうの　(　)に　○を　しましょう。

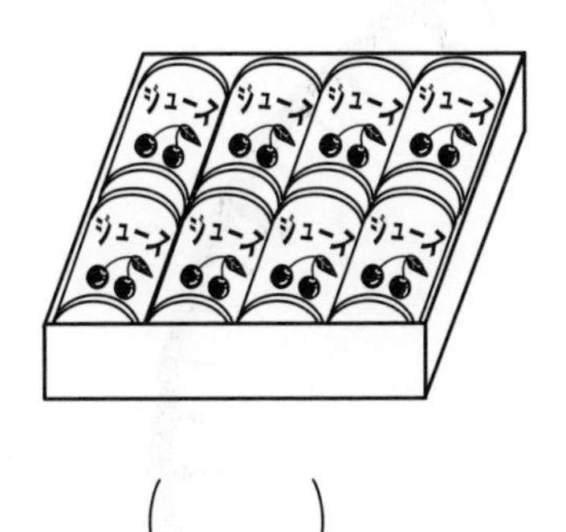

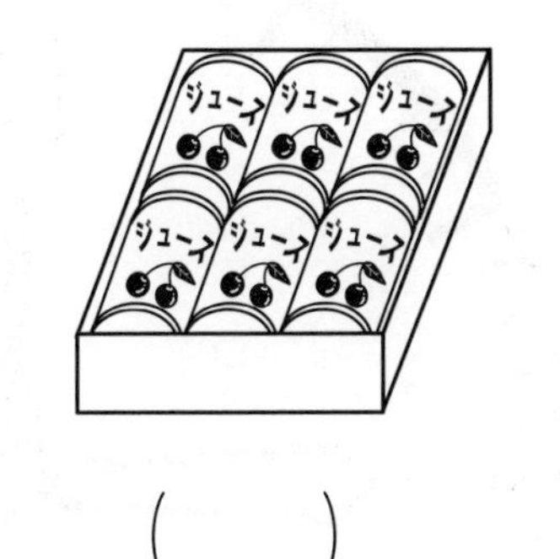

(　)　(　)

2　どちらの　いれものが　おおきいでしょうか。
おおきい　ほうの　(　)に　○を　しましょう。

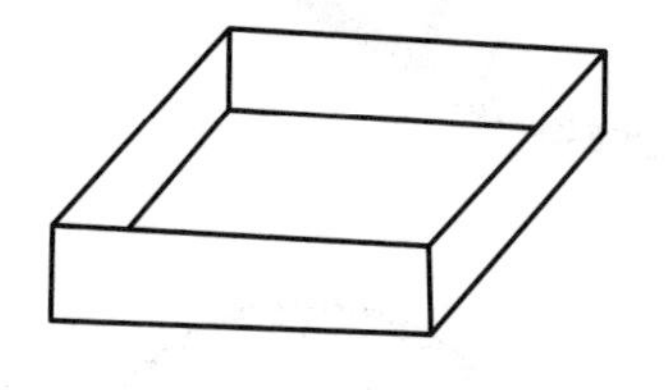

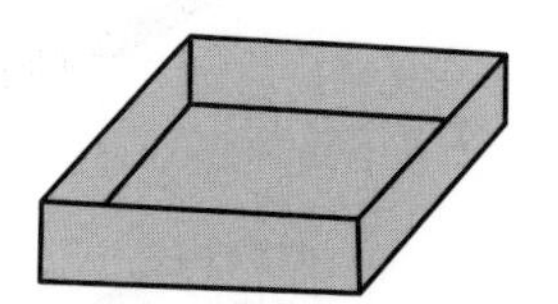

(　)

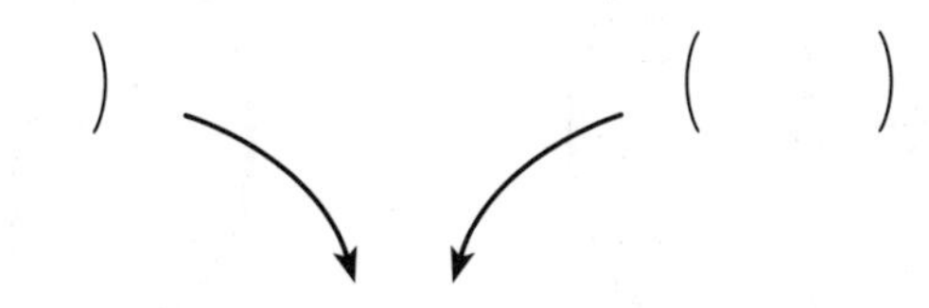

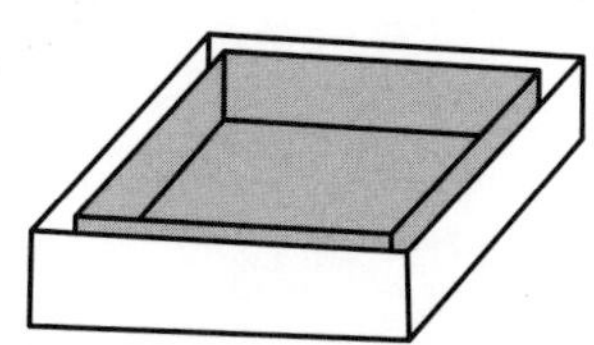

なんじ　なんじはん（1）

なまえ

● とけいの　すうじを　かきましょう。

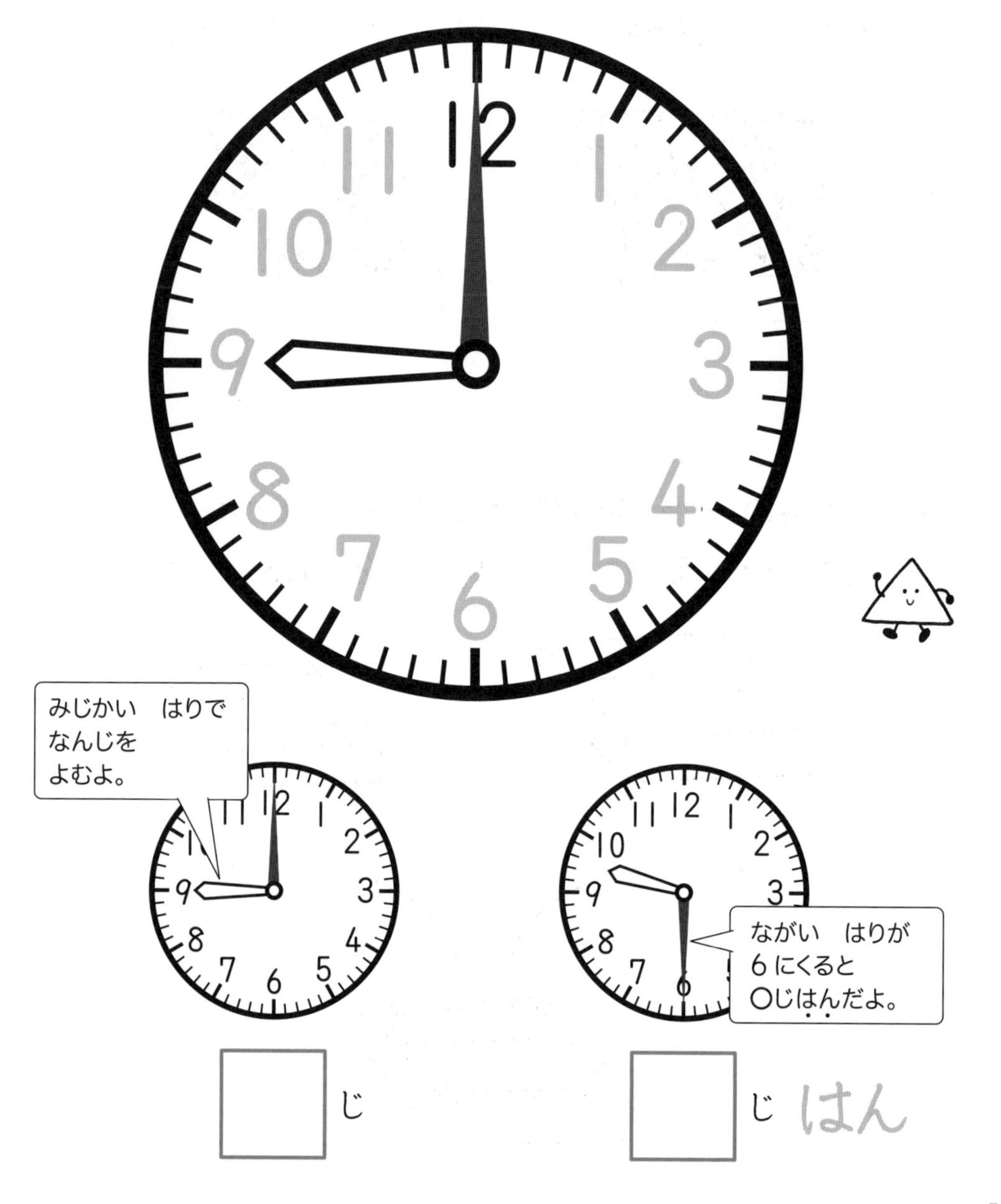

みじかい　はりで
なんじを
よむよ。
ながい　はりが
6 にくると
○じはんだよ。
じ
じ　はん

なんじ　なんじはん（2）

なまえ

● とけいを　よみましょう。

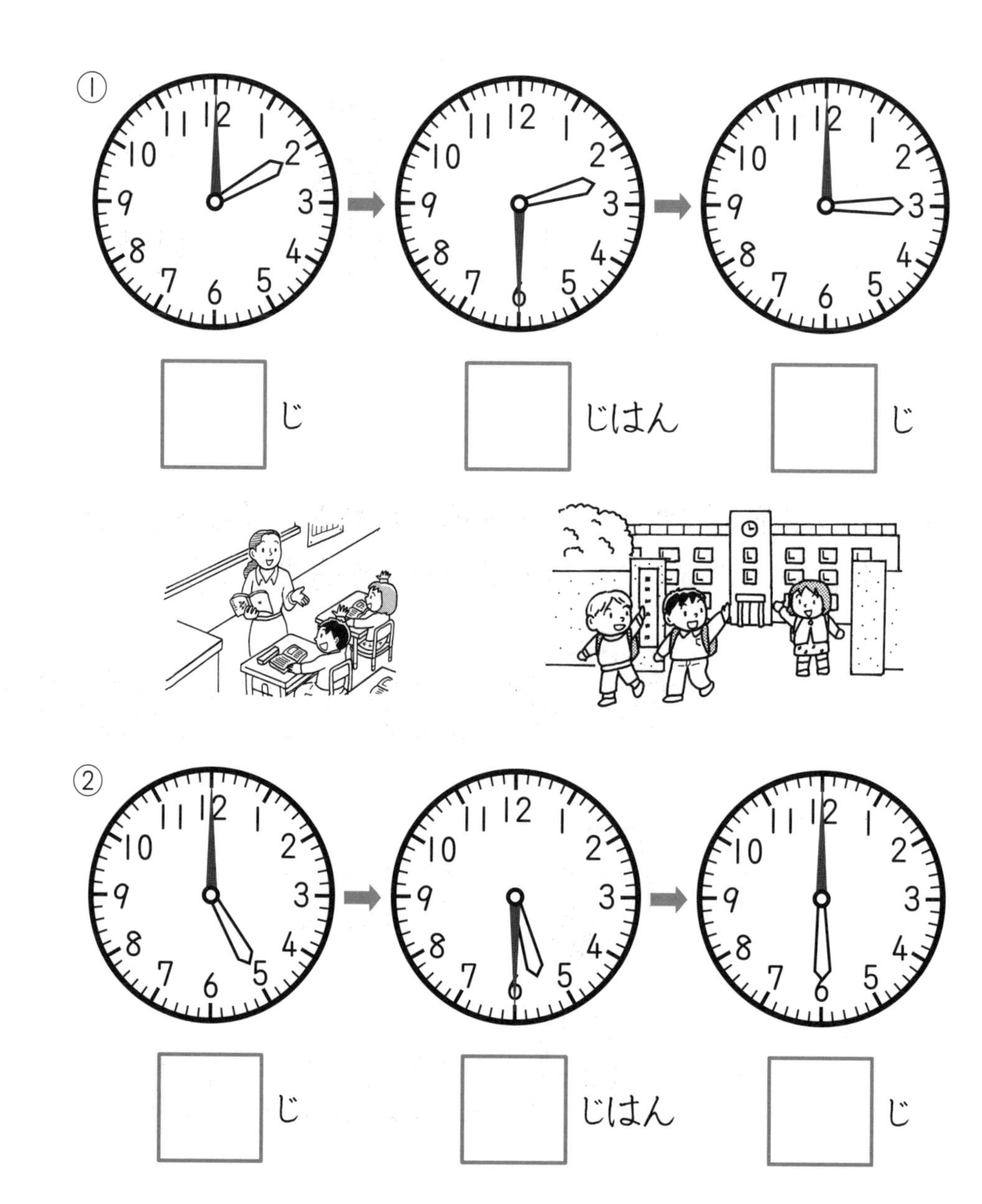

なんじ　なんじはん（3）

なまえ ＿＿＿＿＿＿＿＿＿＿

● とけいを　よみましょう。

①
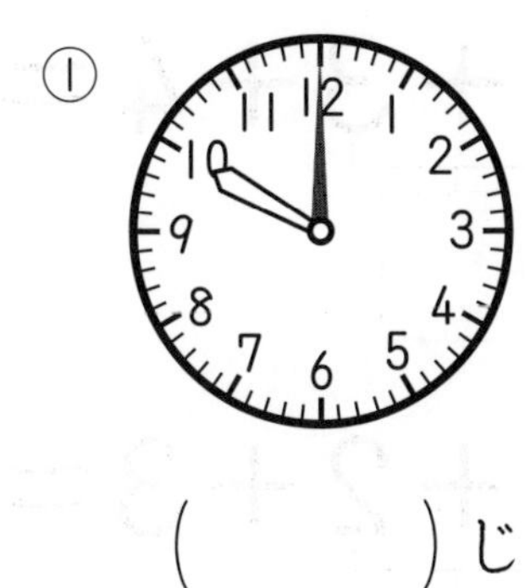

（　　　　）じ

②
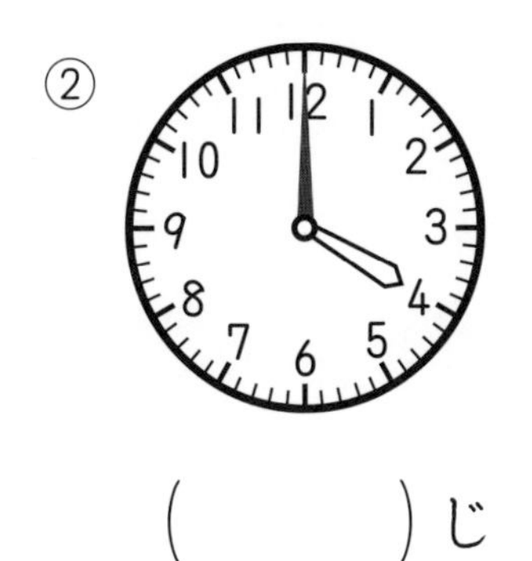

（　　　　）じ

③
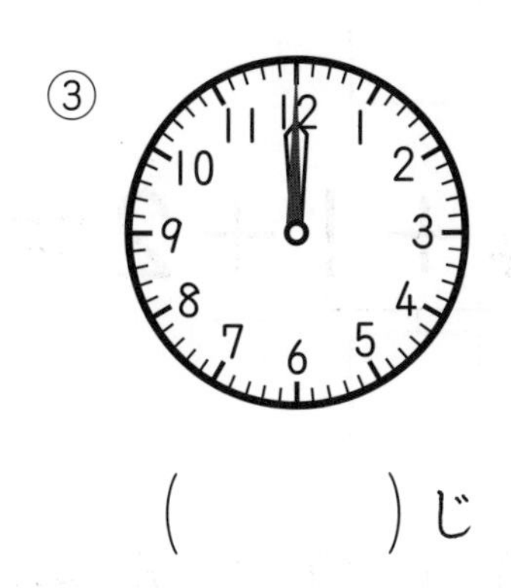

（　　　　）じ

④
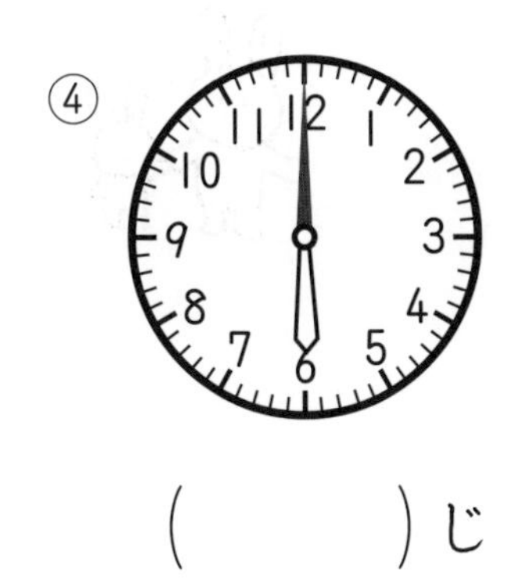

（　　　　）じ

⑤
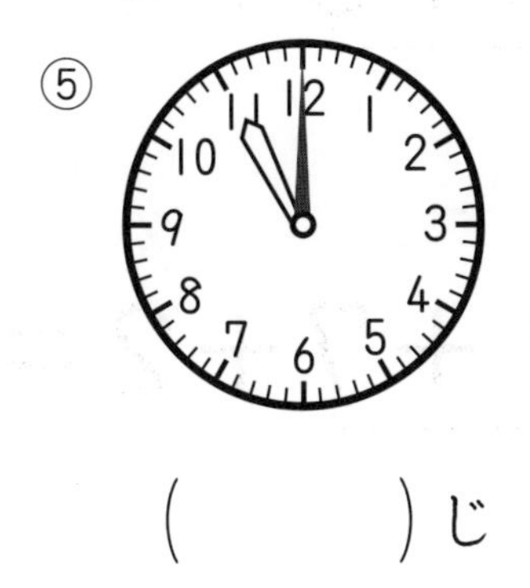

（　　　　）じ

なんじ　なんじはん（4）

なまえ ＿＿＿＿＿＿＿＿＿＿

● とけいを　よみましょう。

①
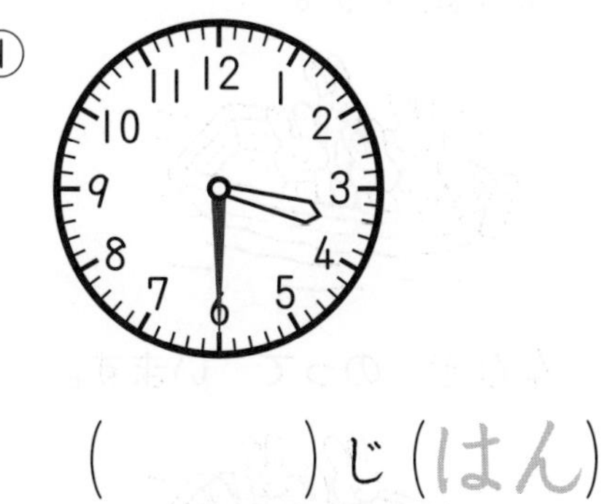

（　　　　）じ（はん）

②
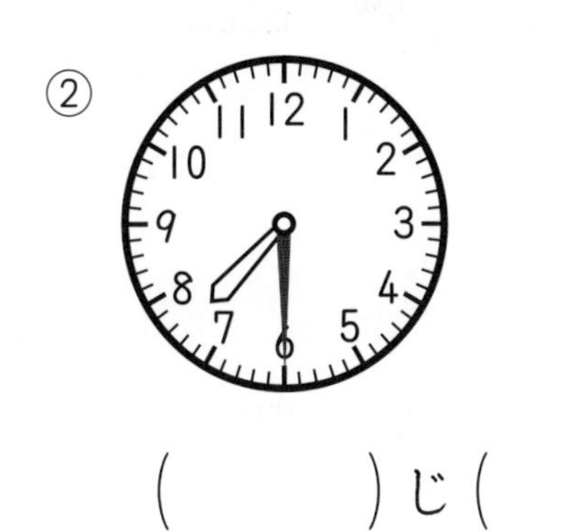

（　　　　）じ（　　　）

③
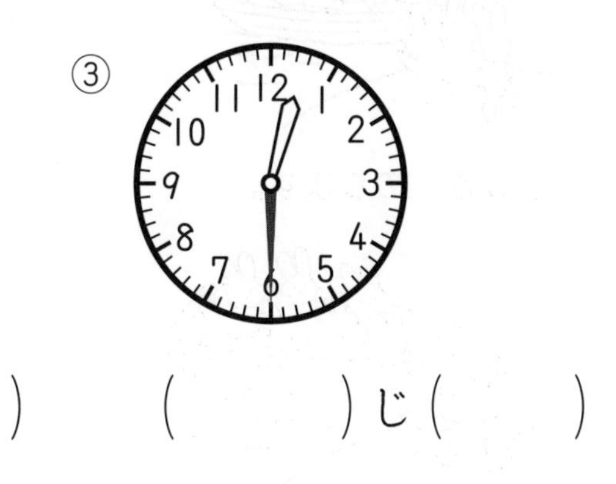

（　　　　）じ（　　　）

④
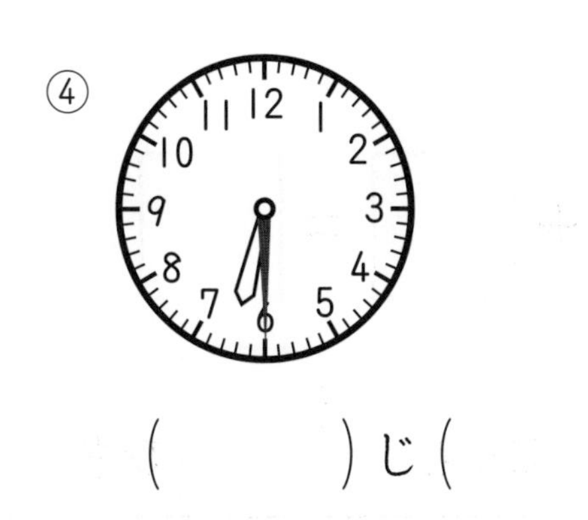

（　　　　）じ（　　　）

⑤
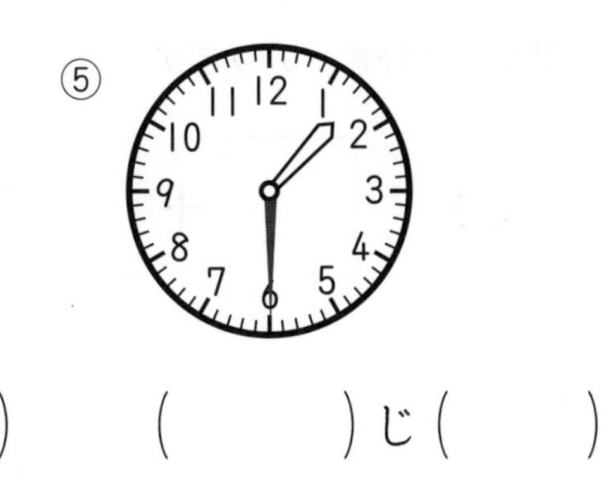

（　　　　）じ（　　　）

3つの かずの けいさん (1)

なまえ ____________

● うさぎは　みんなで　なんびき（なんわ）に
なりますか。

4

4 ひき　のって　います。

4 + 2

2 ひき　のります。

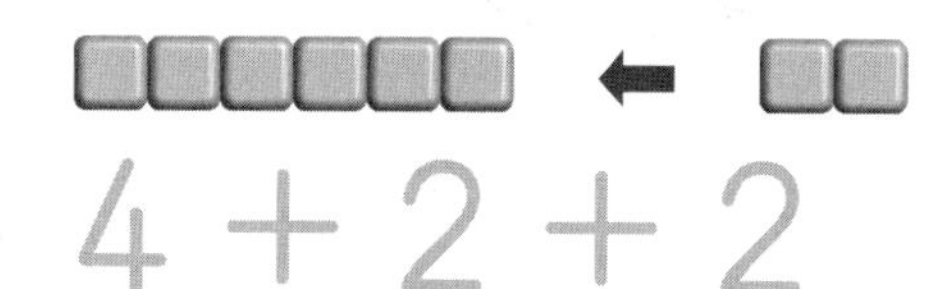

4 + 2 + 2

また　2 ひき　のります。

しき

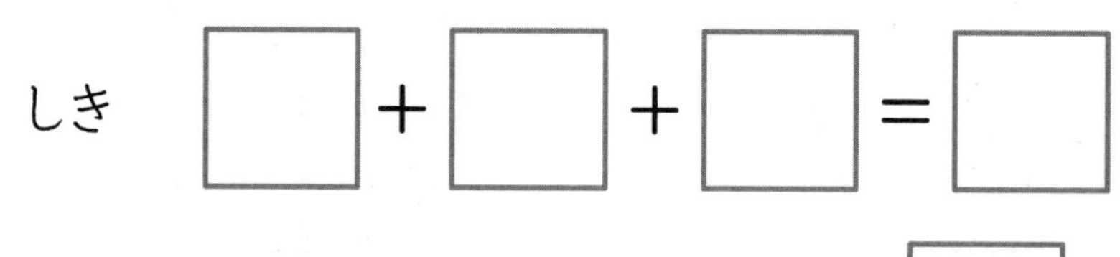

こたえ 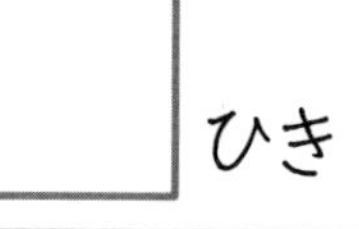 ひき

3つの かずの けいさん (2)

なまえ ____________

● けいさんを　しましょう。

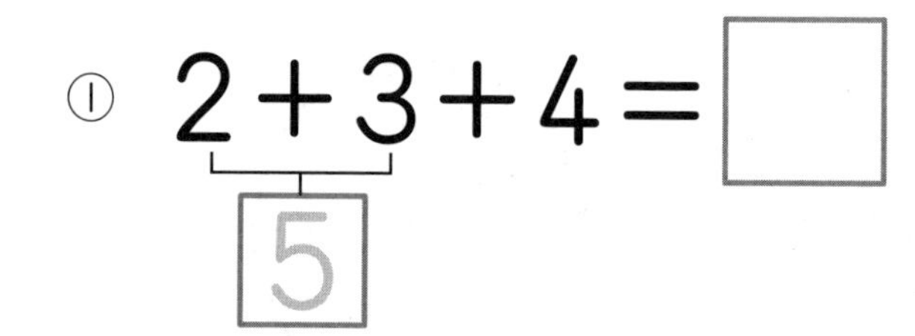

まえから
じゅんに
けいさんして
いくよ。

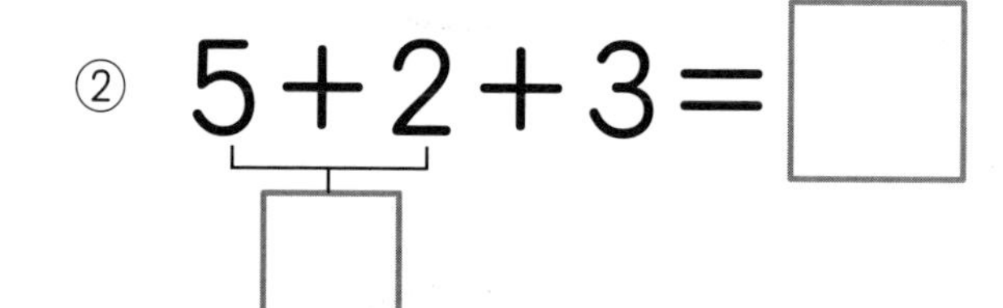

③ 4 + 1 + 2 = □

④ 3 + 3 + 4 = □

⑤ 1 + 7 + 2 = □

3つの かずの けいさん (3)　なまえ

● さるは　なんびき　のって　いますか。

5

5ひき　のって　います。

5 − 3

3びき　おりました。

5 − 3 − 1

つぎに　1ぴき　おりました。

しき　□ − □ − □ = □

こたえ　□ ぴき

3つの かずの けいさん (4)　なまえ

● けいさんを　しましょう。

① 9 − 3 − 2 = □　（9 − 3 → 6）

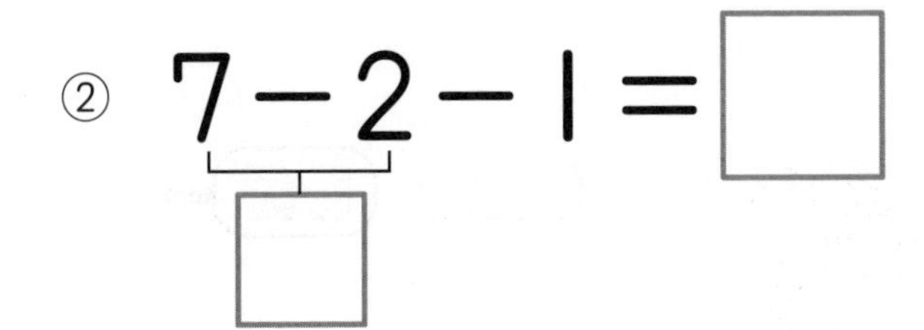

② 7 − 2 − 1 = □　（7 − 2 → □）

③ 10 − 6 − 2 = □　（10 − 6 → □）

④ 8 − 4 − 3 = □　（8 − 4 → □）

⑤ 12 − 2 − 5 = □　（12 − 2 → □）

3つの かずの けいさん (5)　なまえ

● いぬは　みんなで　なんびきに　なりますか。

5

5ひき　のって　います。

5 − 2

2ひき　おりました。

5 − 2 + 4

4ひき　のりました。

しき　□ − □ + □ = □

こたえ　□ ひき

3つの かずの けいさん (6)　なまえ

● けいさんを　しましょう。

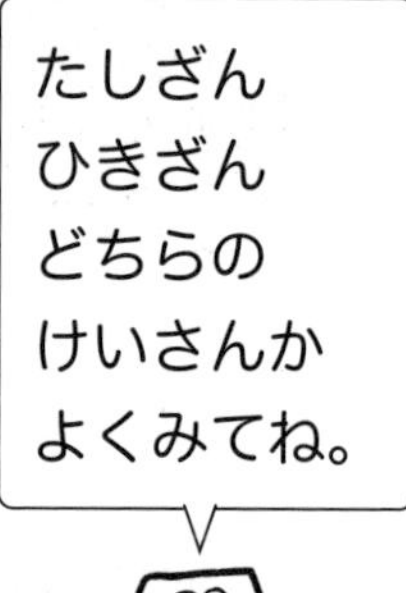
たしざん
ひきざん
どちらの
けいさんか
よくみてね。

① 6＋3−5＝□　（6＋3＝9）

② 2＋8−7＝□　（2＋8＝□）

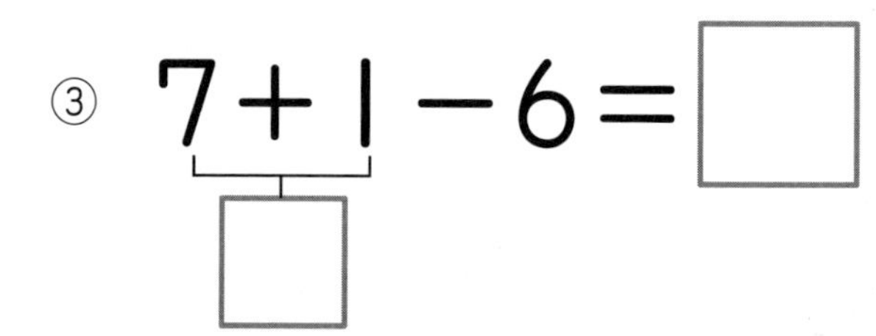

③ 7＋1−6＝□　（7＋1＝□）

④ 7−3＋4＝□　（7−3＝□）

⑤ 9−4＋5＝□　（9−4＝□）

たしざん（1）
くりあがり

なまえ

● あと　いくつで　10に　なるでしょうか。
□に　すうじを　かきましょう。

① 5と □ で　10

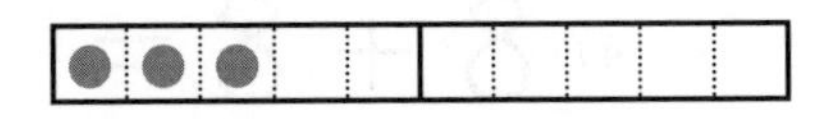

② 3と □ で　10

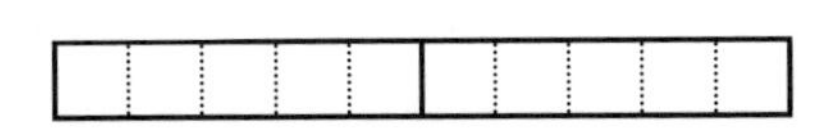

③ 6と □ で　10

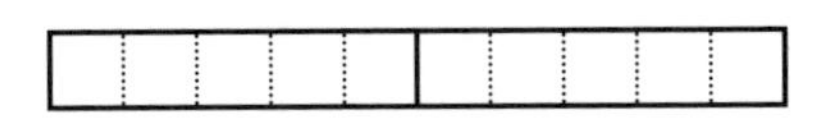

④ 1と □ で　10

⑤ 8と □ で　10

たしざん（2）
くりあがり

なまえ

● あと　いくつで　10に　なるでしょうか。
○に　すうじを　かきましょう。

①
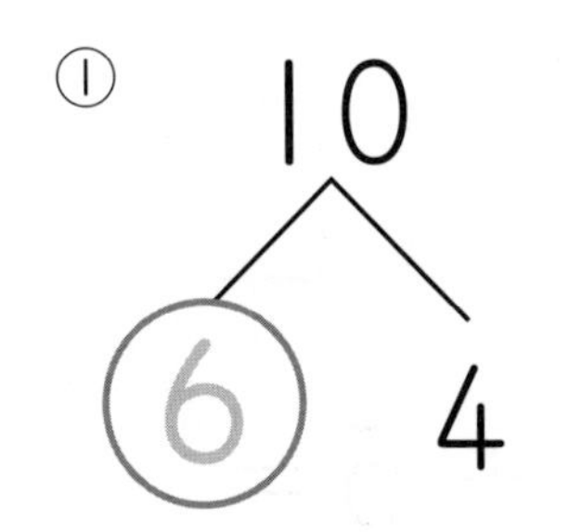

② ③
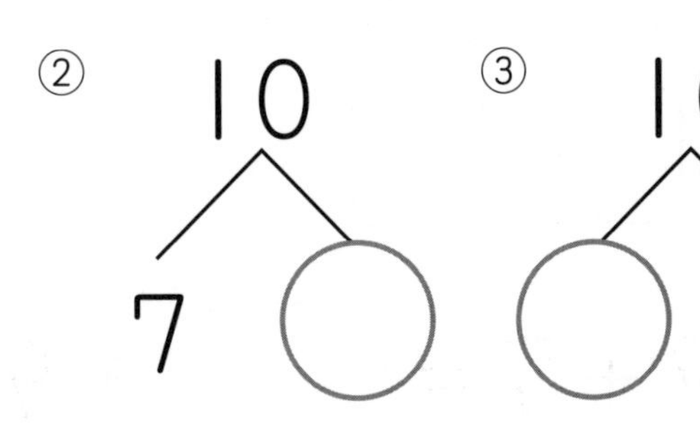

④ ⑤
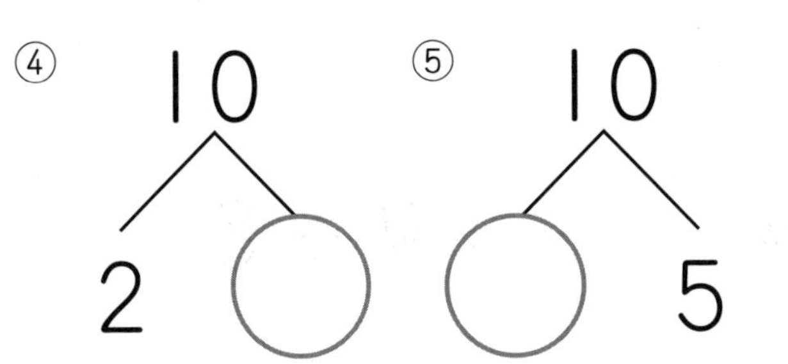

⑥
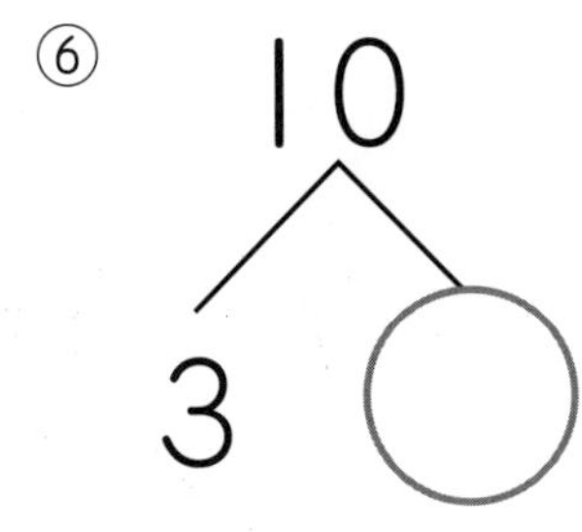

⑦ ⑧
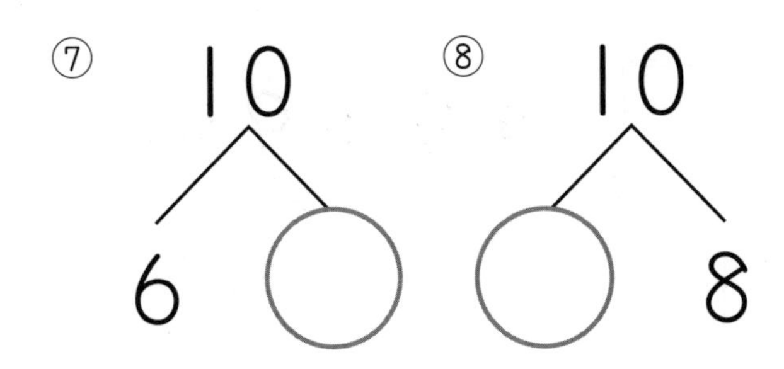

たしざん（3）

くりあがり

なまえ

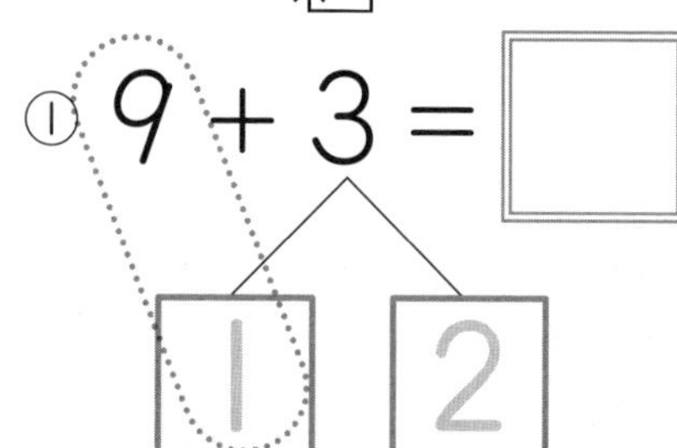

① 9 ＋ 3 ＝ □

1　2

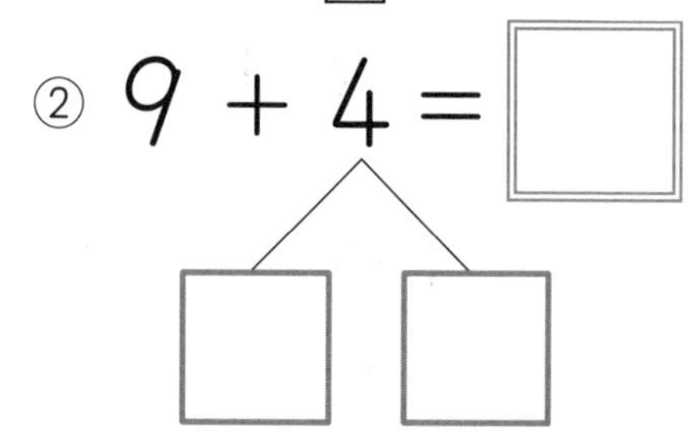

② 9 ＋ 4 ＝ □

③ 9 ＋ 7 ＝ □

④ 9 ＋ 5 ＝ □

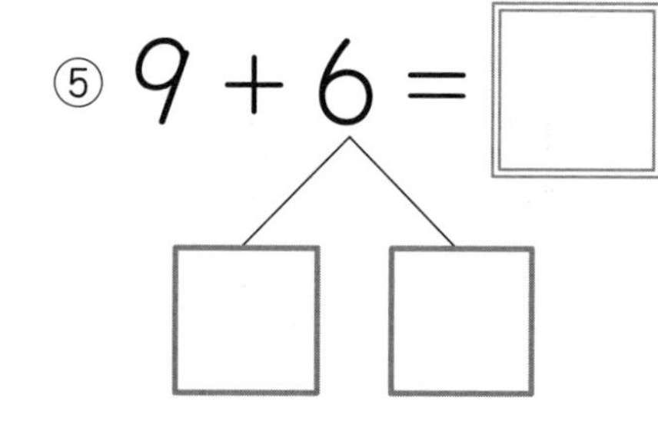

⑤ 9 ＋ 6 ＝ □

⑥ 9 ＋ 8 ＝ □

⑦ 9 ＋ 2 ＝ □

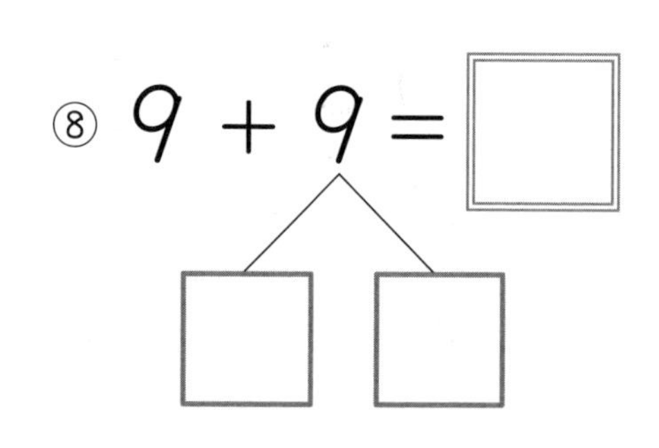

⑧ 9 ＋ 9 ＝ □

たしざん（4）

くりあがり

なまえ

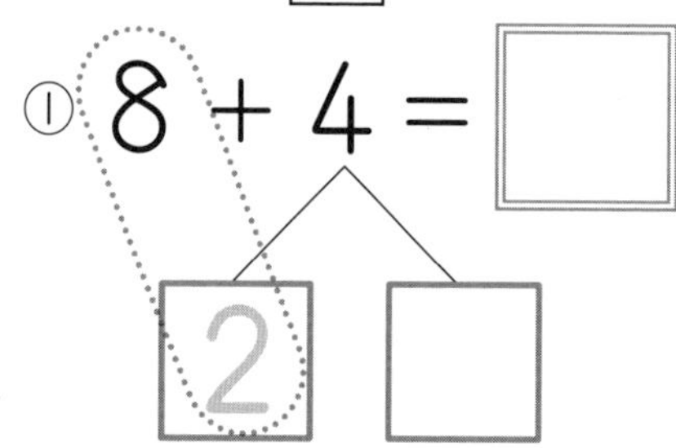

① 8 ＋ 4 ＝ □

2

② 8 ＋ 7 ＝ □

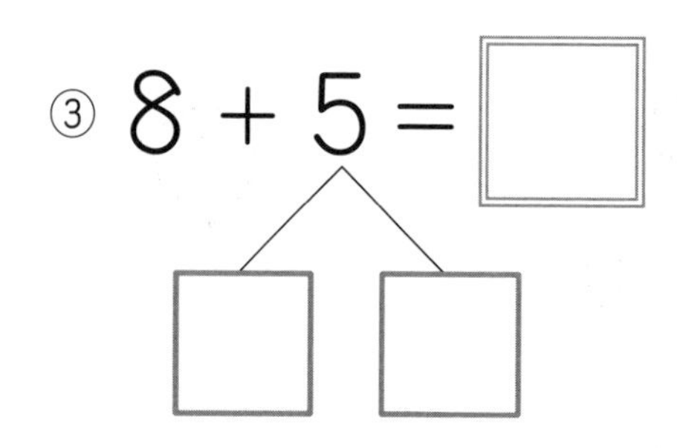

③ 8 ＋ 5 ＝ □

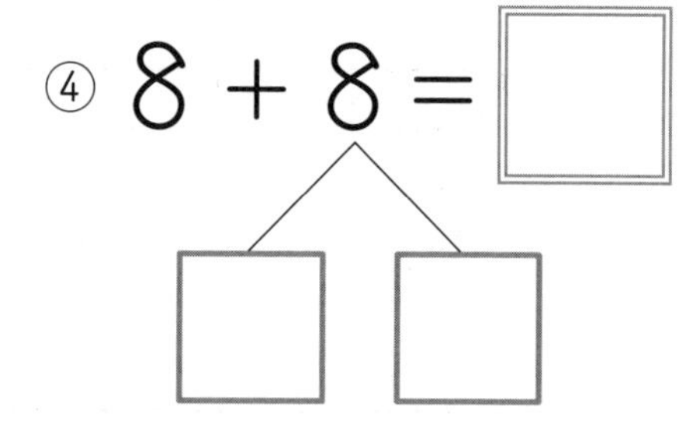

④ 8 ＋ 8 ＝ □

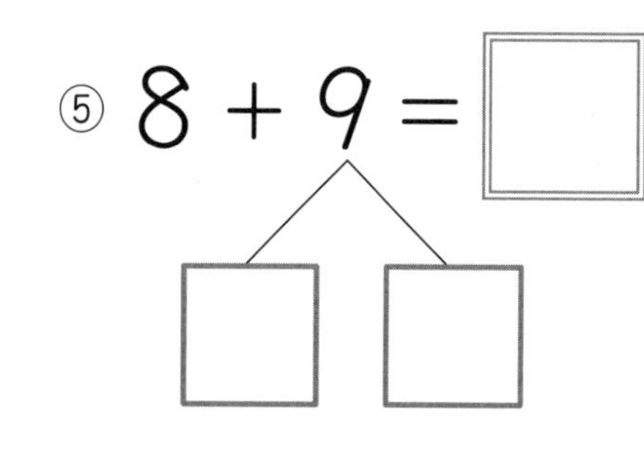

⑤ 8 ＋ 9 ＝ □

⑥ 8 ＋ 3 ＝ □

⑦ 8 ＋ 6 ＝ □

たしざん（5）

くりあがり

なまえ

① $7+5=\square$

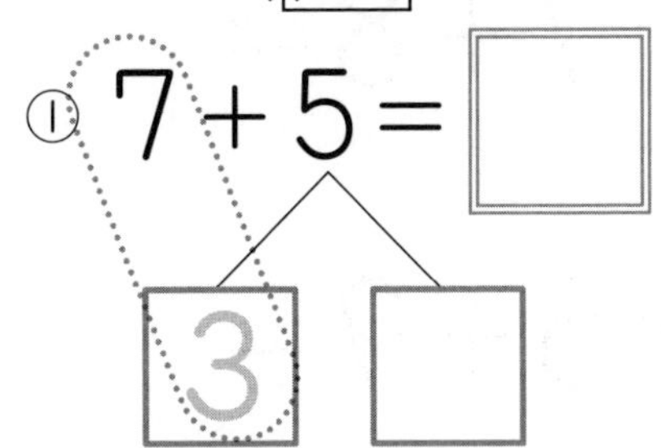

② $7+4=\square$

③ $7+6=\square$

④ $7+8=\square$

① $6+6=\square$

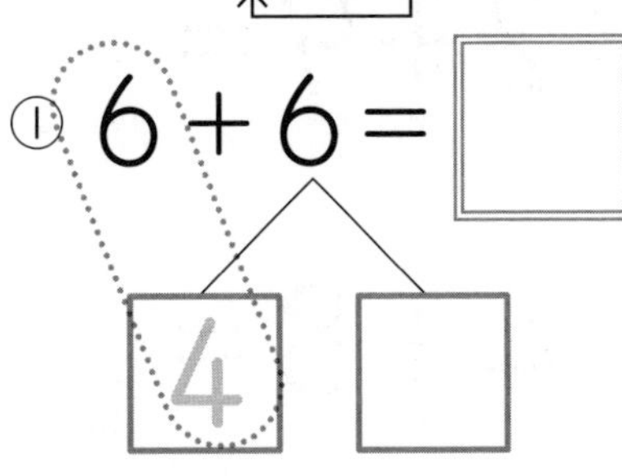

② $6+9=\square$

③ $6+8=\square$

④ $6+7=\square$

たしざん（6）

くりあがり

なまえ

① $9+7=\square$

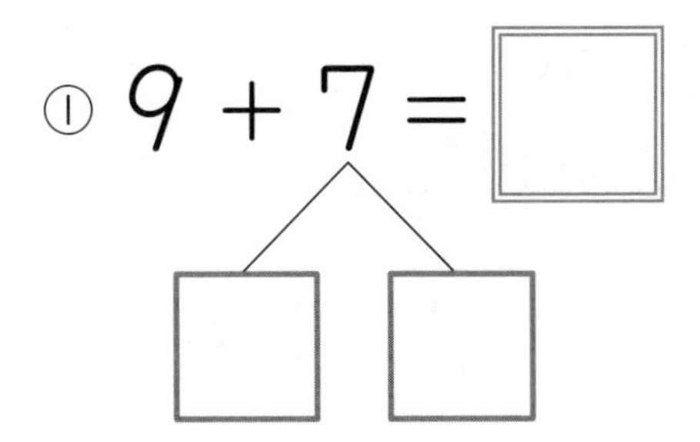

② $7+4=\square$

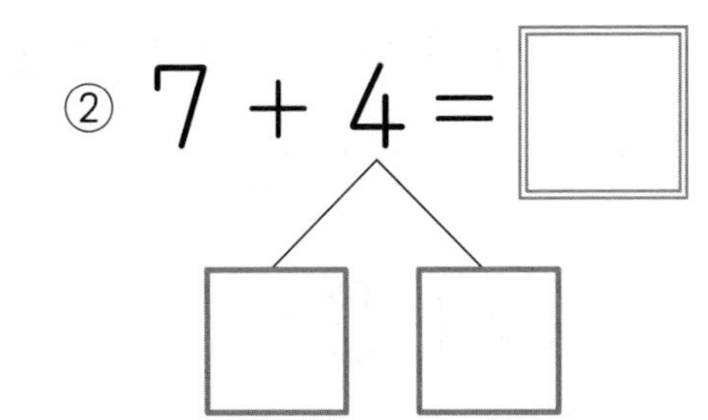

③ $8+4=\square$

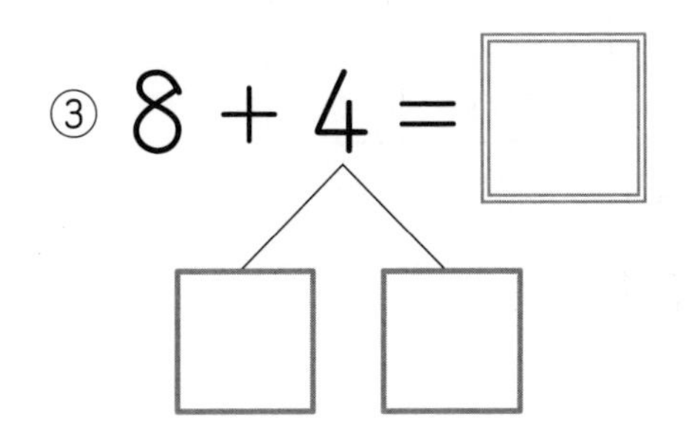

④ $9+5=\square$

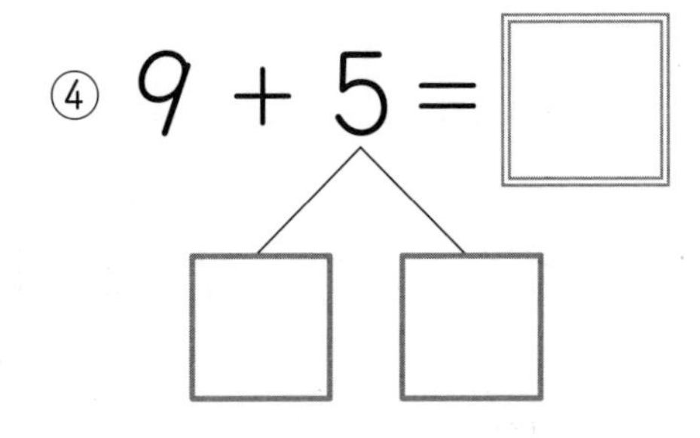

⑤ $8+7=\square$

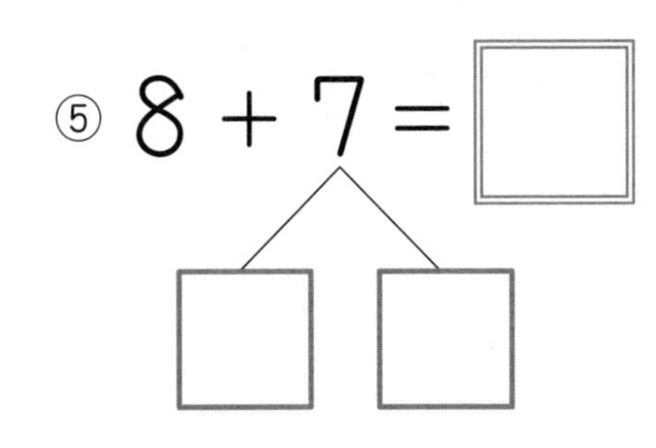

⑥ $7+7=\square$

⑦ $8+6=\square$

⑧ $9+3=\square$

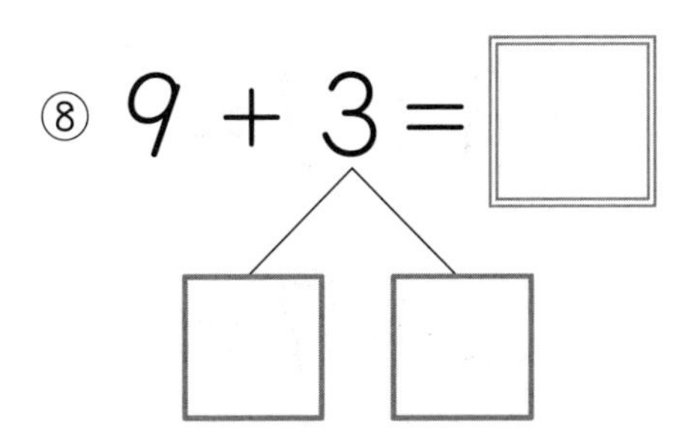

たしざん (7)
くりあがり

なまえ

1 3＋8を けいさんしましょう。

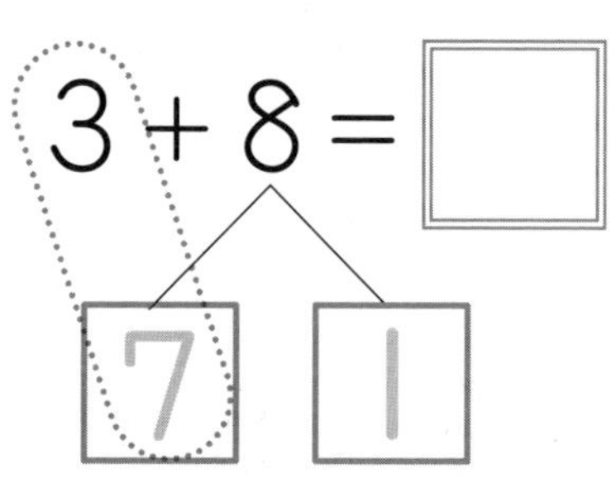

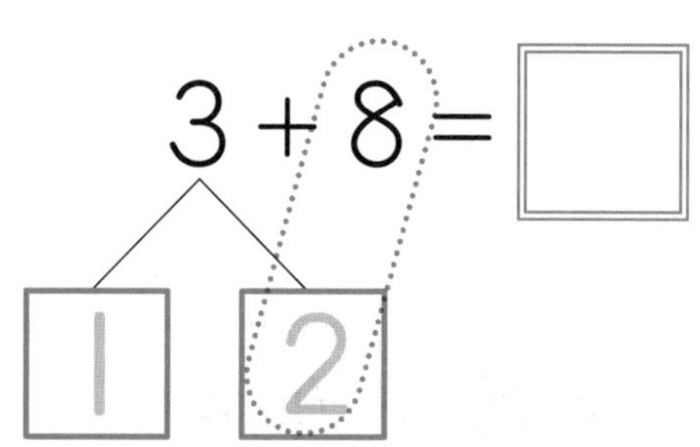

2 ずを みて けいさんしましょう。

① $5+7=$ □

② $4+9=$ □

③ $6+8=$ □

④ $3+9=$ □

⑤ $4+7=$ □

たしざん (8)
くりあがり

なまえ

① $2+9=$ □

② $7+8=$ □

③ $4+8=$ □

④ $6+9=$ □

⑤ $5+6=$ □

⑥ $3+8=$ □

⑦ $8+9=$ □

⑧ $5+8=$ □

⑨ $5+9=$ □

⑩ $5+7=$ □

⑪ $7+9=$ □

⑫ $6+7=$ □

たしざん（9）
くりあがり

なまえ

① 9＋2＝ □　② 6＋5＝ □

③ 7＋7＝ □　④ 3＋9＝ □

⑤ 5＋7＝ □　⑥ 9＋6＝ □

⑦ 8＋5＝ □　⑧ 7＋4＝ □

⑨ 9＋3＝ □　⑩ 8＋8＝ □

めいろは，こたえの　おおきい　ほうを　とおりましょう。とおった　こたえを　したの □ に　かきましょう。

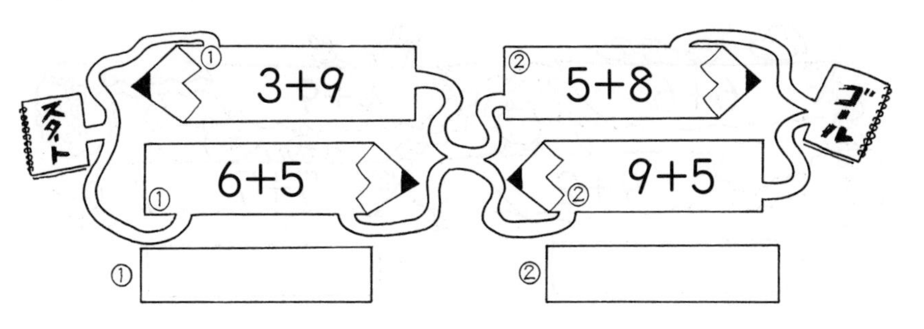

たしざん（10）
くりあがり

なまえ

① 5＋6＝ □　② 8＋6＝ □

③ 9＋7＝ □　④ 7＋6＝ □

⑤ 8＋9＝ □　⑥ 3＋8＝ □

⑦ 6＋6＝ □　⑧ 9＋3＝ □

⑨ 5＋9＝ □　⑩ 6＋9＝ □

めいろは，こたえの　おおきい　ほうを　とおりましょう。とおった　こたえを　したの □ に　かきましょう。

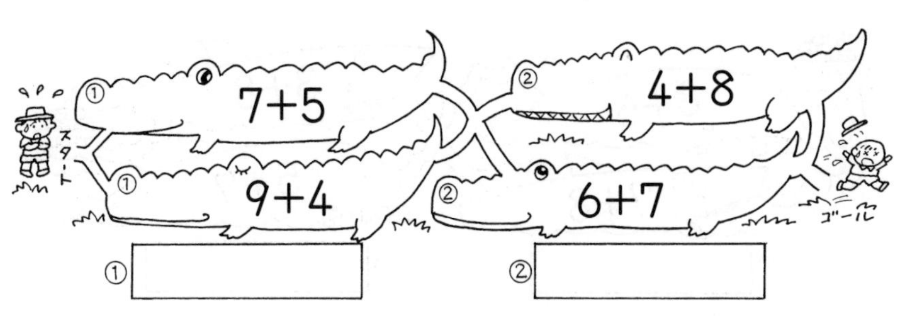

たしざん（11）

くりあがり

なまえ

① $8+7=$ □　② $5+8=$ □

③ $7+5=$ □　④ $9+4=$ □

⑤ $6+7=$ □　⑥ $4+7=$ □

⑦ $9+9=$ □　⑧ $8+3=$ □

⑨ $8+5=$ □　⑩ $7+9=$ □

めいろは，こたえの　おおきい　ほうを　とおりましょう。とおった　こたえを　したの □ に　かきましょう。

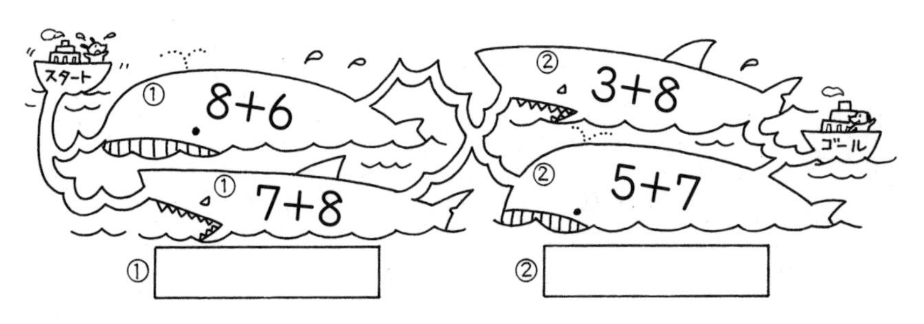

① □　② □

たしざん（12）

くりあがり

なまえ

① $8+4=$ □　② $7+4=$ □

③ $4+8=$ □　④ $6+8=$ □

⑤ $9+5=$ □　⑥ $2+9=$ □

⑦ $9+6=$ □　⑧ $9+8=$ □

⑨ $7+8=$ □　⑩ $4+9=$ □

めいろは，こたえの　おおきい　ほうを　とおりましょう。とおった　こたえを　したの □ に　かきましょう。

① □　② □

たしざん (13)

くりあがり

なまえ

● こたえが　おなじに　なる　しきを　せんで
むすびましょう。（　）に　こたえを　かきましょう。

（11）　（　　）　（　　）　（　　）

8+5　7+7　9+2　3+9

（　　）　（　　）　（　　）　（　　）

たしざん (14)

くりあがり　ぶんしょうだい

なまえ

1　あひるが　いけに　8わ　います。
そこへ　4わ　やって　きました。
あひるは　ぜんぶで　なんわに　なりましたか。

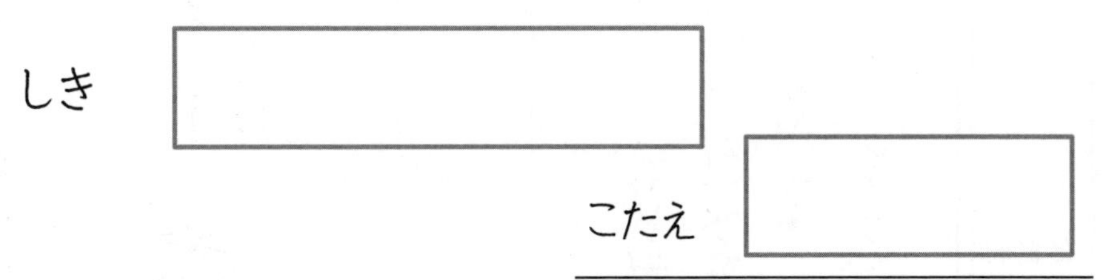

しき

こたえ

2　あかい　ふうせんが　5こ，　あおい
ふうせんが　9こ　あります。
ふうせんは　ぜんぶで　なんこ　ありますか。

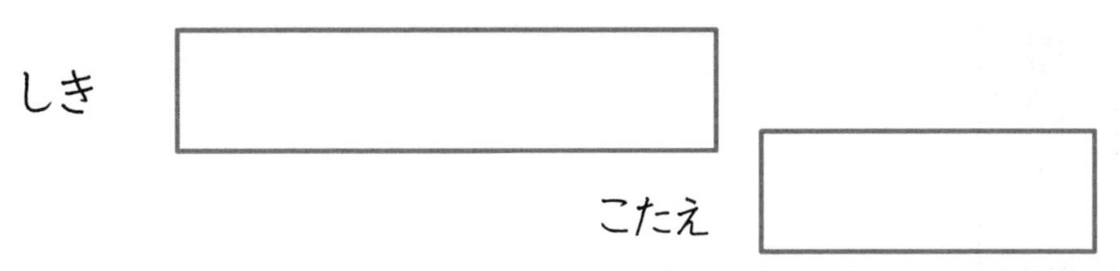

しき

こたえ

3　みきさんは　なしを　7こ　とりました。
ゆうきさんは　6こ　とりました。
ふたりで　なしを　なんこ　とりましたか。

しき

こたえ

ふりかえりテスト たしざん くりあがり

なまえ

1 けいさんを しましょう。(6×12)

① $6+7=$ □

② $3+8=$ □

③ $7+9=$ □

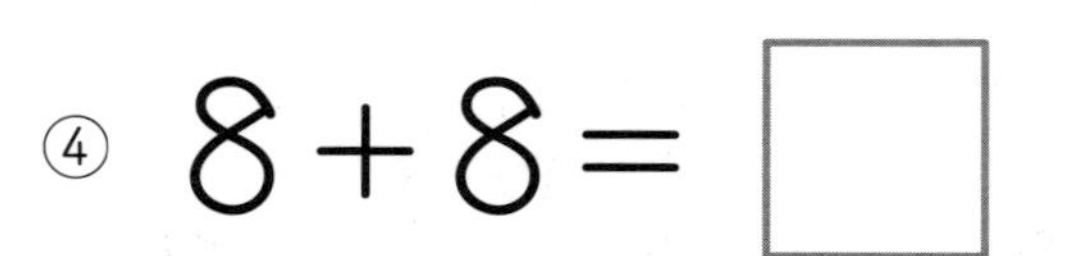

④ $8+8=$ □

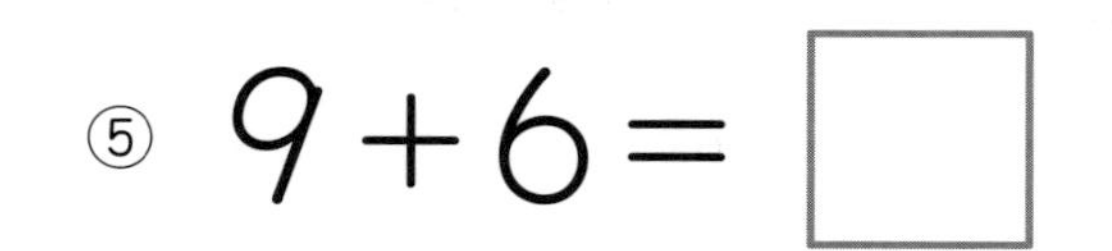

⑤ $9+6=$ □

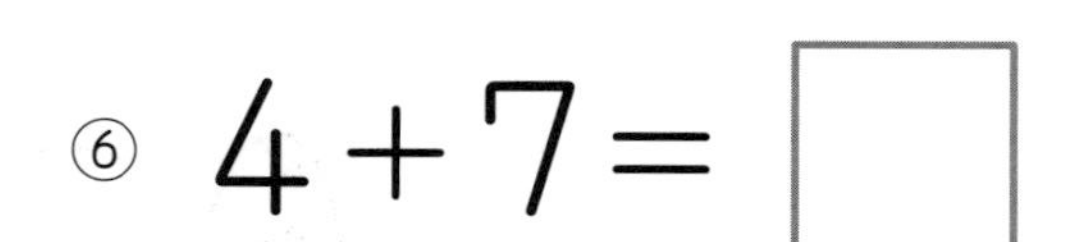

⑥ $4+7=$ □

⑦ $8+5=$ □

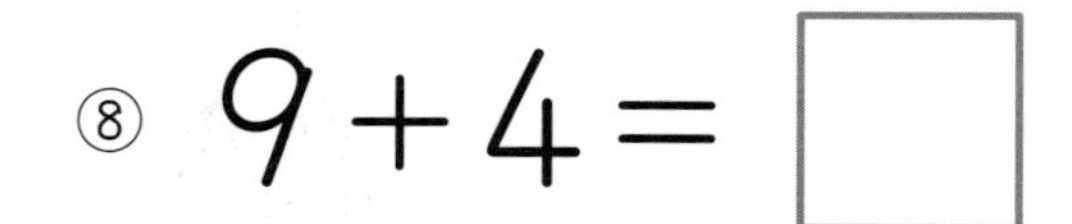

⑧ $9+4=$ □

⑨ $2+9=$ □

⑩ $7+5=$ □

⑪ $5+8=$ □

⑫ $9+9=$ □

2 みかんが かごに 8こ，おさらに 6こ あります。
みかんは あわせて なんこに なりますか。(14)

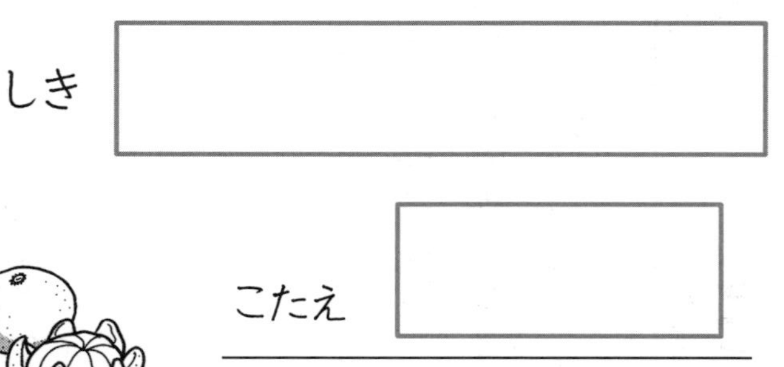

しき

こたえ

3 めだかが 9ひき います。
きょう，7ひき うまれました。
めだかは ぜんぶで なんびきに なりますか。(14)

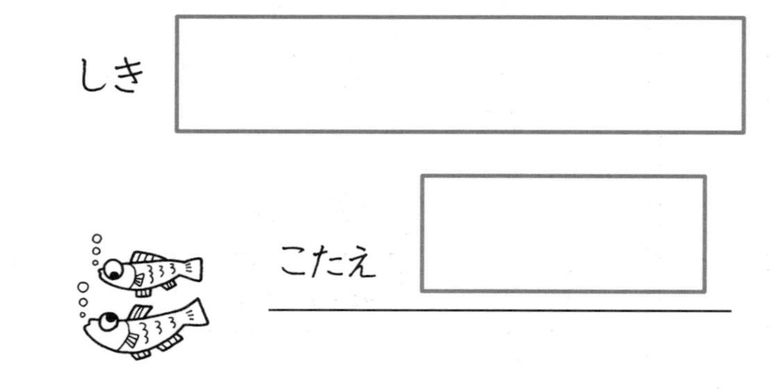

しき

こたえ

かたちあそび（1）

なまえ

● いろいろな　かたちの　ものを　４つに　わけました。

さいころの　かたち

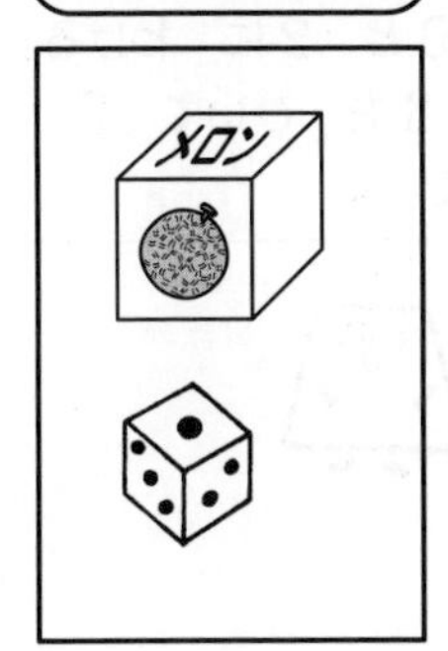

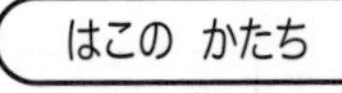

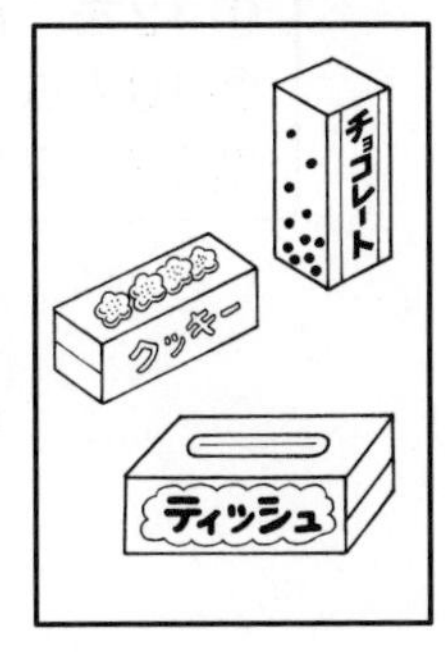

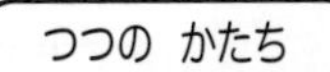

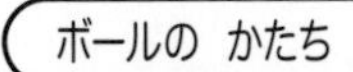

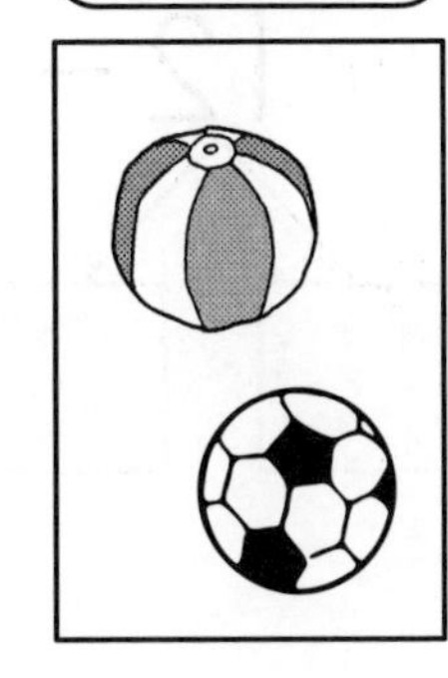

① たかく　つんでいきます。うえに　つみやすい
かたちを　２つ　えらんで　○を　しましょう。

（ さいころの かたち ・ はこの かたち ・ つつの かたち ・ ボールの かたち ）

② ななめの　いたの　うえを　ころがします。
よく　ころがる　かたちを　２つ　えらんで　○を
しましょう。

（ さいころの かたち ・ はこの かたち ・ つつの かたち ・ ボールの かたち ）

かたちあそび（2）

なまえ

1 おなじ　なかまの　かたちを　せんで
むすびましょう。

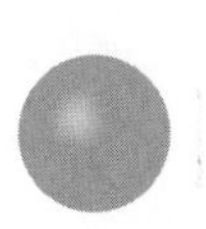

2 かみに　うつすと　どのような　かたちに
なりますか。　せんで　むすびましょう。

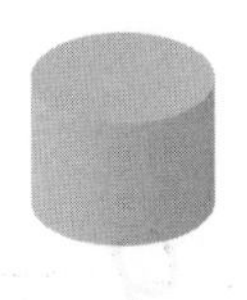

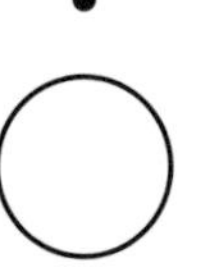

ひきざん（1）
くりさがり

なまえ ＿＿＿＿＿＿＿＿

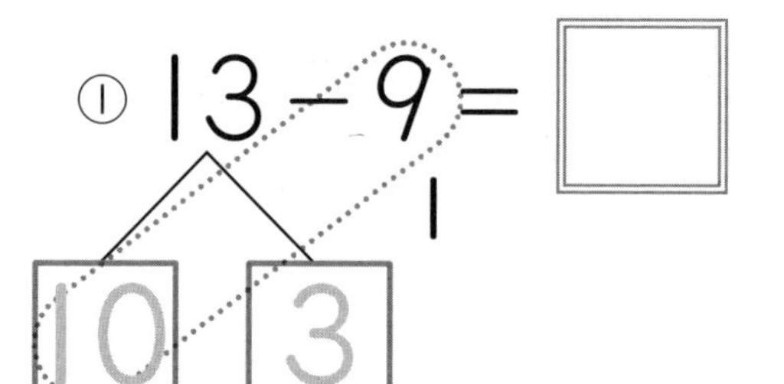

① 13を　10と　3に　わける。
② 10から　9を　ひいて　1
③ 1と　3で　4

② 18－9＝□

10　□

③ 12－9＝□

□　□

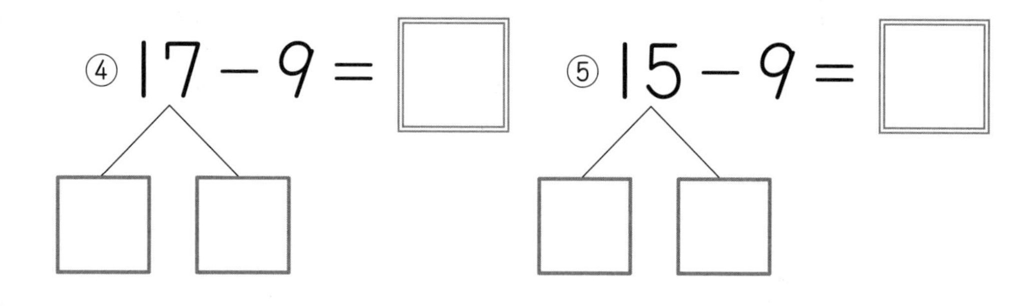

ひきざん（2）
くりさがり

なまえ ＿＿＿＿＿＿＿＿

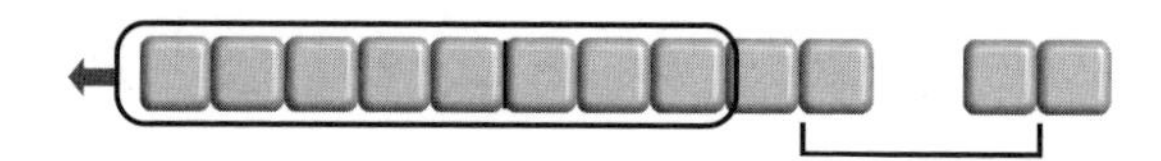

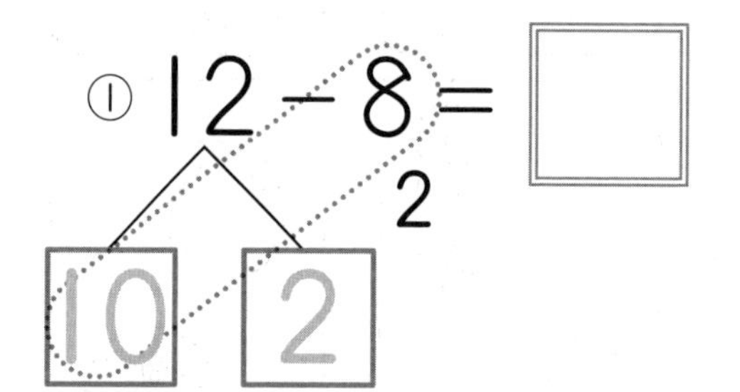

① 12を　10と　2に　わける。
② 10から　8を　ひいて　2
③ 2と　2で　4

② 15－8＝□

10　□

③ 11－8＝□

□　□

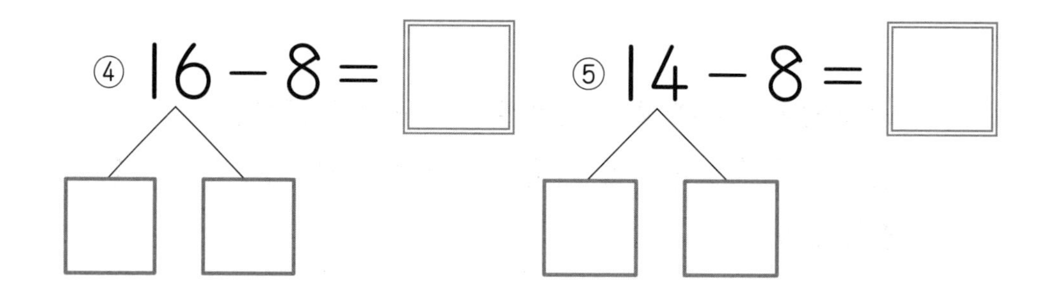

ひきざん (3)

くりさがり

なまえ

① $16-9=\square$　② $14-9=\square$

③ $11-9=\square$　④ $15-9=\square$

⑤ $18-9=\square$　⑥ $17-8=\square$

⑦ $13-8=\square$　⑧ $14-8=\square$

⑨ $11-8=\square$　⑩ $16-8=\square$

めいろは，こたえの おおきい ほうを とおりましょう。とおった こたえを したの □ に かきましょう。

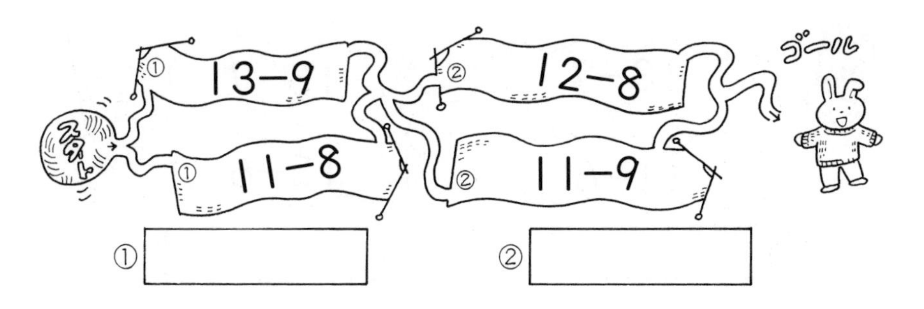

ひきざん (4)

くりさがり

なまえ

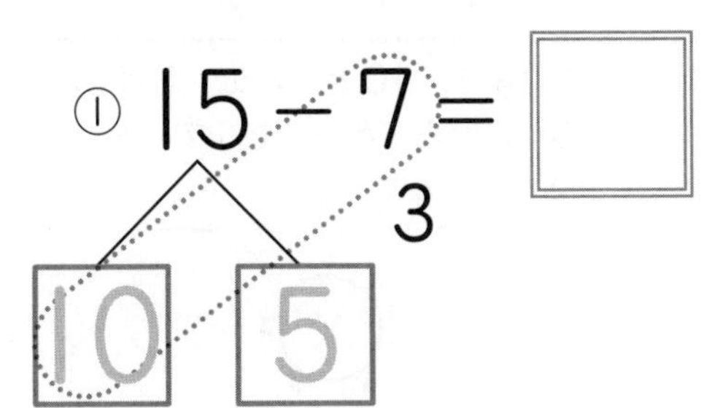

① 15を　10と　5に　わける。
② 10から　7を　ひいて　3
③ 3と　5で　8

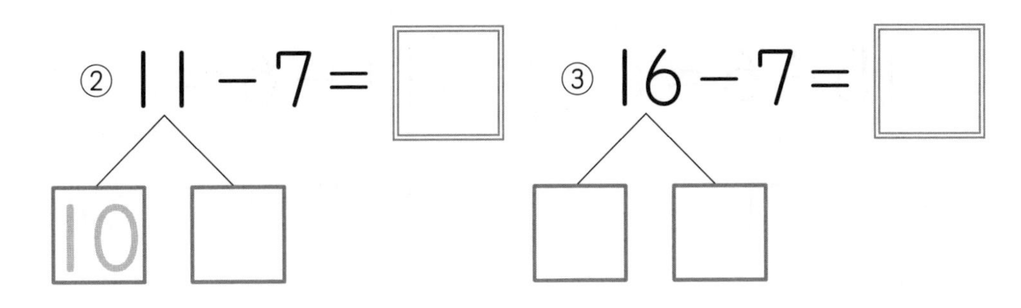

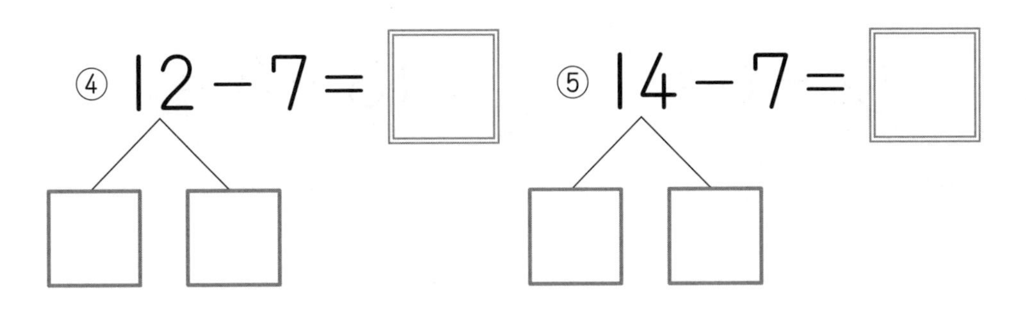

ひきざん（5）
くりさがり

なまえ

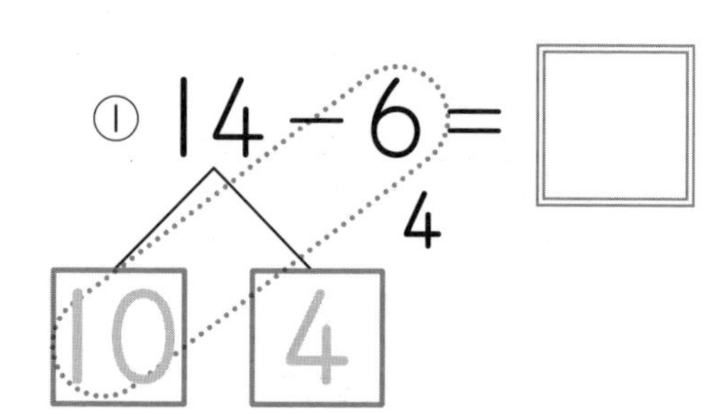

① 14を　10と　4に　わける。
② 10から　6を　ひいて　4
③ 4と　4で　8

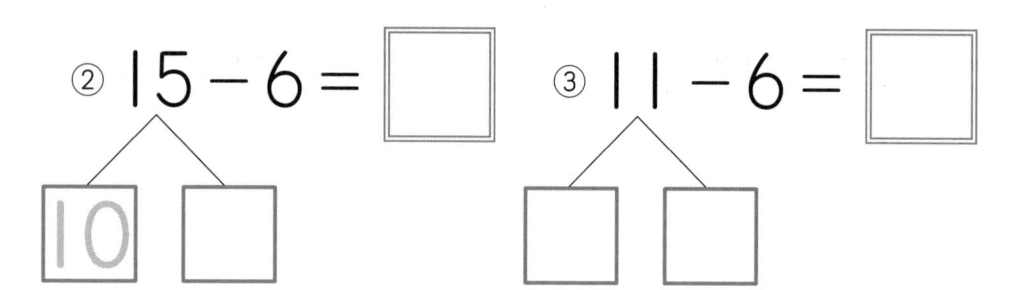

④ 12 − 6 = □

⑤ 13 − 6 = □

ひきざん（6）
くりさがり

なまえ

① 15 − 7 = □　② 12 − 7 = □

③ 11 − 7 = □　④ 16 − 7 = □

⑤ 14 − 7 = □　⑥ 14 − 6 = □

⑦ 11 − 6 = □　⑧ 15 − 6 = □

⑨ 12 − 6 = □　⑩ 13 − 6 = □

めいろは，こたえの　おおきい　ほうを　とおりましょう。とおった　こたえを　したの　□に　かきましょう。

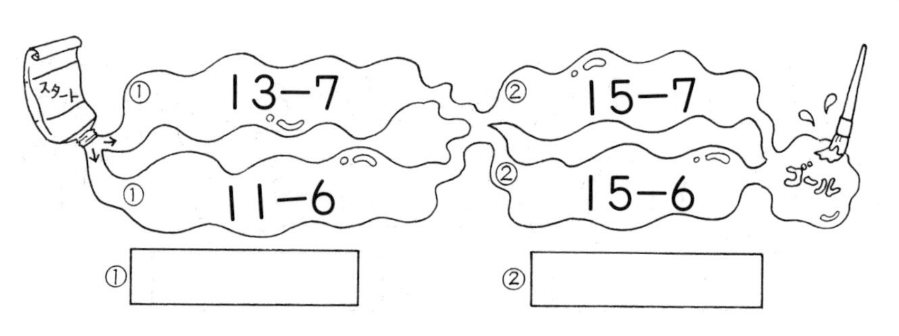

① □　② □

ひきざん（7）

くりさがり

なまえ

① $14-5=$ □

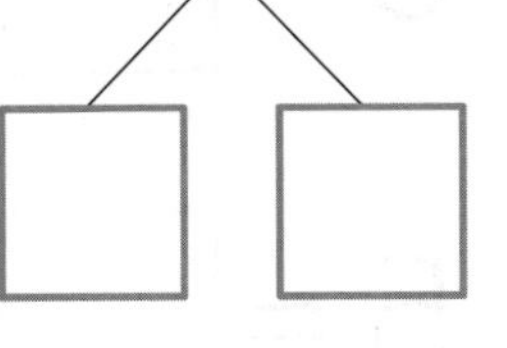

② $13-5=$ □

③ $11-5=$ □

④ $12-4=$ □

⑤ $13-4=$ □

⑥ $11-4=$ □

⑦ $12-3=$ □

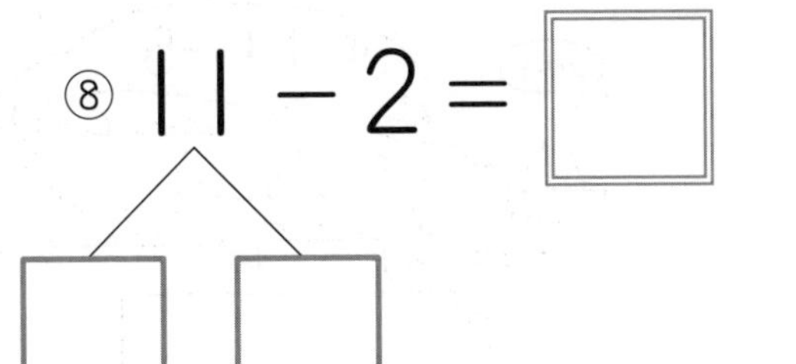

⑧ $11-2=$ □

ひきざん（8）

くりさがり

なまえ

① $12-5=$ □

② $14-5=$ □

③ $13-5=$ □

④ $11-5=$ □

⑤ $11-4=$ □

⑥ $13-4=$ □

⑦ $12-4=$ □

⑧ $12-3=$ □

⑨ $11-3=$ □

⑩ $11-2=$ □

めいろは，こたえの　おおきい　ほうを　とおりましょう。とおった　こたえを　したの □ に　かきましょう。

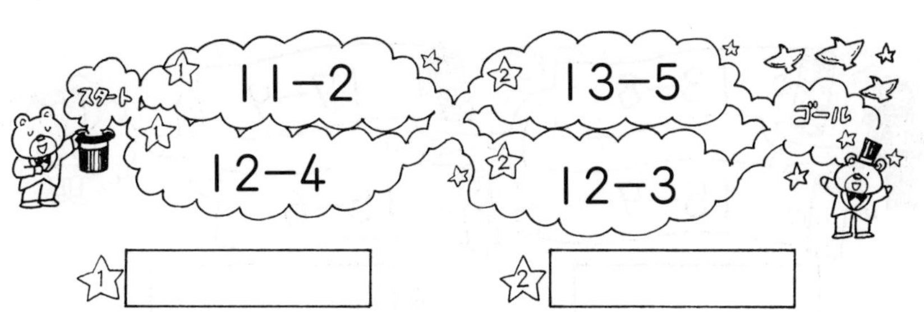

☆1 □　　☆2 □

ひきざん（9）

くりさがり

なまえ

① 17－8＝□　② 13－4＝□

③ 12－3＝□　④ 15－8＝□

⑤ 14－7＝□　⑥ 11－4＝□

⑦ 12－7＝□　⑧ 16－8＝□

⑨ 13－8＝□　⑩ 11－6＝□

めいろは，こたえの　おおきい　ほうを　とおりましょう。とおった　こたえを　したの □ に　かきましょう。

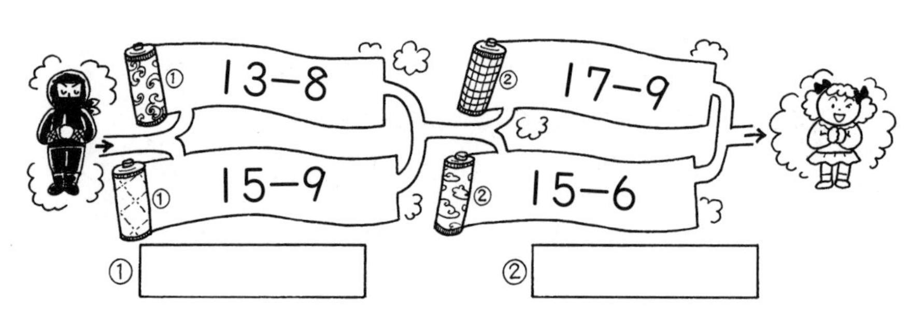

ひきざん（10）

くりさがり

なまえ

① 17－9＝□　② 16－8＝□

③ 11－9＝□　④ 13－9＝□

⑤ 17－8＝□　⑥ 14－8＝□

⑦ 12－6＝□　⑧ 11－5＝□

⑨ 13－5＝□　⑩ 15－9＝□

めいろは，こたえの　おおきい　ほうを　とおりましょう。とおった　こたえを　したの □ に　かきましょう。

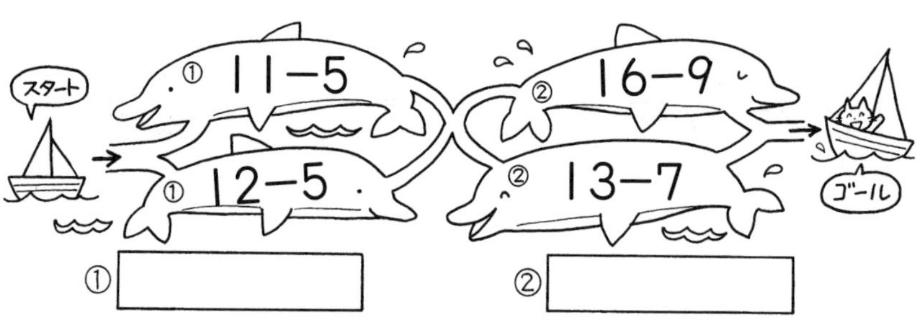

ひきざん (11)

くりさがり

なまえ

① $13-7=$ □　② $16-7=$ □

③ $15-6=$ □　④ $11-7=$ □

⑤ $18-9=$ □　⑥ $12-4=$ □

⑦ $11-3=$ □　⑧ $14-6=$ □

⑨ $13-5=$ □　⑩ $12-9=$ □

めいろは，こたえの おおきい ほうを とおりましょう。とおった こたえを したの □ に かきましょう。

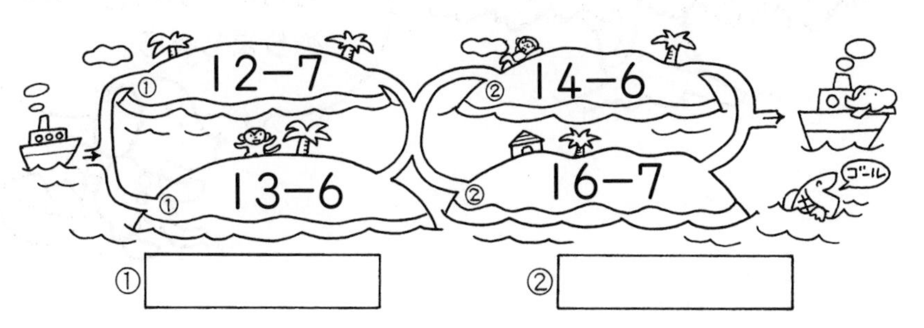

① □　② □

ひきざん (12)

くりさがり

なまえ

① $14-5=$ □　② $12-8=$ □

③ $11-2=$ □　④ $16-9=$ □

⑤ $14-9=$ □　⑥ $13-6=$ □

⑦ $17-9=$ □　⑧ $11-8=$ □

⑨ $12-5=$ □　⑩ $15-7=$ □

めいろは，こたえの おおきい ほうを とおりましょう。とおった こたえを したの □ に かきましょう。

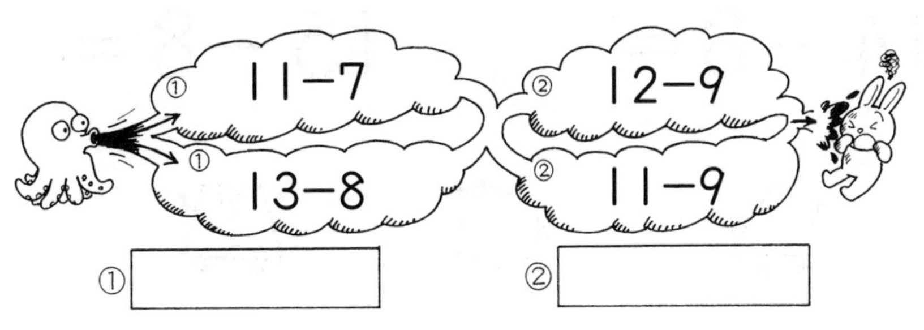

① □　② □

ひきざん（13）
くりさがり

なまえ

① $15-7=$ □　② $16-8=$ □

③ $14-9=$ □　④ $11-2=$ □

⑤ $16-9=$ □　⑥ $13-7=$ □

⑦ $12-5=$ □　⑧ $17-9=$ □

⑨ $12-6=$ □　⑩ $13-7=$ □

⑪ $14-8=$ □　⑫ $15-8=$ □

ひきざん（14）
くりさがり

なまえ

ひきざん（15）
くりさがり

なまえ

● こたえが　ちいさい　じゅんに　もじを
ならべましょう。

①

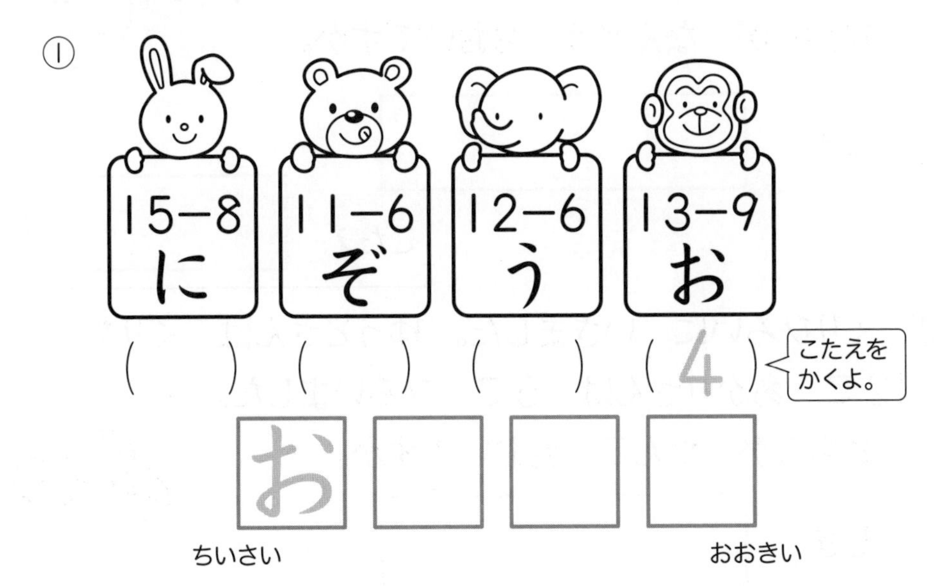

②

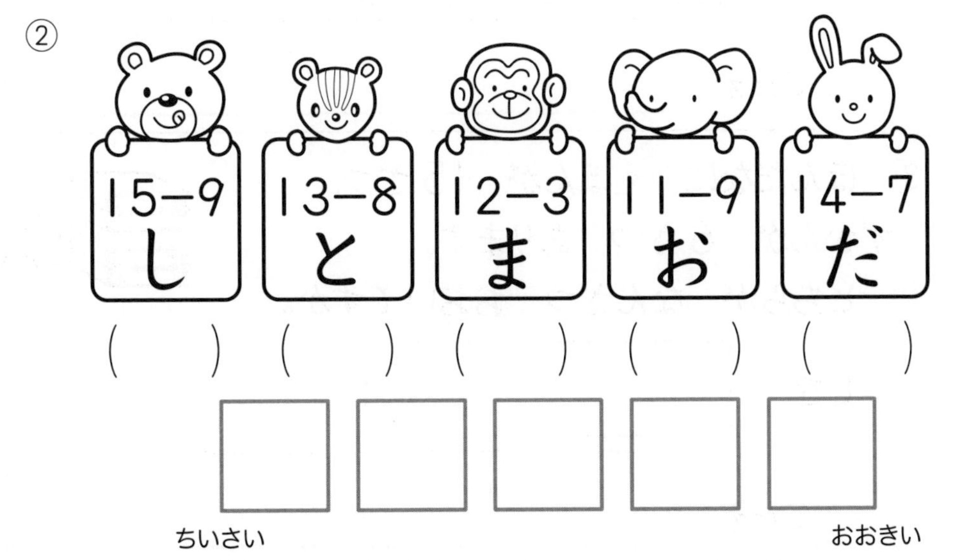

ひきざん（16）
くりさがり　ぶんしょうだい

なまえ

1　クッキーが　14まい　あります。
8まい　たべると，　のこりは
なんまいに　なりますか。

しき

こたえ

2　ふうせんが　11こ　あります。
4こ　われて　しまいました。
ふうせんは　なんこ　のこって　いますか。

しき

こたえ

3　バスに　12にん　のって　います。
バスていで　9にん　おりました。
バスの　なかは　なんにんに　なりましたか。

しき

こたえ

ひきざん (17)

くりさがり　ぶんしょうだい

なまえ

1　はこに　プリンと　ゼリーが　あわせて　15こ　はいっています。そのうち　プリンは　8こです。ゼリーは　なんこですか。

しき

こたえ

2　こうえんで　こどもが　13にん　あそんでいます。おとこのこは　7にんです。おんなのこは　なんにんですか。

しき

こたえ

3　あかと　きいろの　はなが　あわせて　16ぽん　さきました。そのうち　あかの　はなは　7ほんです。きいろの　はなは　なんぼんですか。

しき

こたえ

ひきざん (18)

くりさがり　ぶんしょうだい

なまえ

1　ぼくじょうに　ひつじが　13とう，やぎが　8とう　います。ひつじが　なんとう　おおいですか。

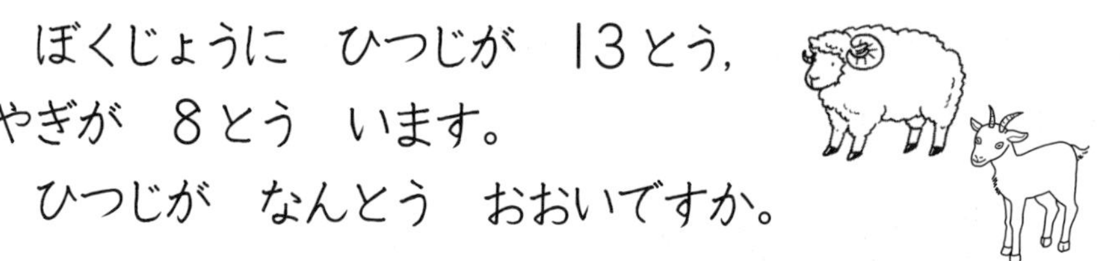

しき

こたえ

2　くりひろいに　いきました。ゆうとさんは　くりを　12こ，あかりさんは　6こ　ひろいました。どちらが　なんこ　おおいですか。

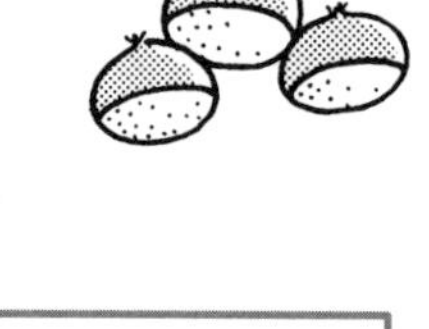

しき

こたえ

3　ほんだなに　えほんが　15さつ，ずかんが　6さつ　あります。どちらが　なんさつ　おおいですか。

しき

こたえ

ふりかえりテスト　ひきざん　くりさがり

なまえ

1　けいさんを　しましょう。(6 × 12)

① $16-8=$ □

② $18-9=$ □

③ $15-7=$ □

④ $11-6=$ □

⑤ $14-7=$ □

⑥ $13-4=$ □

⑦ $12-8=$ □

⑧ $17-9=$ □

⑨ $15-9=$ □

⑩ $11-3=$ □

⑪ $13-5=$ □

⑫ $12-9=$ □

2　じゃがいもが　11こ　あります。
　カレーライスを　つくるのに　4こ
つかいました。
　のこりは　なんこですか (9)

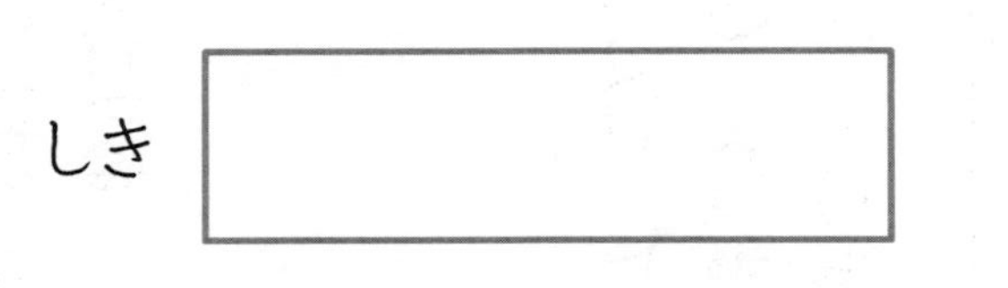

しき

こたえ

3　こうえんに　すずめが　15わ，
はとが　9わ　います。
　どちらが　なんわ　おおいですか。
(10)

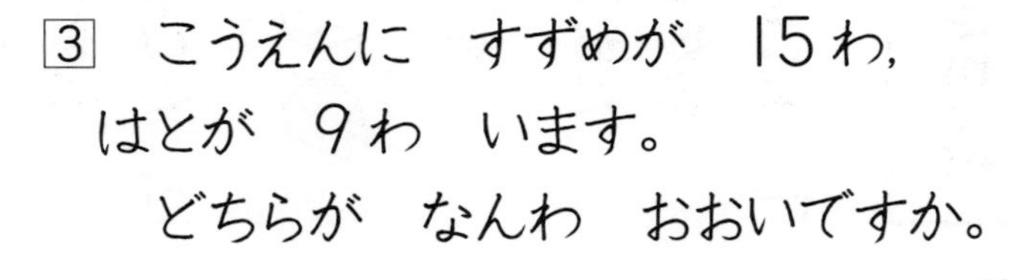

しき

こたえ

4　おにぎりが　12こ　あります。
　そのうち　うめは　4こで，
のこりは　さけです。さけの
おにぎりは　なんこ　ありますか。(9)

しき

こたえ

たしざんかな ひきざんかな (1)　なまえ

1　どんぐりを 16こ　ひろいました。
こうさくに　7こ　つかいまいた。
のこりの　どんぐりは　なんこですか。

かんたんな　ずに　あらわすと
たしざんか　ひきざんかが　わかるよ。

○○○○○○○○○○○○○○○○

しき

こたえ

2　りすが　きの　うえに　8ひき，
きの　したに　7ひき　います。
ぜんぶで　りすは　なんびきですか。

○○○○○○○○ → ← ○○○○○○○

しき

こたえ

たしざんかな ひきざんかな (2)　なまえ

1　れいぞうこに　たまごが　7こ　あります。
おかあさんが　たまごを　6こ　かってきました。
たまごは　ぜんぶで　なんこに　なりましたか。

しき

こたえ

2　たこやきが　12こ　あります。
おやつに　5こ　たべました。
たこやきは　あと　なんこ　のこっていますか。

しき

こたえ

3　ふくろに　チョコレートが　14こ　はいっています。
そのうち　まるい　チョコレートは　8こで，
のこりは　さんかくの　チョコレートです。
さんかくの　チョコレートは　なんこですか。

しき

こたえ

たしざんかな ひきざんかな (3)　なまえ

1　つみきが　5こ　つんで　あります。
その　うえに　9こ　つみました。
つみきは　ぜんぶで　なんこに　なりましたか。

しき

こたえ

2　かぶとむしが　11ぴき，くわがたが　5ひき　います。
かぶとむしが　なんびき　おおいですか。

しき

こたえ

3　きのう　ほんを　9ページ，
きょう　6ページ　よみました。
あわせて　なんページ　よみましたか。

しき

こたえ

たしざんかな ひきざんかな (4)　なまえ

1　あかと　きいろの　かさが　あわせて　13ぼん
ありあます。そのうち　きいろの　かさは　9ほんです。
あかの　かさは　なんぼんですか。

しき

こたえ

2　すいぞくかんに　アシカが　12ひき，
イルカが　7ひき　います。
どちらが　なんびき　おおいですか。

しき

こたえ

3　たけるさんは　カードを　6まい　もっています。
おにいさんに　5まい　もらいました。
カードは　なんまいに　なりましたか。

しき

こたえ

おおきい かず (1)　なまえ

● どんぐりの　かずを　かぞえましょう。

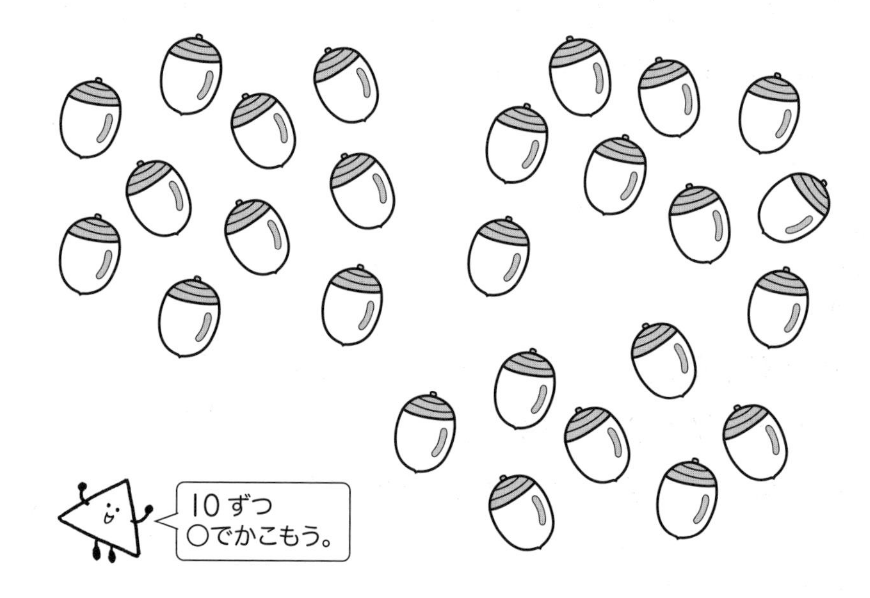

10が □ こと

ばらが □ こで

にじゅうろく

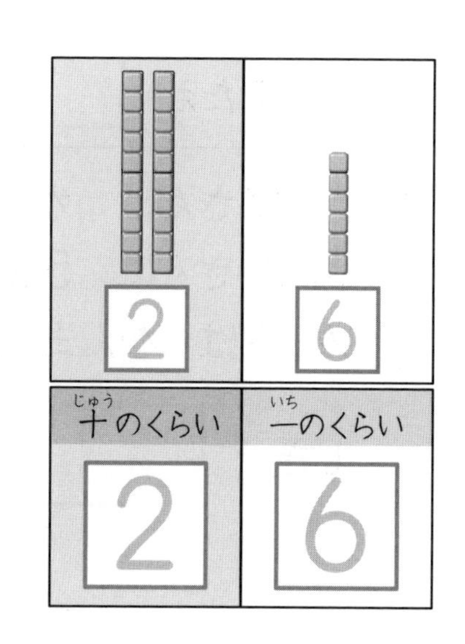

おおきい かず (2)　なまえ

● あめの　かずを　かぞえましょう。

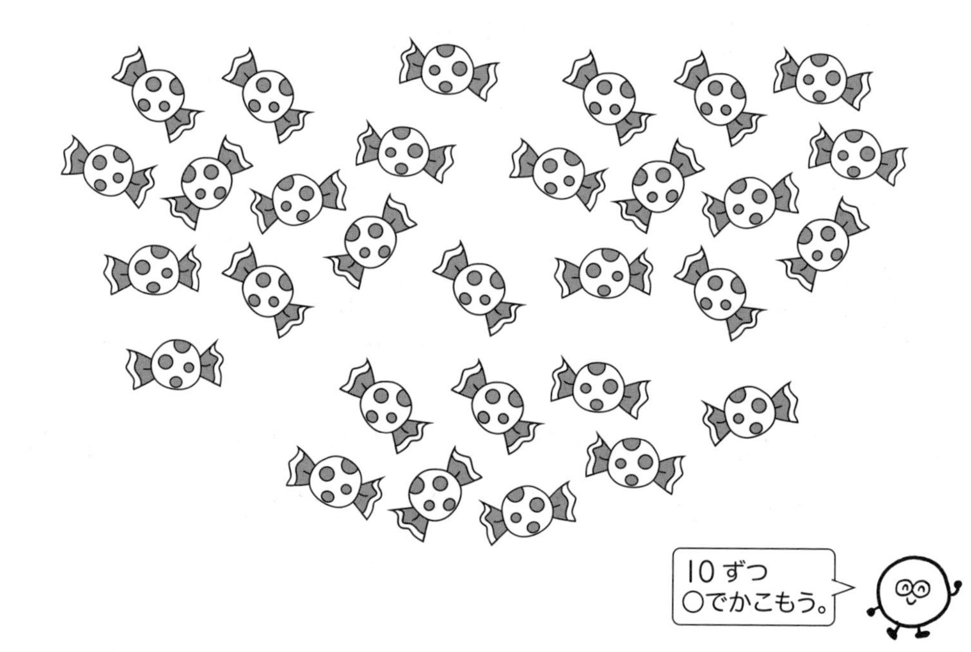

10が □ こで

さんじゅう

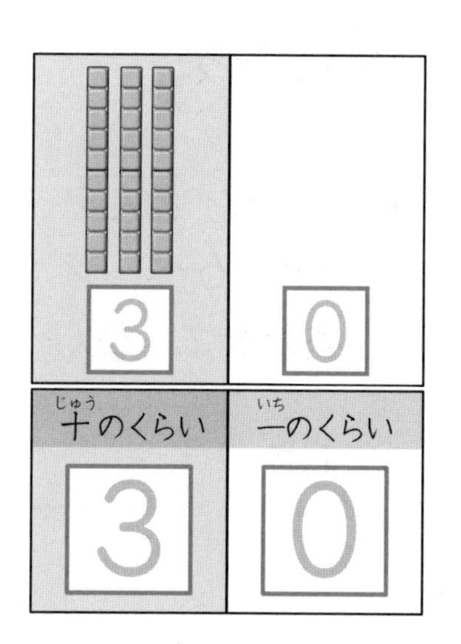

おおきい かず (3)

なまえ

● ひよこの　かずを　かぞえましょう。

ひき

おおきい かず (4)

なまえ

● かずを　かぞえましょう。

① ドーナツ

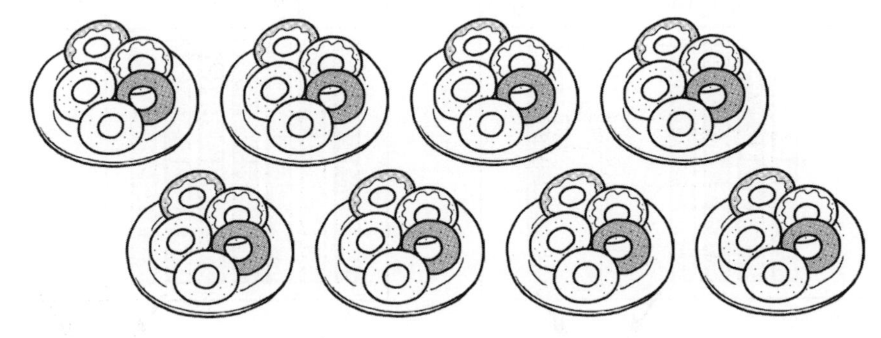

こ

② クレヨン

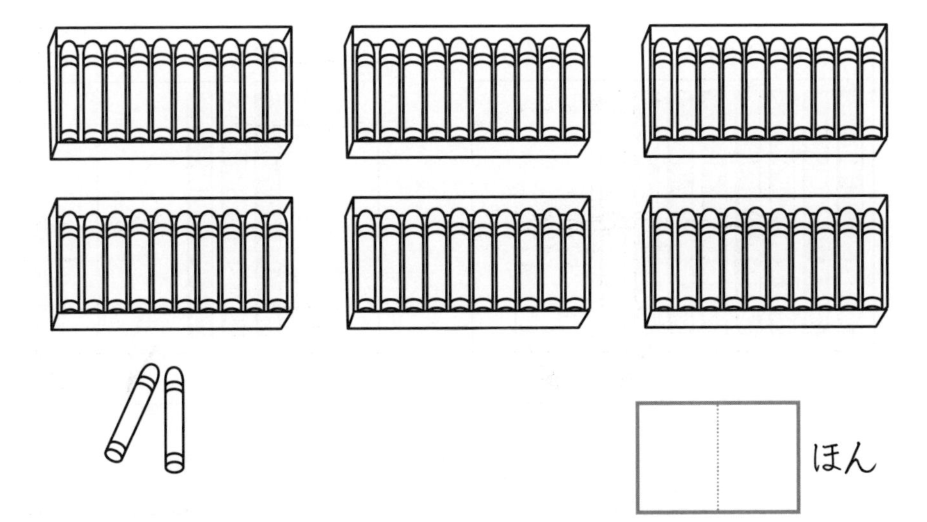

ほん

おおきい かず (5)

なまえ

● ［　］に　かずを　かきましょう。

①

十(じゅう)のくらい	一(いち)のくらい

［　］

②

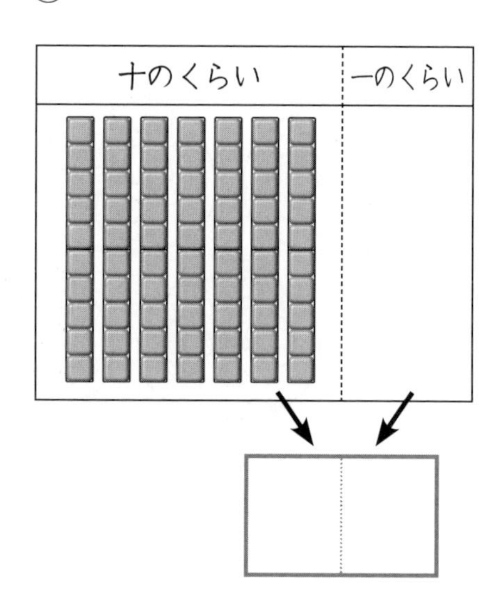

［　］

③

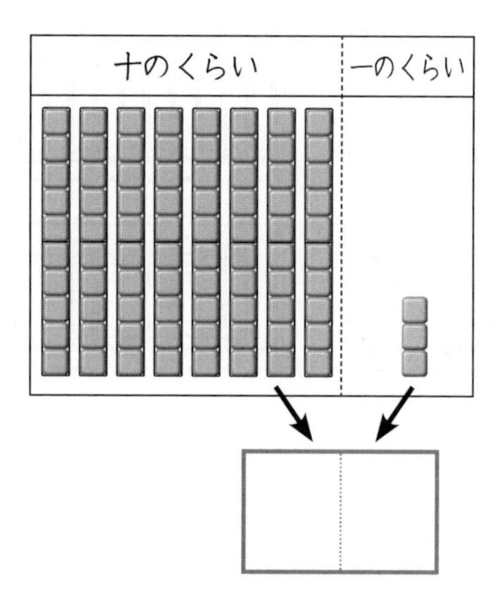

［　］

④

十のくらい	一のくらい

［　］

おおきい かず (6)

なまえ

● ［　］に　あてはまる　かずを　かきましょう。

① 10が　7こで　［　］，　1が　4こで

［　］，　70と　4で　［　］

② 10が　9こで　［　］

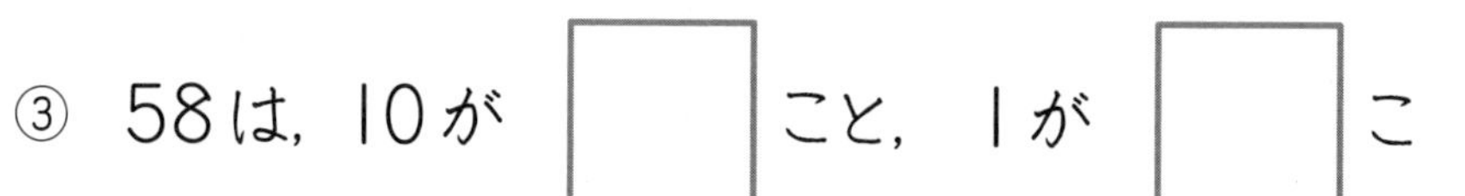

③ 58は，10が　［　］こと，　1が　［　］こ

④ 60は，10が　［　］こ

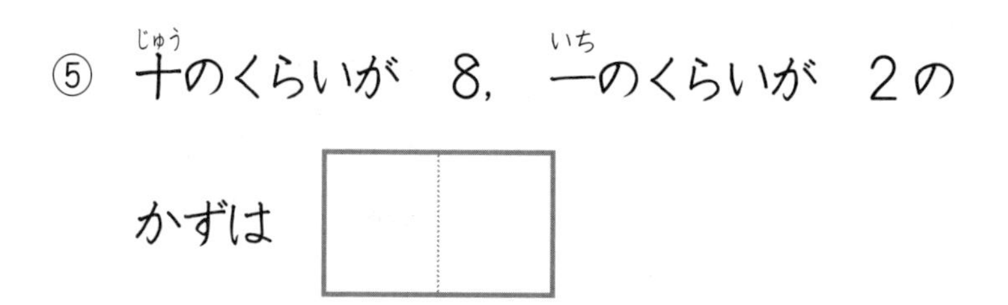

⑤ 十(じゅう)のくらいが　8，　一(いち)のくらいが　2の

かずは　［　］

⑥ 10が　4こと　1が　6こで　［　］

おおきい かず (7)

なまえ

1　さかなの　かずを　かぞえましょう。

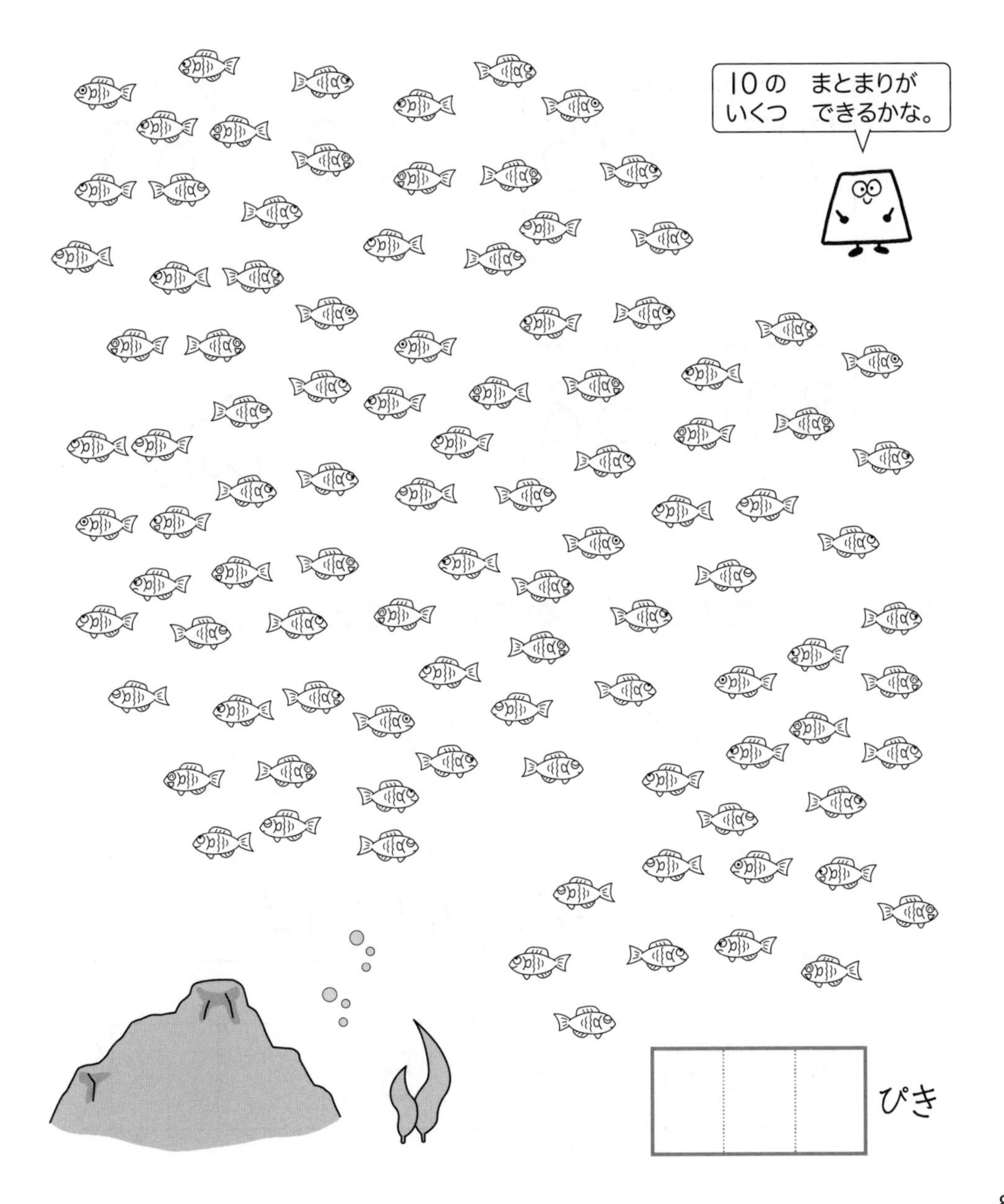

10の　まとまりが
いくつ　できるかな。

□□□ ぴき

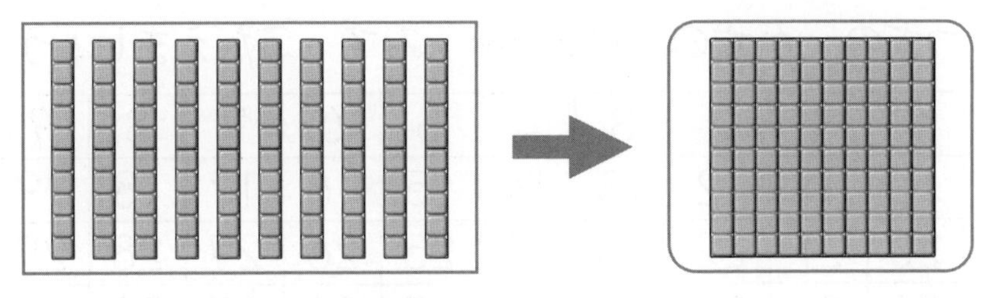

10が　10こで，百(ひゃく)と　いいます。

百は，□□□　と　かきます。

100は，99より　□　おおきい　かずです。

2　かずを　かぞえましょう。

①　たまご

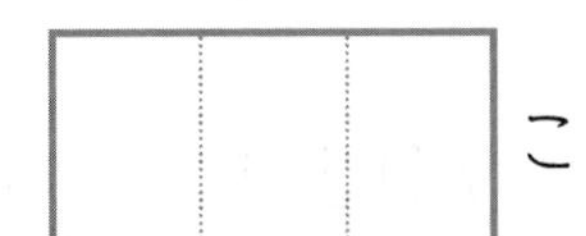

□□□ こ

②　おりがみ

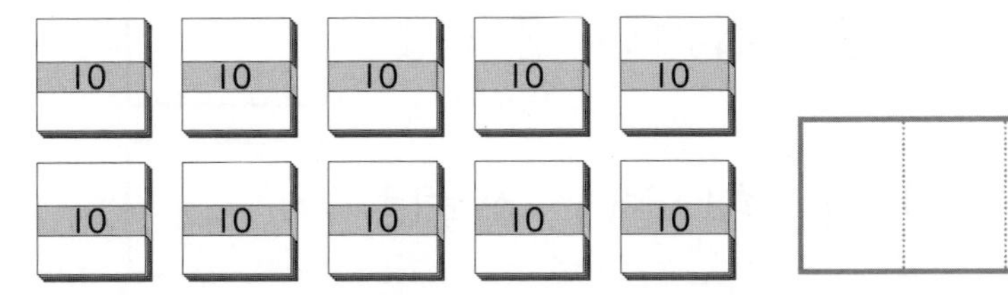

□□□ まい

おおきい かず (8)

なまえ

● つぎの　かずの　ひょうを　みて　こたえましょう。

0	1	2	3	4	5	6	7	8	9
10	11	12	13	14	15	16	17	18	19
20	21	22	23	24	25	26	27	28	29
30	31	32	33	34	35	36	37	38	39
40	41	42	43	44	45	46	47	48	49
50	51	52	53	54	55	56	57	58	59
60	61	62	63	64	65	66	67	68	69
70	71	72	73	74	75	76	77	78	79
80	81	82	83	84	85	86	87	88	89
90	91	92	93	94	95	96	97	98	99
100									

1 □に　あてはまる　かずを　かきましょう。

① 59より　1　おおきい　かずは 

② 80より　1　ちいさい　かずは 

③ 65より　3　おおきい　かずは 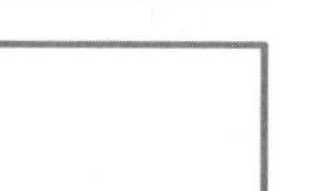

④ 100より　1　ちいさい　かずは □

2 かずの　おおきい　ほうに　○を　つけましょう。

①
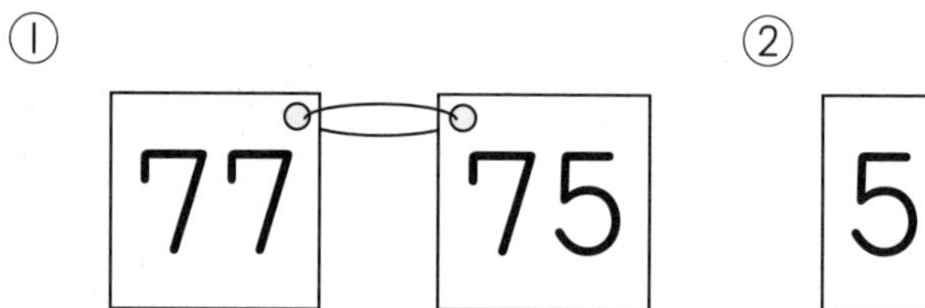

②
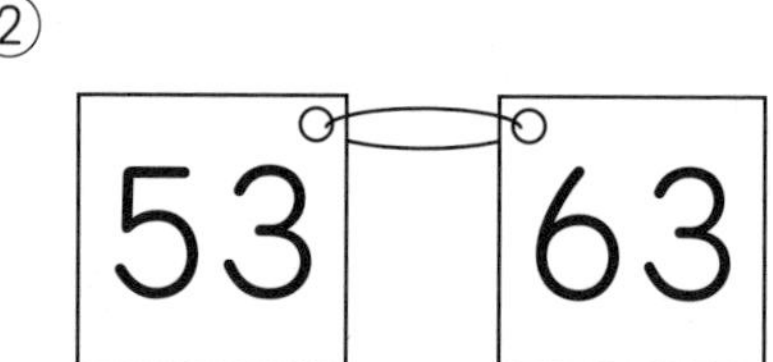

③
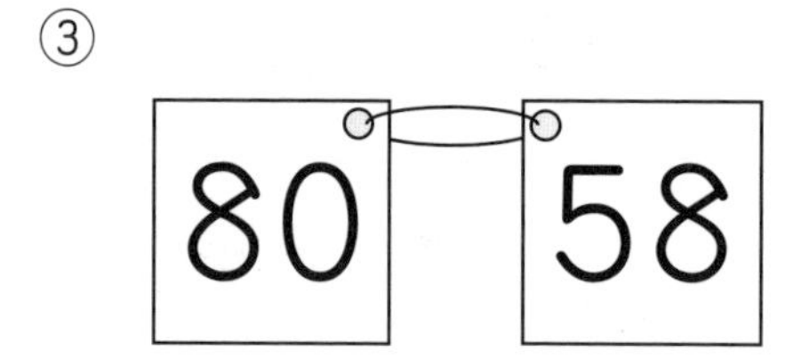

3 □に　あてはまる　かずを　かきましょう。

①

95	96		98		

②
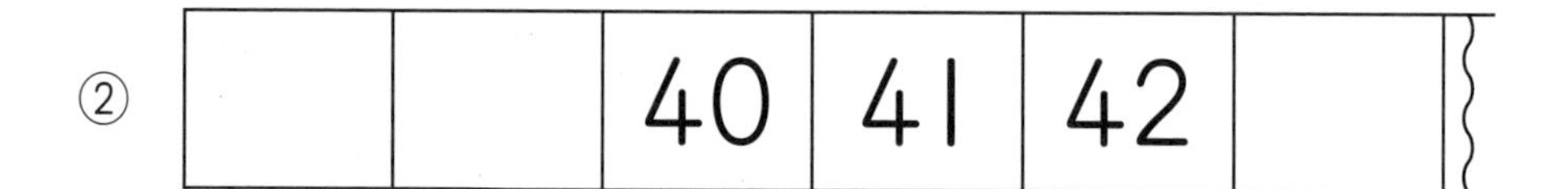

③
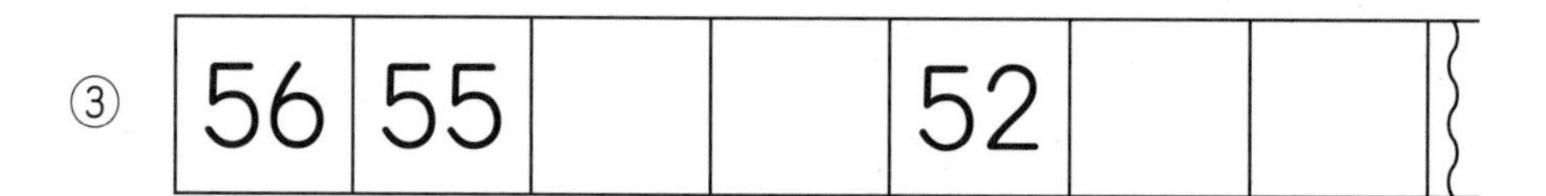

おおきい かず（9）

100より おおきい かず

なまえ

● クッキーの かずを かぞえましょう。

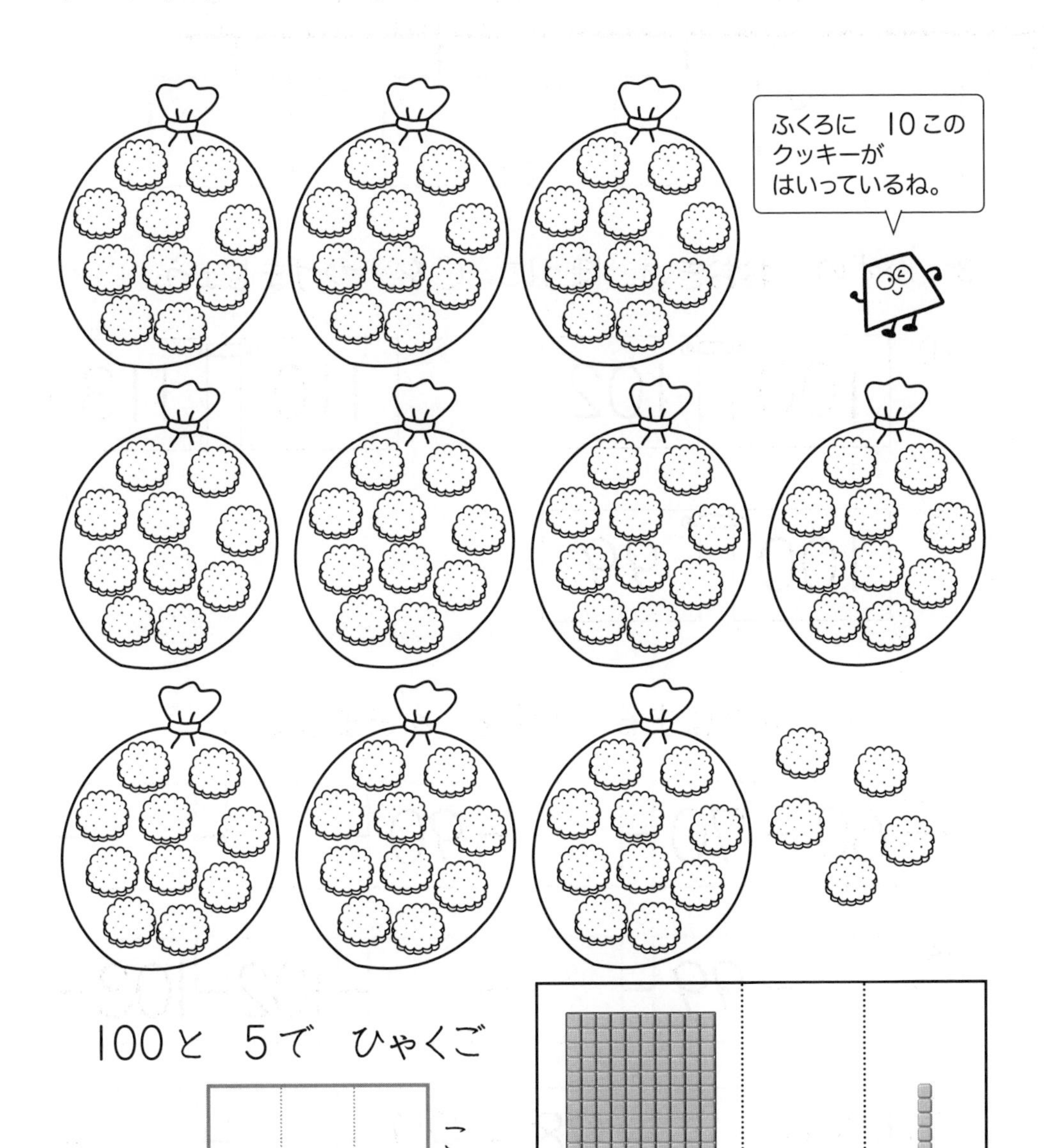

ふくろに 10この
クッキーが
はいっているね。

100と 5で ひゃくご

□□□ こ

おおきい かず（10）

100より おおきい かず

なまえ

● かずを かぞえましょう。

① たまご

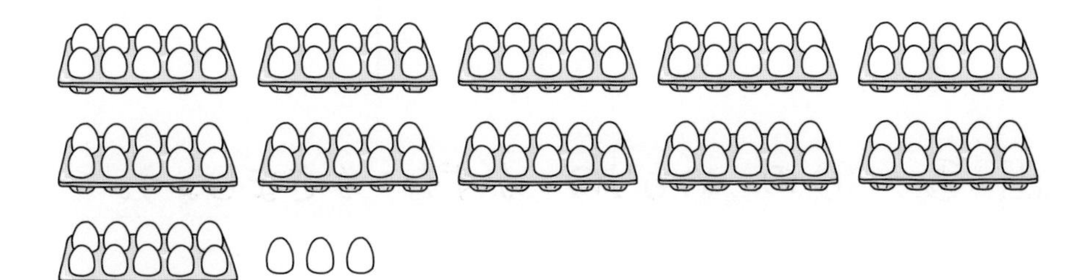

100と 10と 3で
ひゃくじゅうさん

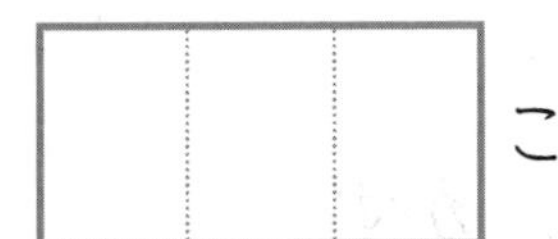

こ

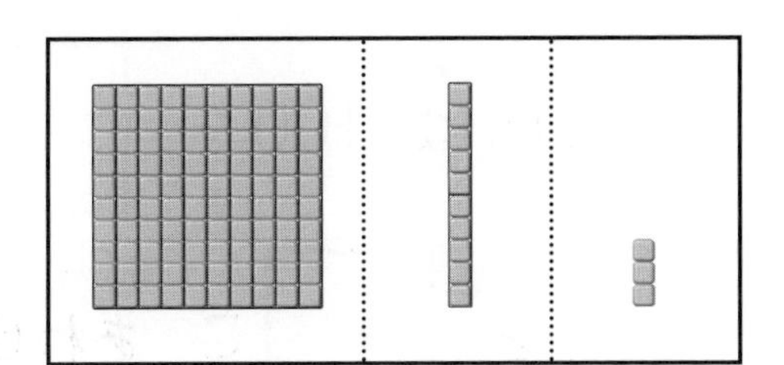

② えんぴつ

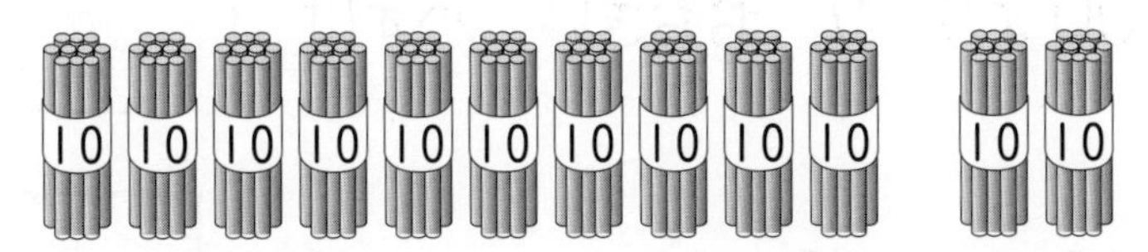

100と 20で
ひゃくにじゅう

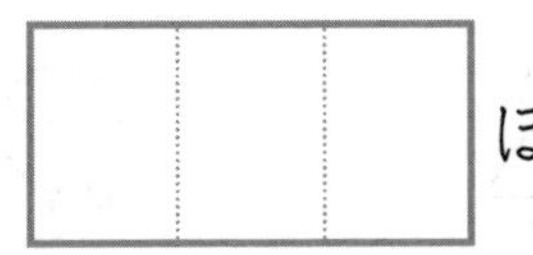

ぽん

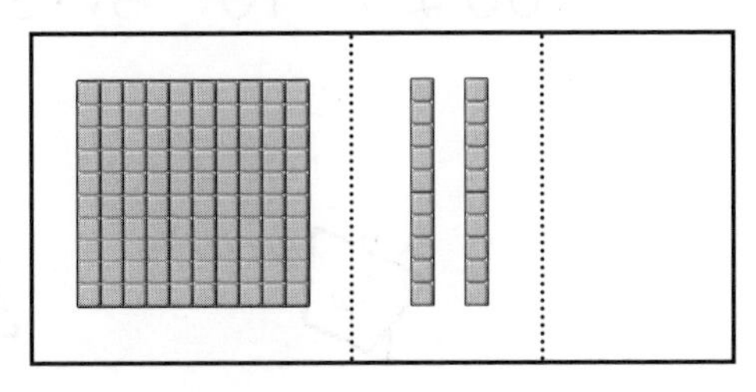

おおきい かず（11）
100より　おおきい　かず

なまえ

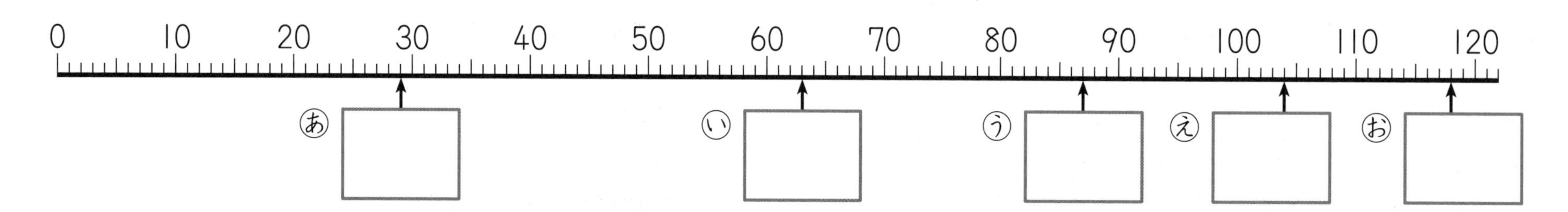

1　あ～おの　めもりの　かずを　かきましょう。

2　□に　あてはまる　かずを　かきましょう。

①　116は，100を □ こと　10を □ こと

1を □ こ　あわせた　かず

②　100より　7　おおきい　かずは □

③　100より　10　ちいさい　かずは □

3　かずの　おおきい　ほうに　○を　つけましょう。

4　□に　あてはまる　かずを　かきましょう。

①　60 － 70 － □ － 90 － □ － □

②　□ － 99 － □ － □ － 102 － 103

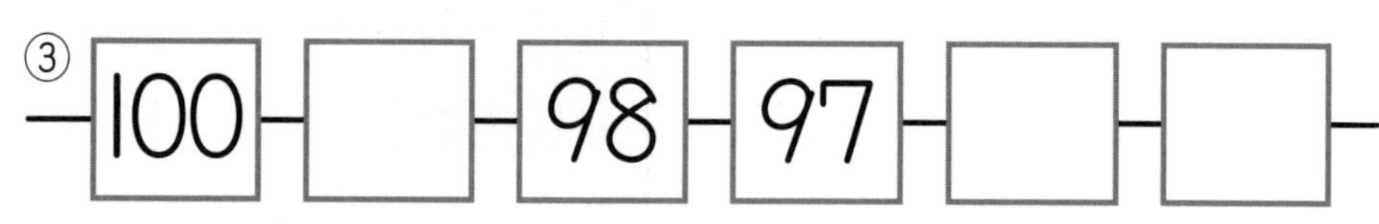

おおきい かず (12)

なまえ

● かずの　ちいさい　じゅんに　もじを　ならべて　ことばを　つくりましょう。

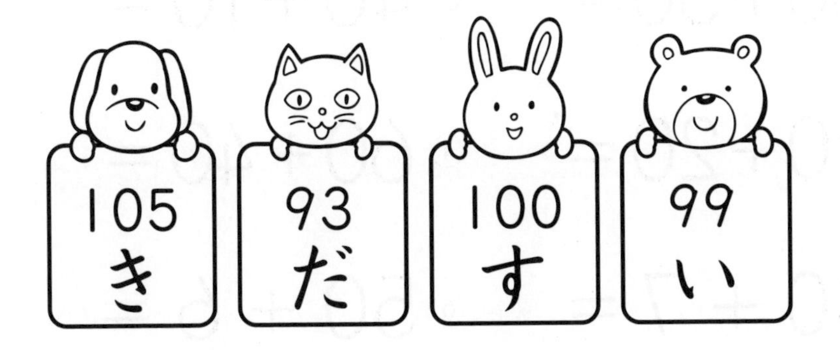

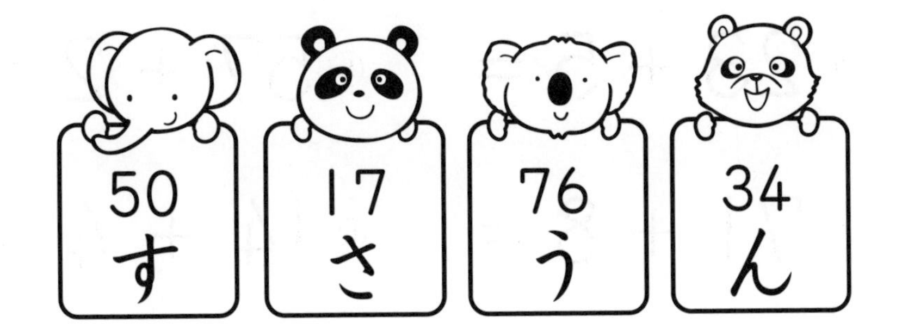

ちいさい　　　　　　　　　　　　　　おおきい

17							
さ							

おおきい かず (13)

なまえ

● 1から　100まで　せんで　むすびましょう。

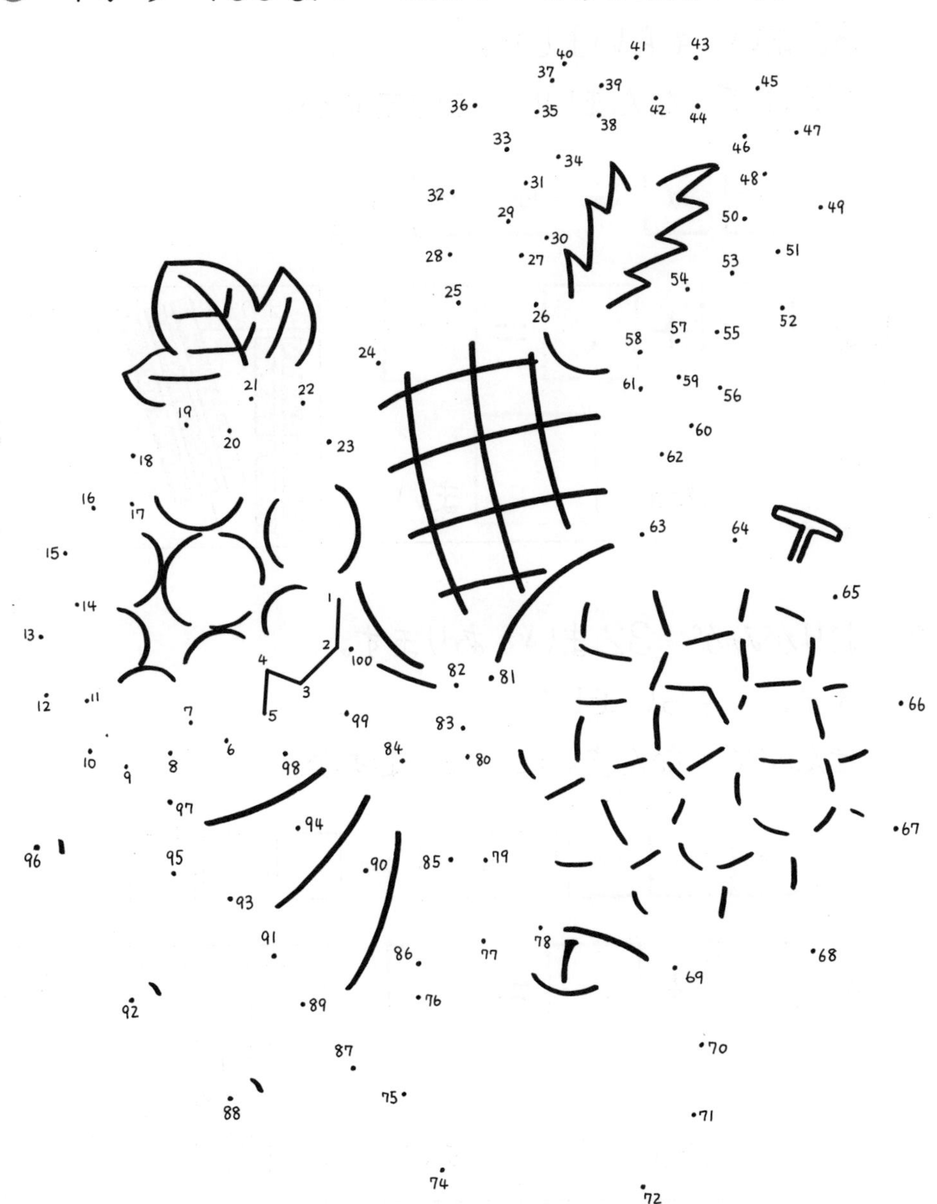

(※ 拡大してご使用ください)

おおきい かず (14)
たしざん

なまえ

1 おりがみが　20まい　あります。
30まい　もらいました。
ぜんぶで　なんまいに　なりますか。

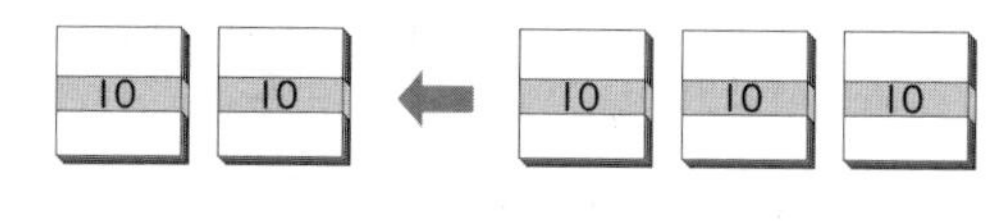

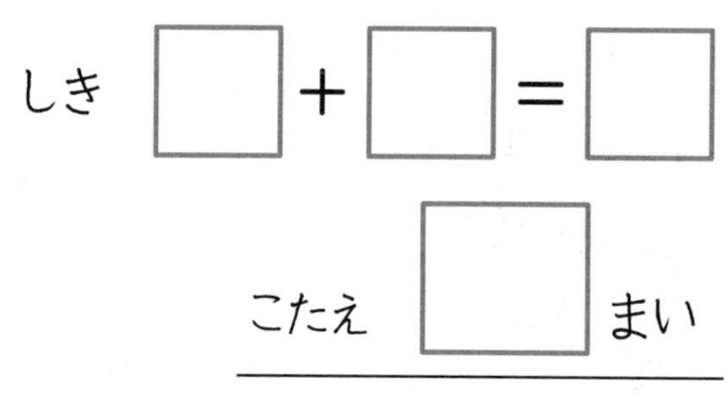

しき □ + □ = □

こたえ □ まい

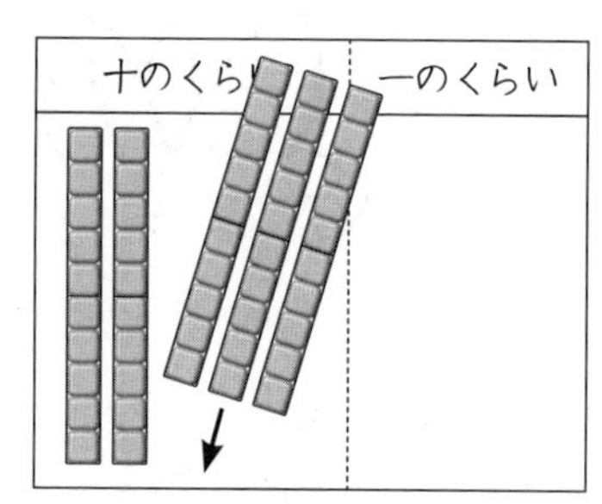

2 おりがみが　32まい　あります。
3まい　もらいました。
ぜんぶで　なんまいに　なりますか。

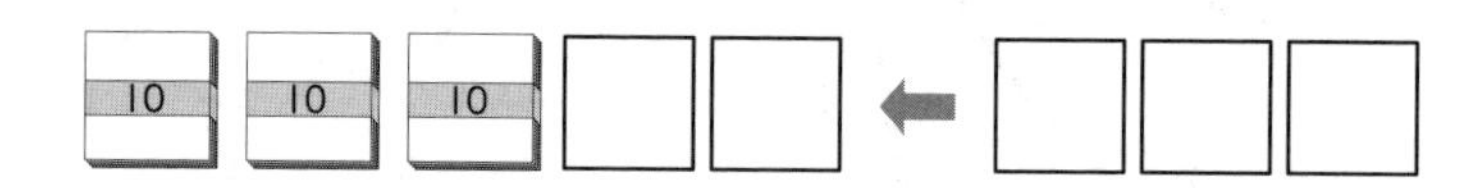

しき □ + □ = □

こたえ □ まい

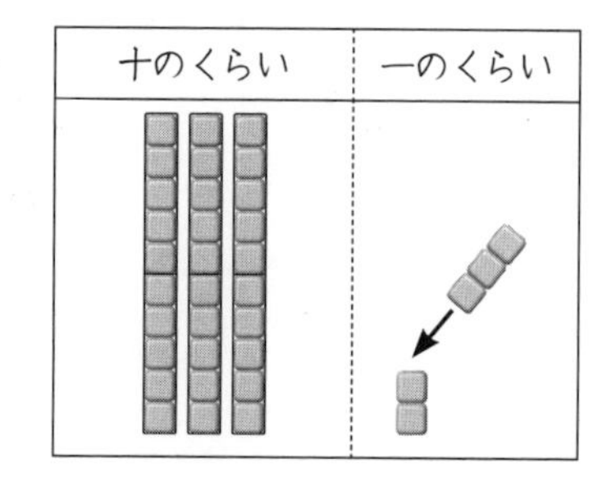

おおきい かず (15)
たしざん

なまえ

1 けいさんを　しましょう。

① 30+50＝
② 40＋10＝
③ 70+20＝
④ 60＋40＝
⑤ 80 + 7 ＝
⑥ 50 + 6 ＝
⑦ 23 + 5 ＝
⑧ 57 + 2 ＝
⑨ 71 + 8 ＝
⑩ 14 ＋ 4 ＝

2 こたえの　一のくらいが　9に　なる　しきに　○を　しましょう。

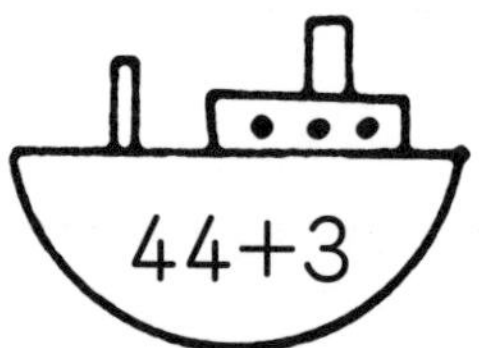

おおきい かず (16)
ひきざん

なまえ

1 おりがみが　50まい　あります。
20まい　つかいました。
のこりは　なんまいに　なりますか。

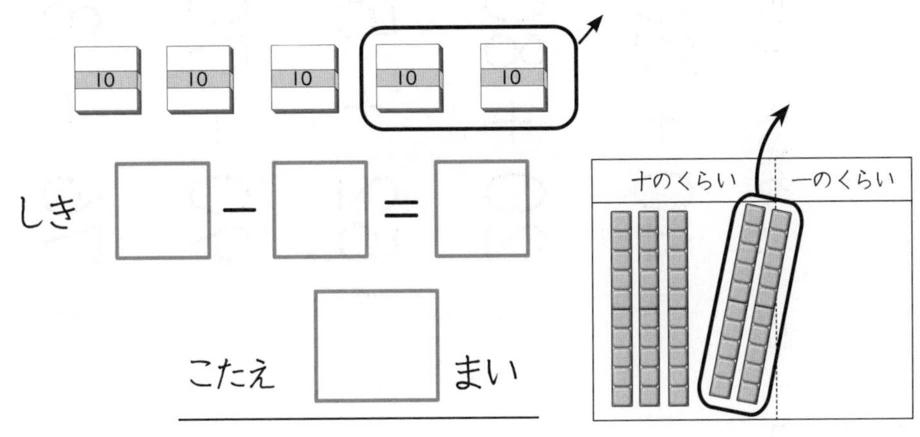

しき □－□＝□

こたえ □ まい

2 おりがみが　37まい　あります。
5まい　つかいました。
のこりは　なんまいに　なりますか。

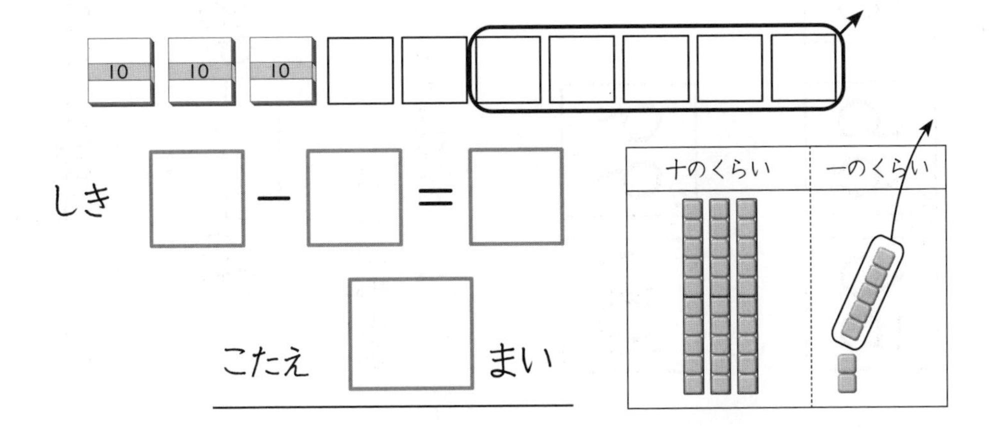

しき □－□＝□

こたえ □ まい

おおきい かず (17)
ひきざん

なまえ

1 けいさんを　しましょう。

① 60－30＝
② 70－50＝
③ 90－80＝
④ 100－60＝
⑤ 100－20＝
⑥ 75 － 5 ＝
⑦ 66 － 6 ＝
⑧ 59 － 3 ＝
⑨ 84 － 2 ＝
⑩ 98 － 5 ＝

2 こたえの　一のくらいが　2に　なる　しきに　○を
しましょう。

ふりかえりテスト　おおきい　かず

なまえ ______

1　かずを　かぞえましょう。(7)

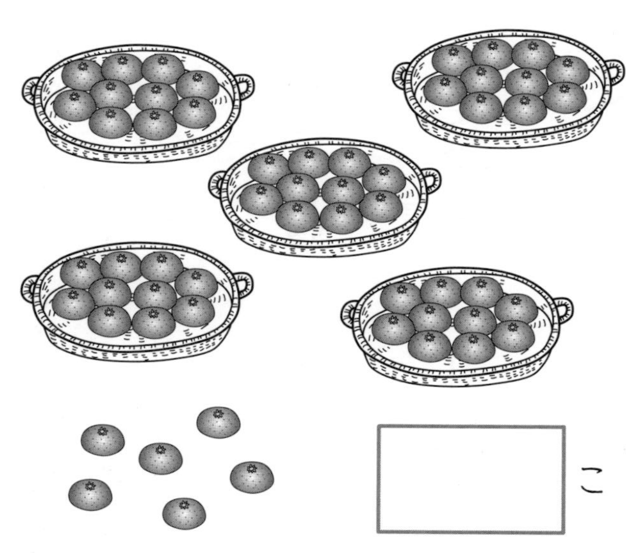

□ こ

2　かずの　おおきい　ほうに　○を　しましょう。(7×3)

①　56　65

②　83　87

③　100　99

3　□に　あてはまる　かずを　かきましょう。(7×2)

①　96 ― □ ― 98 ― 99 ― □

②　□ ― 80 ― 90 ― □ ― 110

4　□に　あてはまる　かずを　かきましょう。(7×4)

①　10が　8こと　1が　3こで　□

②　10が　10こで　□

③　67は，10が　□こと　1が　□こ

④　90は，10が　□こ

5　けいさんを　しましょう。(6×5)

①　$40 + 30 =$

②　$20 + 80 =$

③　$52 + 5 =$

④　$90 - 70 =$

⑤　$76 - 3 =$

ひろさくらべ（1）

なまえ

□1 どちらが　ひろいでしょうか。
ひろい　ほうの　（　）に　○を　しましょう。

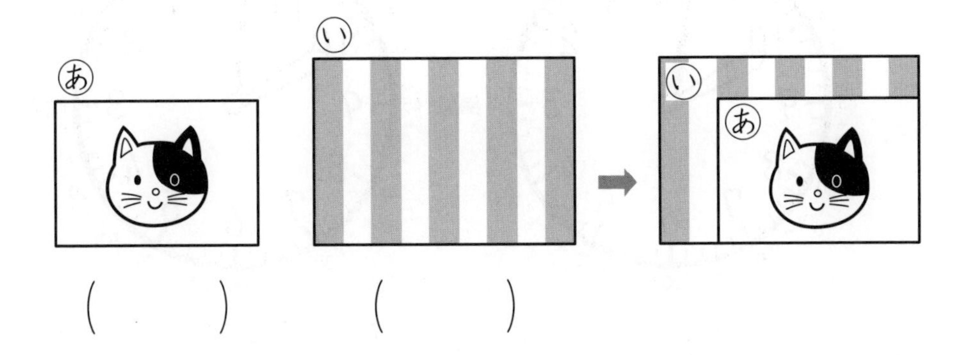

□2 ひろい　じゅんに　（　）に　ばんごうを
かきましょう。

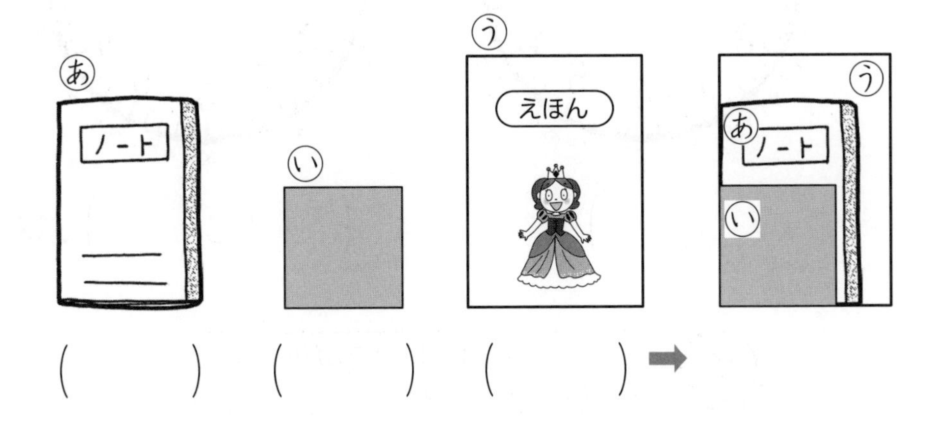

ひろさくらべ（2）

なまえ

□1 どちらが　ひろいでしょうか。えの　かずを
くらべましょう。ひろい　ほうの　（　）に　○を
しましょう。

□2 ひろい　じゅんに　（　）に　ばんごうを
かきましょう。

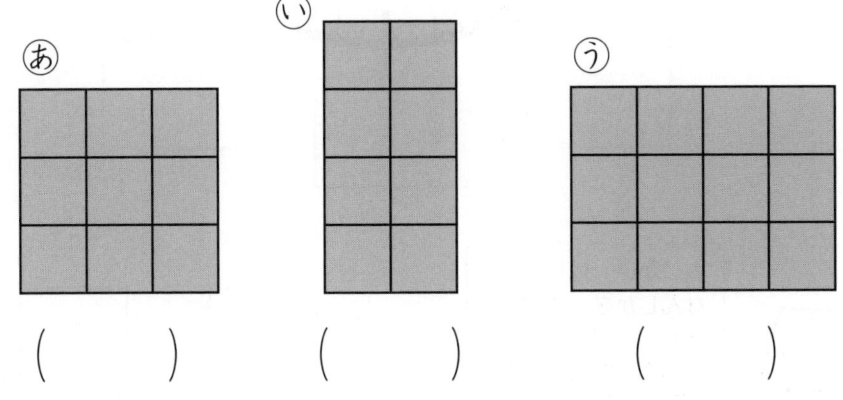

なんじ なんぷん（1）

なまえ

● □に　とけいの　めもりの　すうじを　かきましょう。
そして，とけいを　よみましょう。

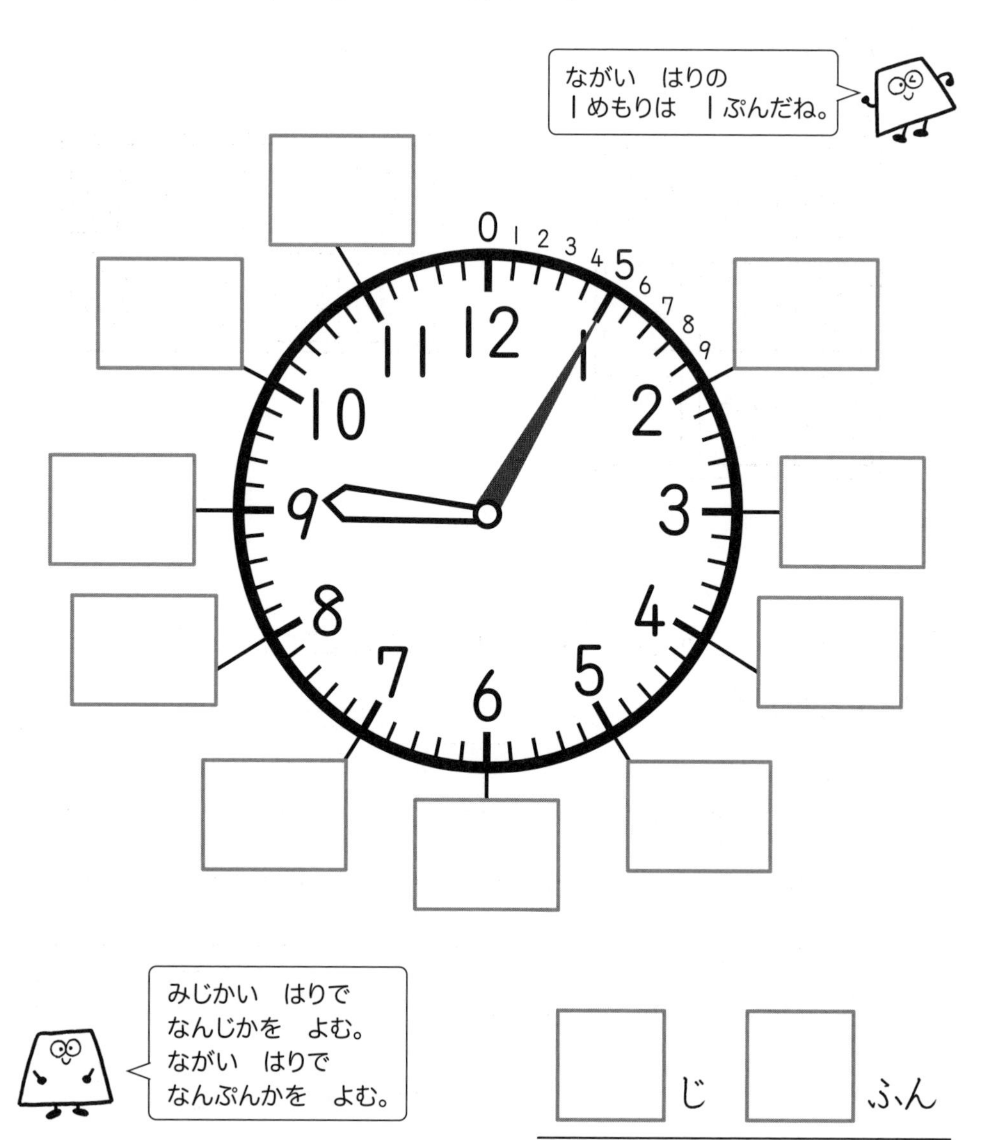

ながい　はりの
1めもりは　1ぷんだね。
みじかい　はりで
なんじかを　よむ。
ながい　はりで
なんぷんかを　よむ。
じ
ふん

なんじ なんぷん（2）

なまえ

● なんじ　なんぷんでしょう。

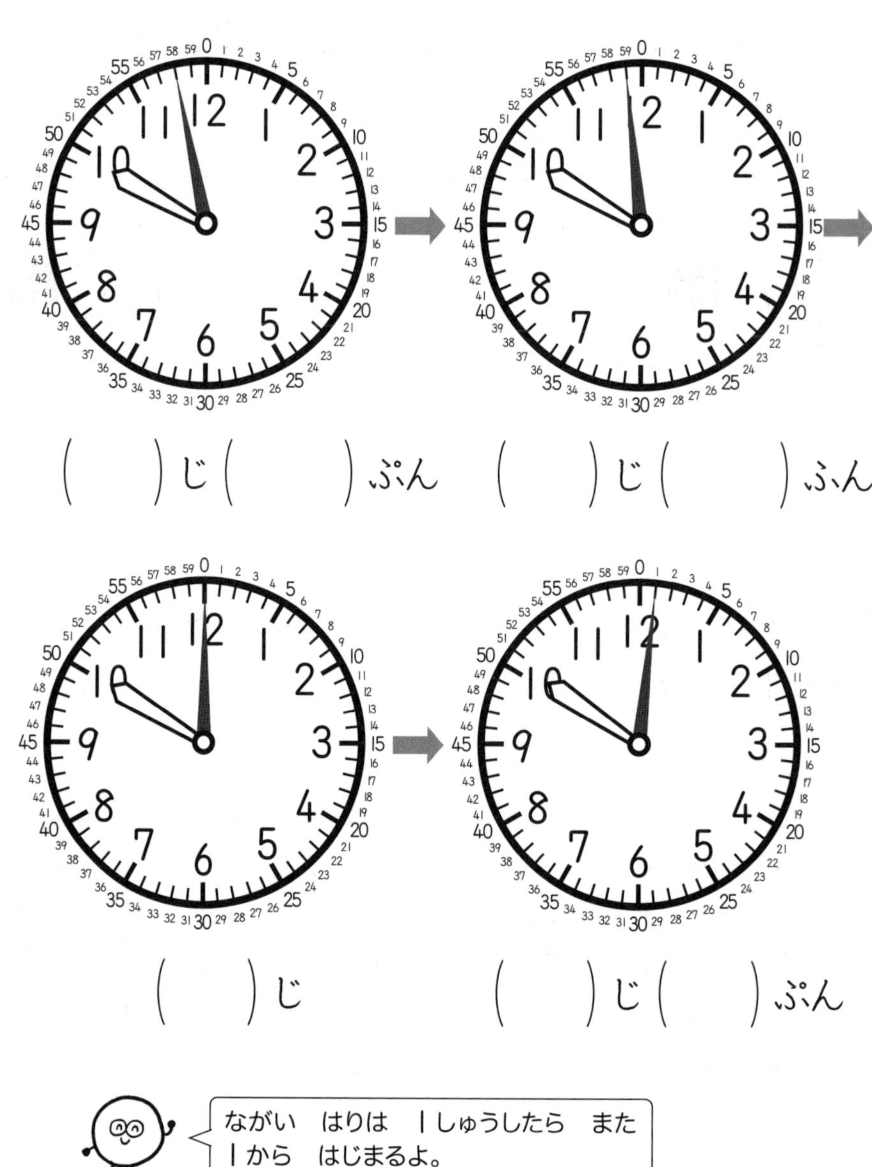

（　）じ（　）ぷん
（　）じ（　）ふん
（　）じ
（　）じ（　）ぷん
ながい　はりは　1しゅうしたら　また
1から　はじまるよ。

なんじ なんぷん（3）

なまえ

● なんじ　なんぷんでしょう。

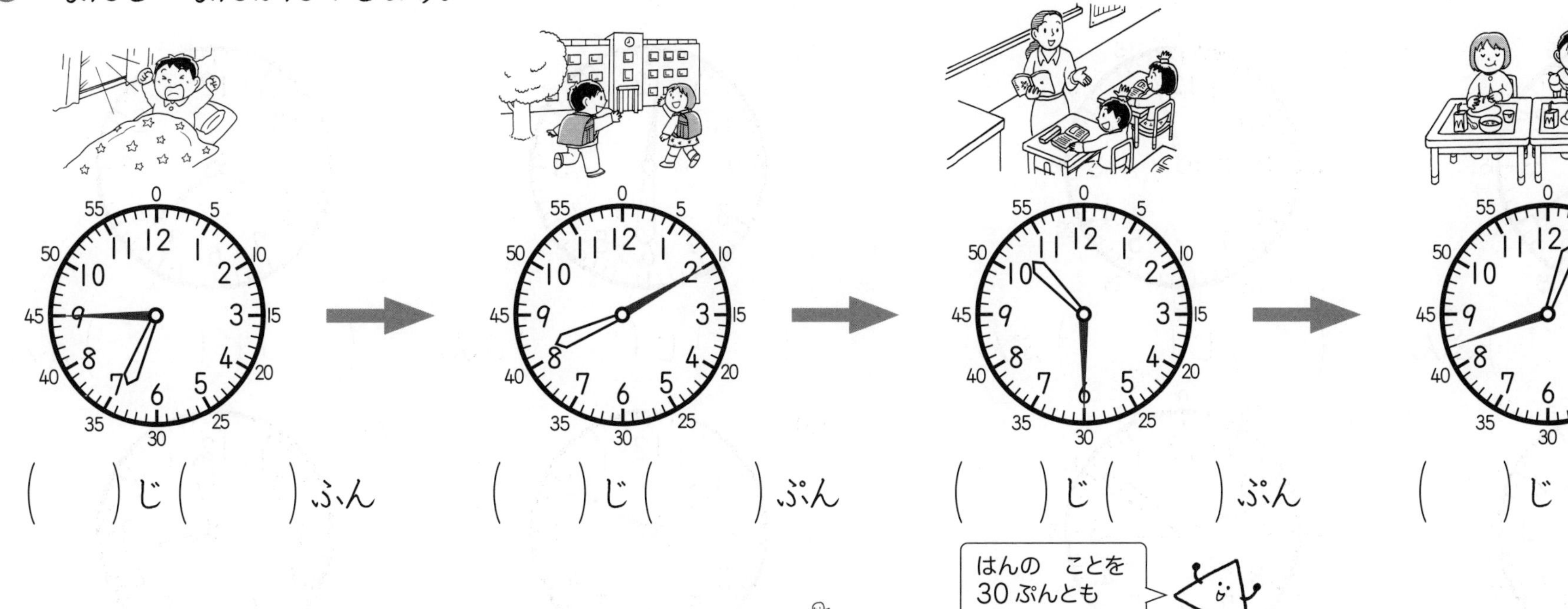

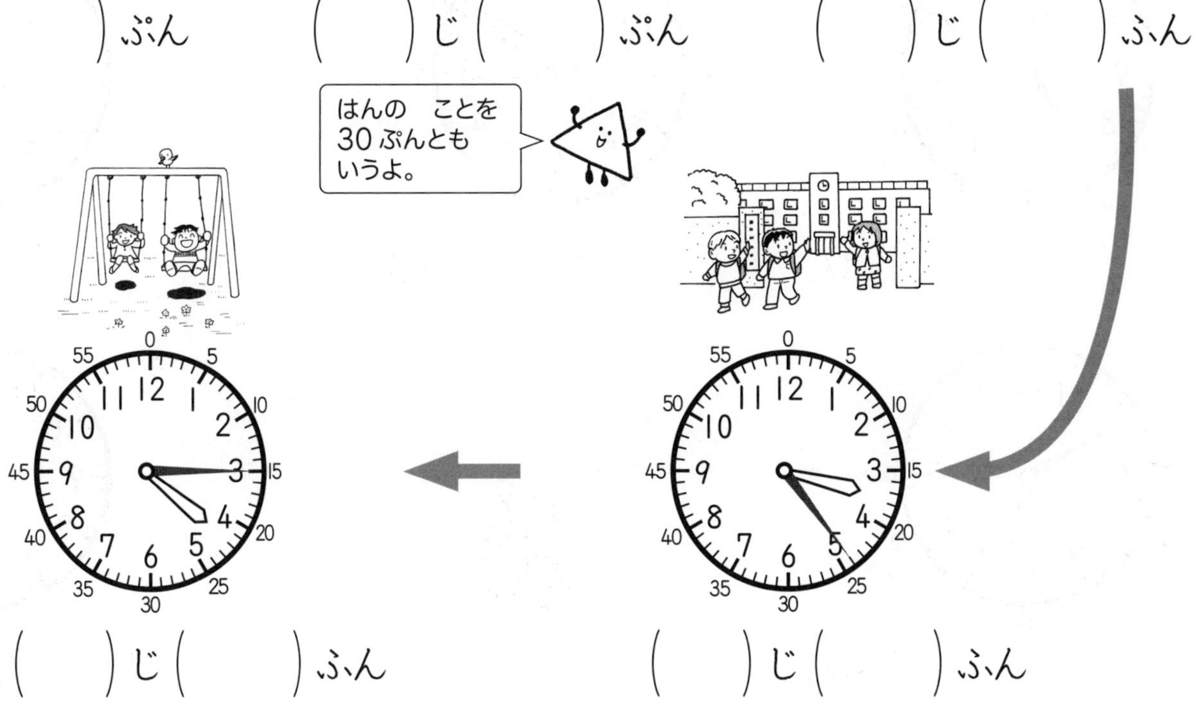

なんじ なんぷん (4)

なまえ ____________________

● なんじ　なんぷんでしょう。

①

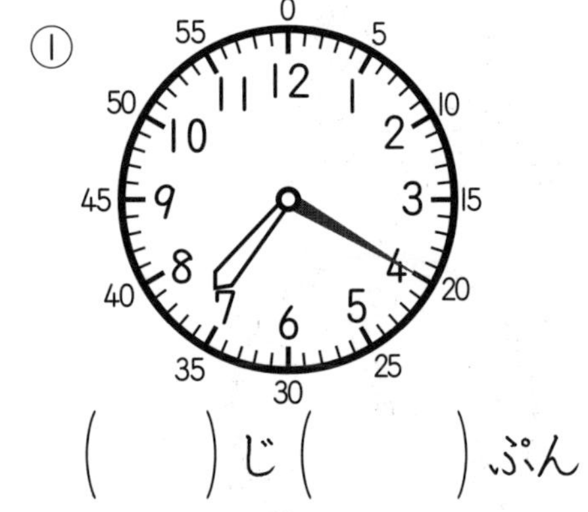

(　　)じ(　　)ぷん

②

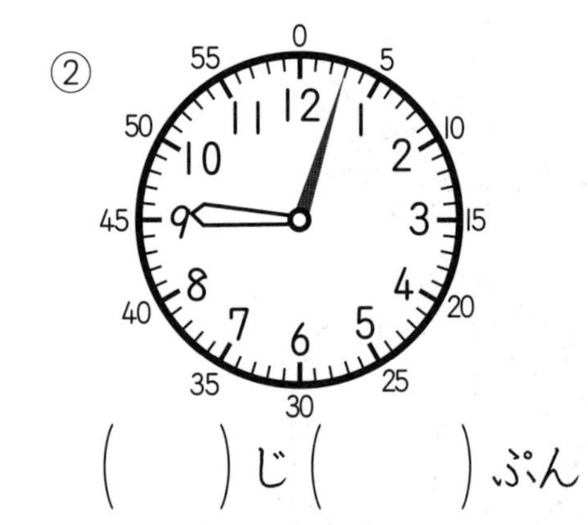

(　　)じ(　　)ぷん

③

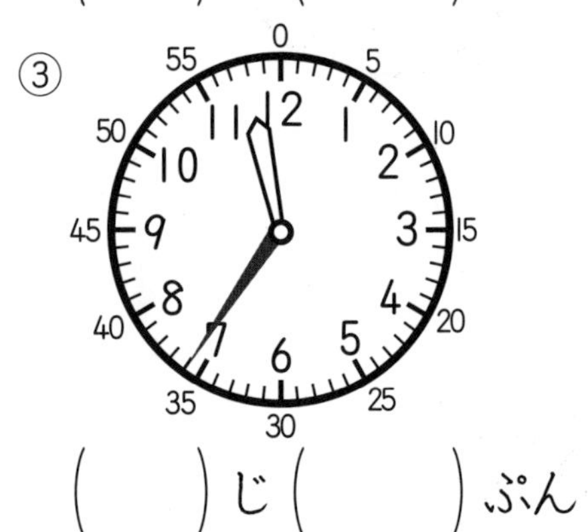

(　　)じ(　　)ぷん

④

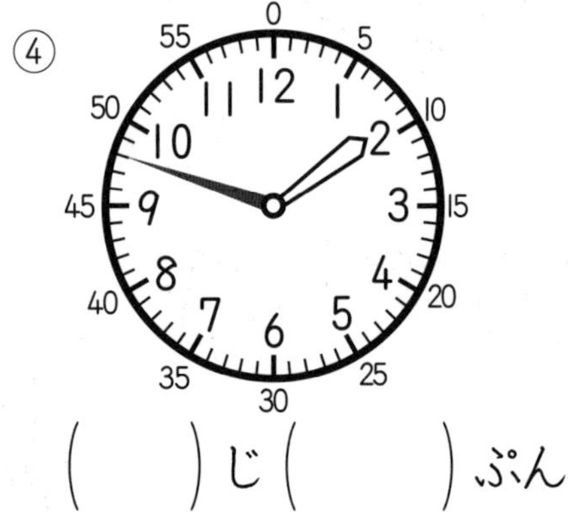

(　　)じ(　　)ぷん

⑤

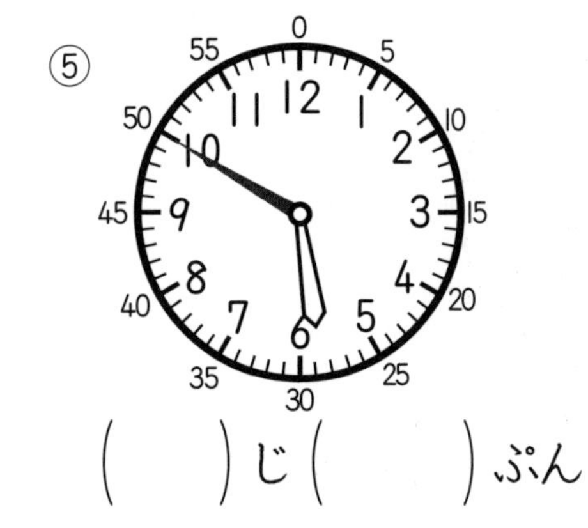

(　　)じ(　　)ぷん

なんじ なんぷん (5)

なまえ ____________________

● なんじ　なんぷんでしょう。

①

(　　)じ(　　)ふん

②

(　　)じ(　　)ふん

③

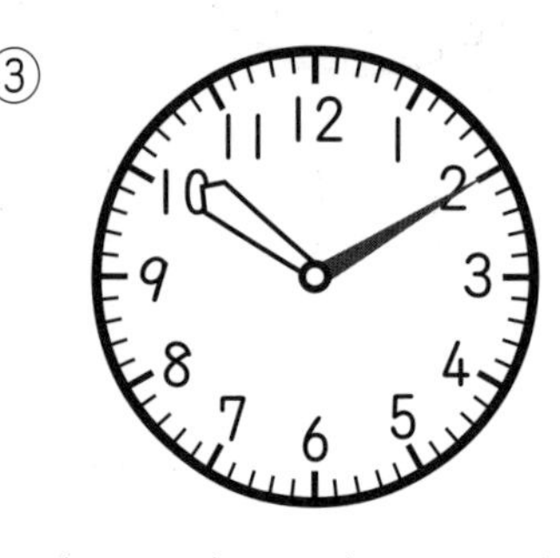

(　　)じ(　　)ぷん

④

(　　)じ(　　)ふん

⑤

(　　)じ(　　)ふん

どんな しきに なるかな (1)

なまえ

なんばんめ

● あゆさんは　まえから　5ばんめに　います。
あゆさんの　うしろに　3にん　います。
みんなで　なんにん　いますか。

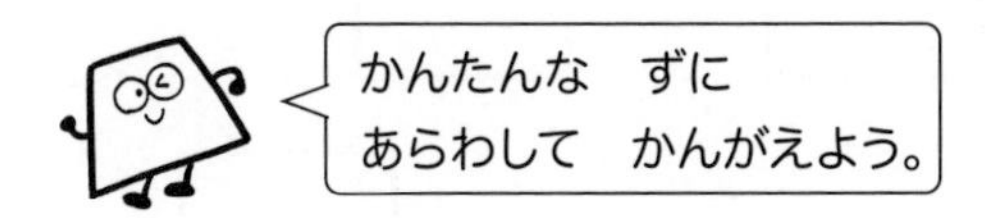

かんたんな　ずに
あらわして　かんがえよう。

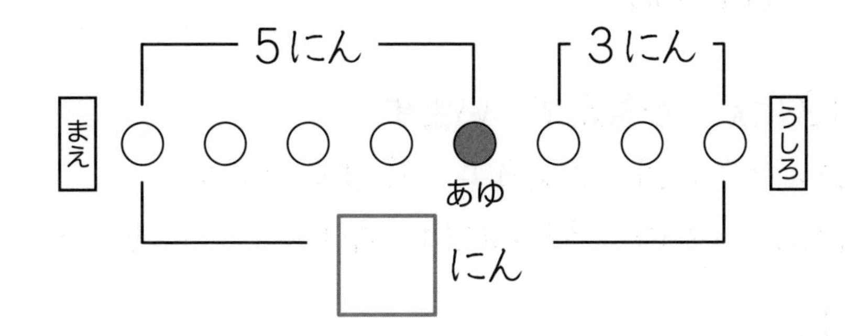

しき　□ ＋ □ ＝ □

こたえ　□ にん

どんな しきに なるかな (2)

なまえ

なんばんめ

1 けいたさんは　まえから　6ばんめに　います。
けいたさんの　うしろに　4にん　います。
みんなで　なんにん　いますか。

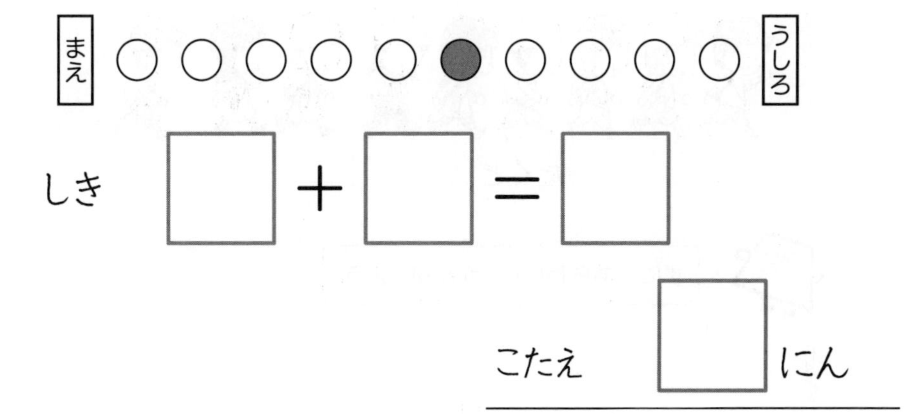

2 ゆうかさんは　まえから　4ばんめに　います。
ゆうかさんの　うしろに　8にん　います。
みんなで　なんにん　いますか。

まえ　○ ○　うしろ

しき　□

こたえ　□ にん

どんな しきに なるかな (3)

なんばんめ

なまえ

● 9にん ならんで あるいて います。
たくとさんは まえから 4ばんめです。
たくとさんの うしろには なんにん いますか。

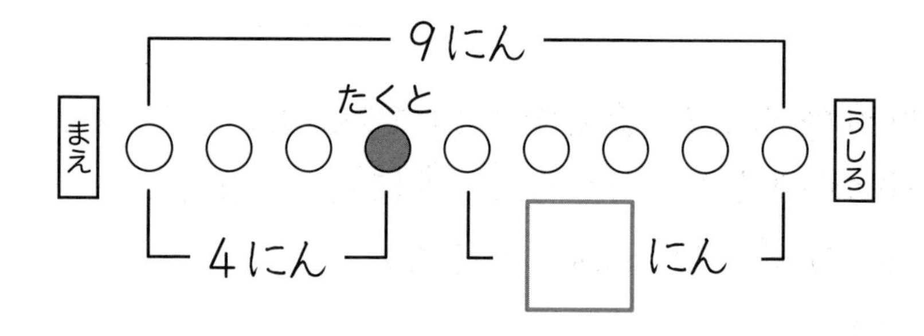

しき □ − □ = □

こたえ □ にん

どんな しきに なるかな (4)

なんばんめ

なまえ

1 10にん ならんで います。
みさきさんは まえから 3ばんめです。
みさきさんの うしろには なんにん いますか。

まえ ○ ○ ● ○ ○ ○ ○ ○ ○ ○ うしろ

しき □ − □ = □

こたえ □ にん

2 13にん ならんで います。
けんとさんは まえから 8ばんめです。
けんとさんの うしろには なんにん いますか。

まえ ○ ○ うしろ

しき □

こたえ □ にん

どんな しきに なるかな (5)

なまえ

1 バスていに　ひとが　ならんで　います。
りくさんの　まえに　3にん，りくさんの　うしろに　4にん　います。
ぜんぶで　なんにん　ならんで　いますか。

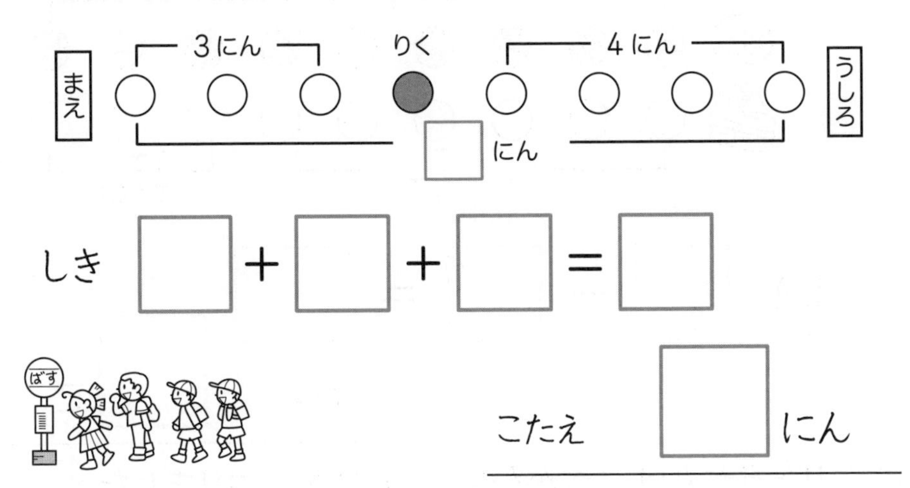

2 おみせに　ひとが　ならんで　います。
ゆきさんの　まえに　5にん，ゆきさんの　うしろに　7にん　ならんで　います。
ぜんぶで　なんにん　ならんで　いますか。

まえ　○○○○○●○○○○○○○　うしろ

しき

こたえ　□　にん

どんな しきに なるかな (6)

なまえ

1 5にんの　こどもが　ぼうしを　かぶって　います。
ぼうしは　あと　3こ　あります。
ぼうしは　ぜんぶで　なんこ　ありますか。

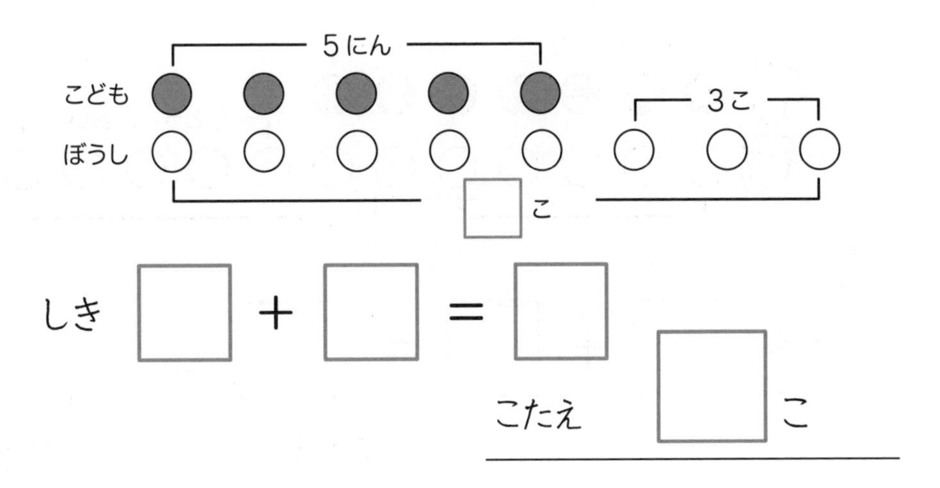

2 バナナが　6ぽん　あります。
10ぴきの　さるに　1ぽんずつ　わたします。
バナナを　もらえない　さるは　なんびきですか。

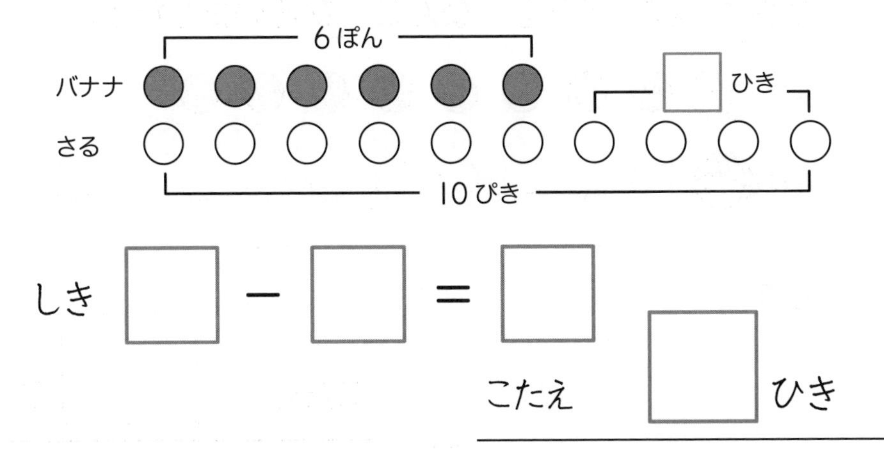

どんな しきに なるかな (7)

よりおおい・よりすくない

なまえ

1 ぼくじょうに　うしが　7とう　います。
ひつじは　うしより　5とう　おおいそうです。
ひつじは　なんとう　いますか。

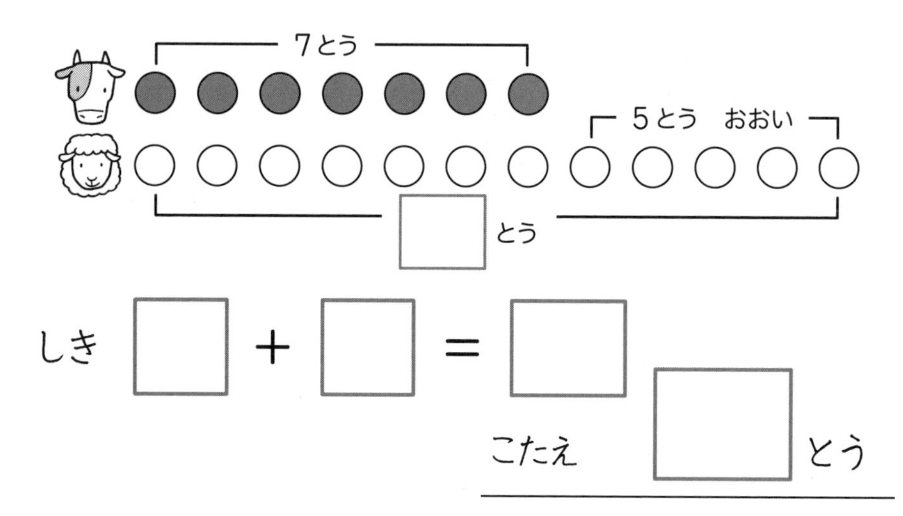

しき □ ＋ □ ＝ □

こたえ □ とう

2 ゆきさんは　くりを　8こ　ひろいました。
なおさんは　ゆきさんより　3こ　おおく　ひろいました。
なおさんは　くりを　なんこ　ひろいましたか。

ゆき

なお

しき

こたえ □ こ

どんな しきに なるかな (8)

よりおおい・よりすくない

なまえ

1 ドーナツが　9こ　あります。
ケーキは　ドーナツより　3こ　すくないそうです。
ケーキは　なんこ　ありますか。

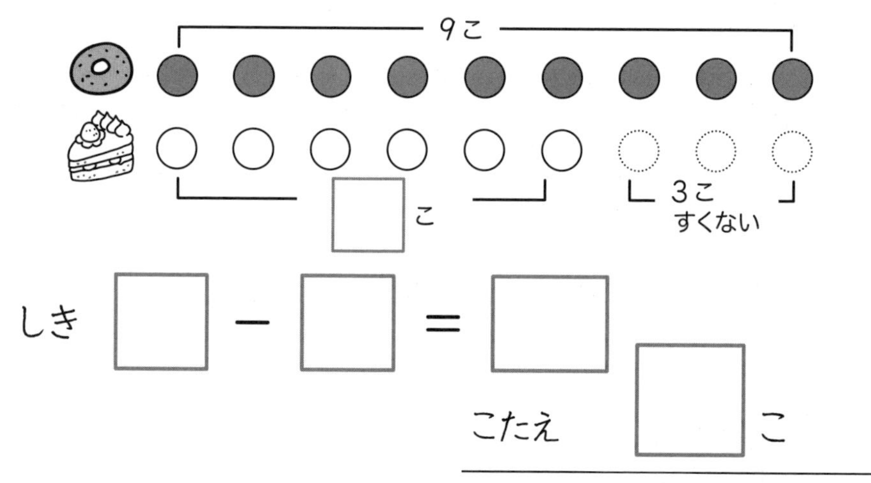

しき □ − □ ＝ □

こたえ □ こ

2 りょうさんは　さかなを　11ぴき　つりました。
おとうとは　りょうさんより　3びき　すくなく　つりました。
おとうとは　さかなを　なんびき　つりましたか。

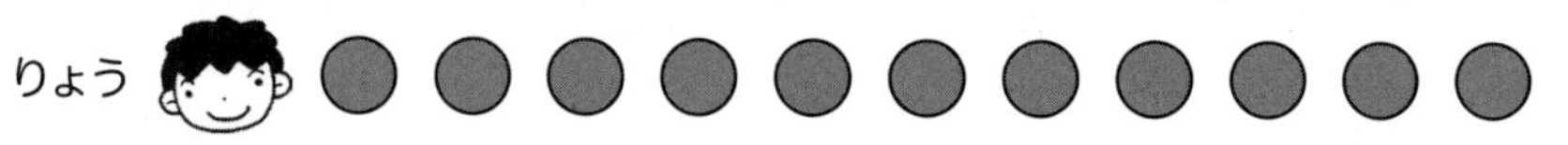

しき

こたえ □ ひき

どんな しきに なるかな (9)

よりおおい・よりすくない

なまえ

1 たまいれを　しました。あかぐみは　13こ　はいりました。しろぐみは　あかぐみより　4こ　おおかったそうです。しろぐみは　なんこ　はいりましたか。

あか ○○○○○○○○○○○○○
しろ ○○

しき

こたえ　　こ

2 あゆみさんは　11さいです。
いもうとは　あゆみさんより　4さい　とししたです。
いもうとは　なんさいですか。

あゆみ ○○○○○○○○○○○
いもうと ○○

しき

こたえ　　さい

どんな しきに なるかな (10)

よりおおい・よりすくない

なまえ

1 かだんに　あかい　はなが　16ぽん　さいています。
しろい　はなは　あかい　はなより　7ほん　すくないそうです。しろい　はなは　なんぼん　さいていますか。

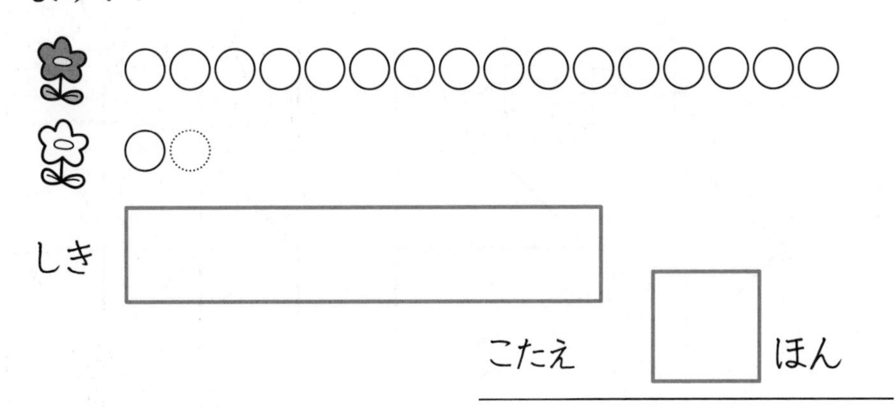

しき

こたえ　　ほん

2 たくやさんは　こうていを　9しゅう　はしりました。
はるとさんは　たくやさんより　2しゅう　おおく　はしりました。はるとさんは　なんしゅう　はしりましたか。

たくや ○○○○○○○○○
はると ○○

しき

こたえ　　しゅう

かたちづくり（1）

なまえ

● ◢は なんこ あるかな。れいの ように せんを ひいて （ ）に かずを かきましょう。

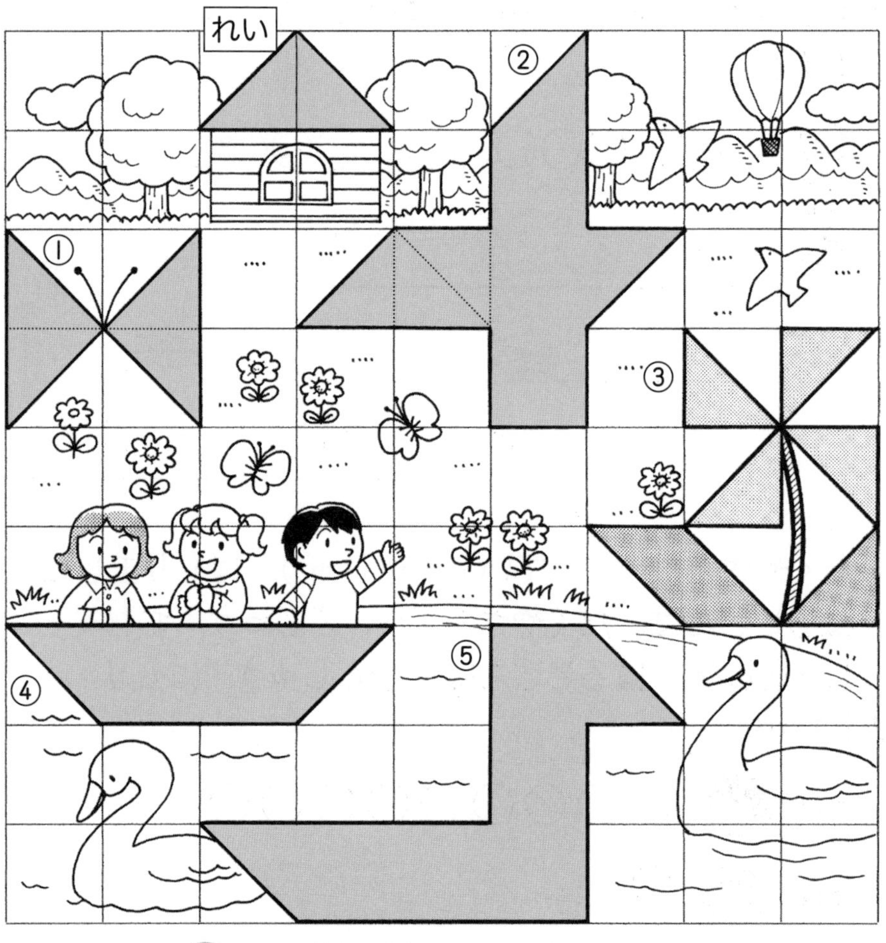

れい（2）こ　①（　）こ　②（　）こ

③（　）こ　④（　）こ　⑤（　）こ

かたちづくり（2）

なまえ

● •と •を せんで つないで，いろいろな かたちを つくりましょう。

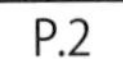児童に実施させる前に，必ず指導される方が問題を解いてください。本書の解答は，あくまでも1つの例です。指導される方の作られた解答をもとに，本書の解答例を参考に児童の多様な考えに寄り添って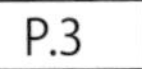つけをお願いします。

解答

P.2

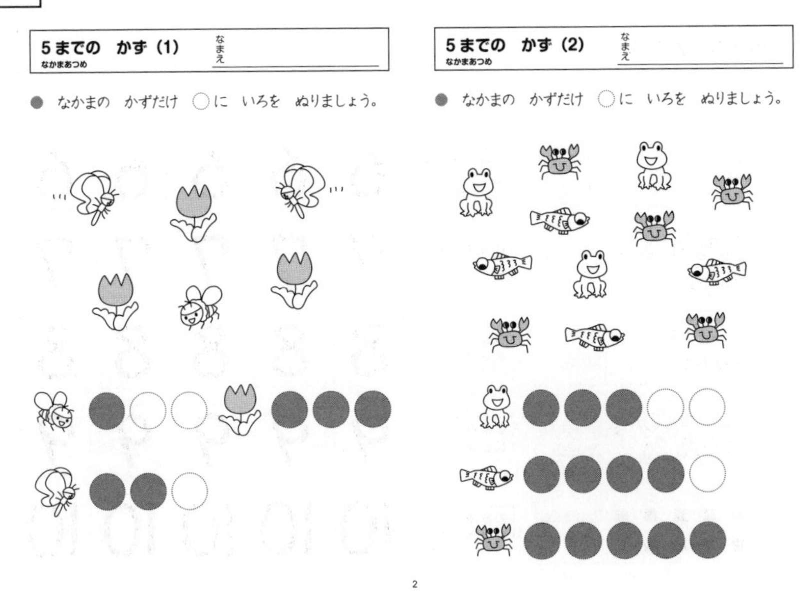

5までの　かず（1）　なまえ
なかまあつめ

● なかまの　かずだけ　○に　いろを　ぬりましょう。

5までの　かず（2）　なまえ
なかまあつめ

● なかまの　かずだけ　○に　いろを　ぬりましょう。

2

P.3

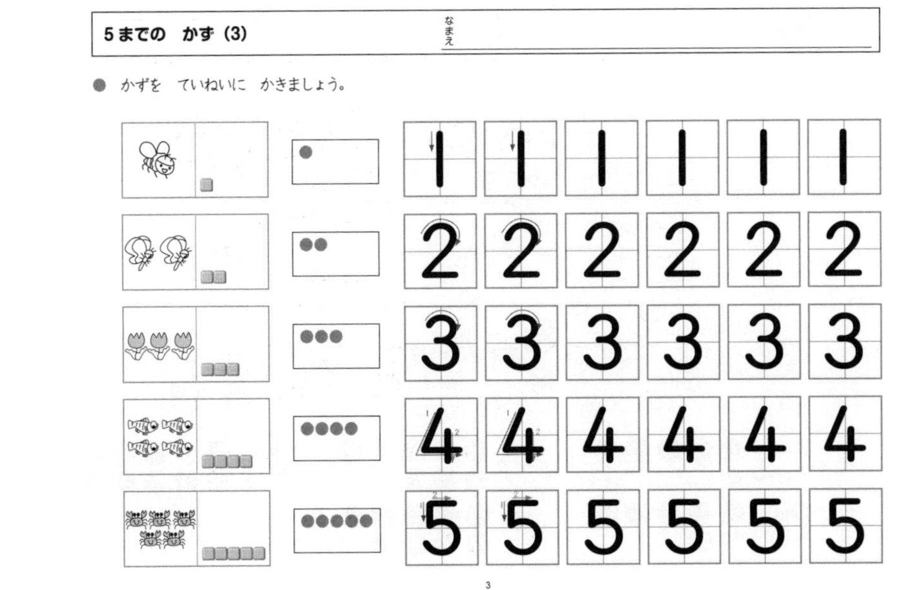

5までの　かず（3）　なまえ

● かずを　ていねいに　かきましょう。

1 1 1 1 1 1
2 2 2 2 2 2
3 3 3 3 3 3
4 4 4 4 4 4
5 5 5 5 5 5

3

P.4

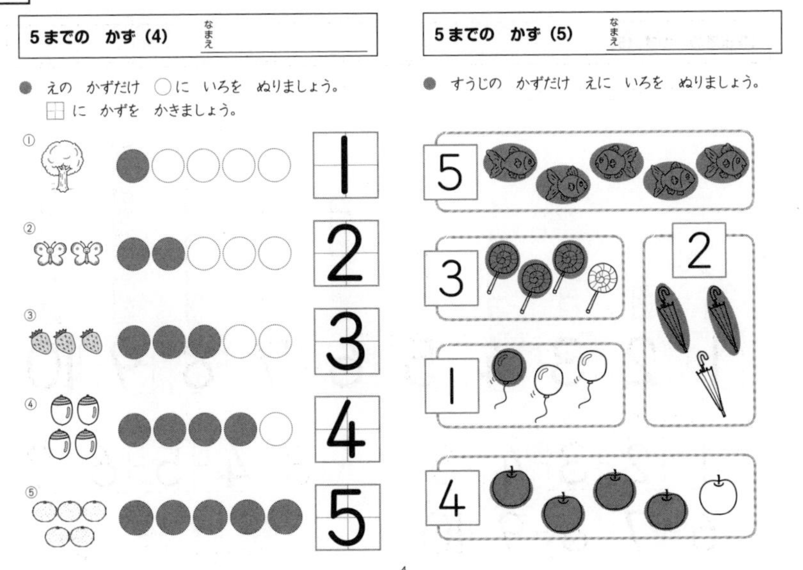

5までの　かず（4）　なまえ

● えの　かずだけ　○に　いろを　ぬりましょう。
□に　かずを　かきましょう。

① 1
② 2
③ 3
④ 4
⑤ 5

5までの　かず（5）　なまえ

● すうじの　かずだけ　えに　いろを　ぬりましょう。

5　3　2　1　4

4

P.5

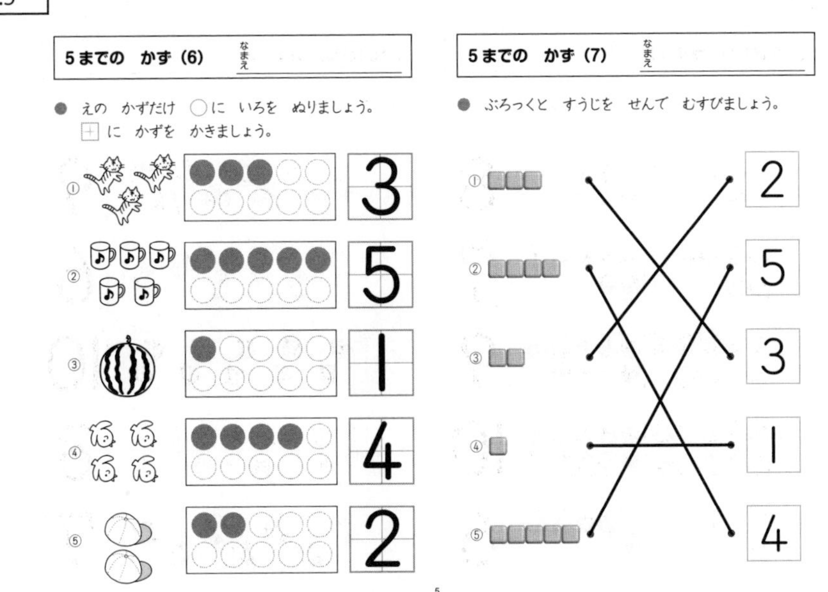

5までの　かず（6）　なまえ

● えの　かずだけ　○に　いろを　ぬりましょう。
□に　かずを　かきましょう。

① 3
② 5
③ 1
④ 4
⑤ 2

5までの　かず（7）　なまえ

● ぶろっくと　すうじを　せんで　むすびましょう。

①　2
②　5
③　3
④　1
⑤　4

5

解答

児童に実施させる前に，必ず指導される方が問題を解いてください。本書の解答は，あくまでも１つの例です。指導される方の作られた解答をもとに，本書の解答例を参考に児童の多様な考えに寄り添って○つけをお願いします。

P.6

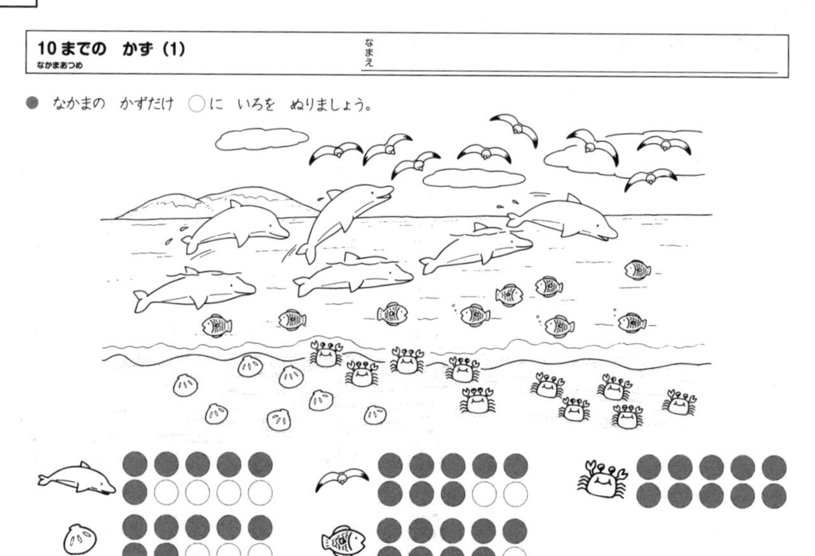

10までの　かず（1）
なかまあつめ
なまえ
なかまの　かずだけ　○に　いろを　ぬりましょう。
6

P.7

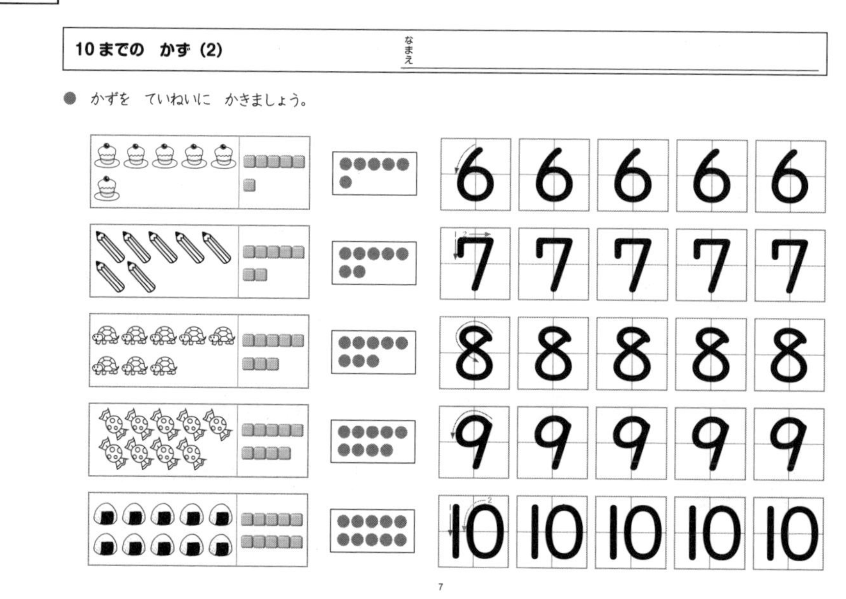

P.8

10までの　かず（3）　なまえ

● えの　かずだけ　○に　いろを　ぬりましょう。
□に　かずを　かきましょう。

① 8
② 7
③ 9
④ 10
⑤ 6

10までの　かず（4）　なまえ

● えの　かずだけ　□に　かずを　かきましょう。

① 9
② 6
③ 10
④ 8
⑤ 7

8

P.9

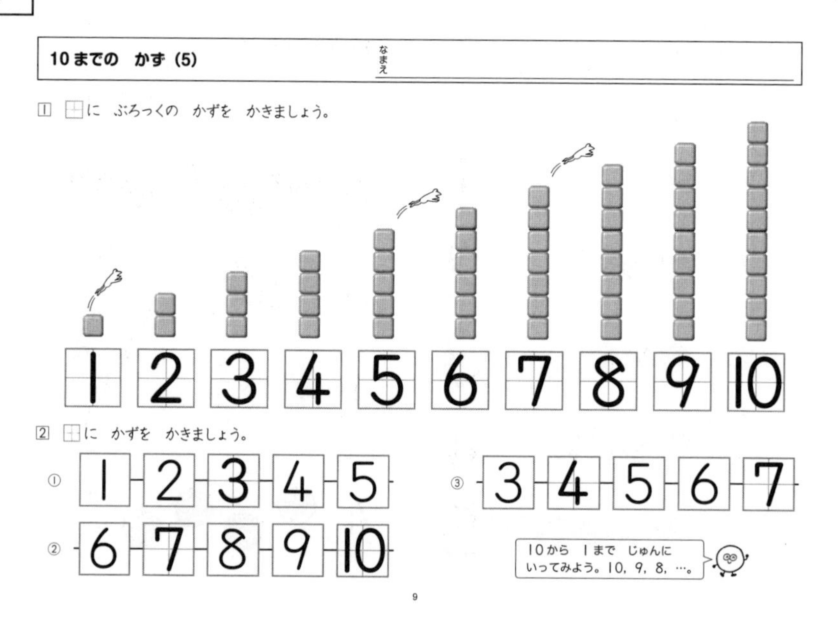

10までの　かず（5）
なまえ
1 □に　ぶろっくの　かずを　かきましょう。
1 2 3 4 5 6 7 8 9 10
2 □に　かずを　かきましょう。
① 1 2 3 4 5
② 6 7 8 9 10
③ 3 4 5 6 7
10から　1まで　じゅんに
いってみよう。10，9，8，…。
9

児童に実施させる前に，必ず指導される方が問題を解いてください。本書の解答は，あくまでも１つの例です。指導される方の作られた解答をもとに，本書の解答例を参考に児童の多様な考えに寄り添って○つけをお願いします。

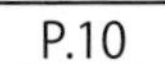

解答

P.10

10までの　かず (6)　なまえ
どちらが おおい

● どちらが　おおいか　くらべましょう。おおい　ほうの　えに　○を　しましょう。□に　えの　かずを　かきましょう。

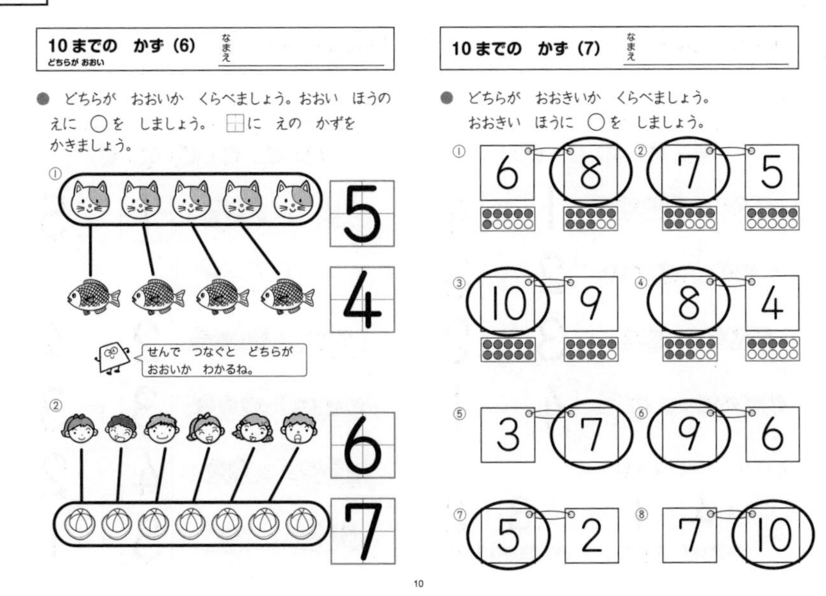

10までの　かず (7)　なまえ

● どちらが　おおきいか　くらべましょう。おおきい　ほうに　○を　しましょう。

① 6 ⑧　② ⑦ 5
③ ⑩ 9　④ ⑧ 4
⑤ 3 ⑦　⑥ ⑨ 6
⑦ ⑤ 2　⑧ 7 ⑩

10

P.11

10までの　かず (8)　なまえ

1 □に　クッキーの　かずを　かきましょう。

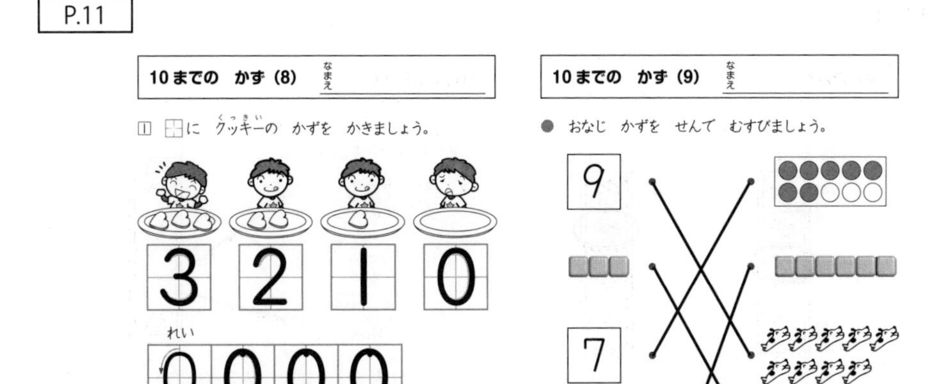

2 □に　いちごの　かずを　かきましょう。

3　0　1

10までの　かず (9)　なまえ

● おなじ　かずを　せんで　むすびましょう。

9　7　6　3　5

11

P.12

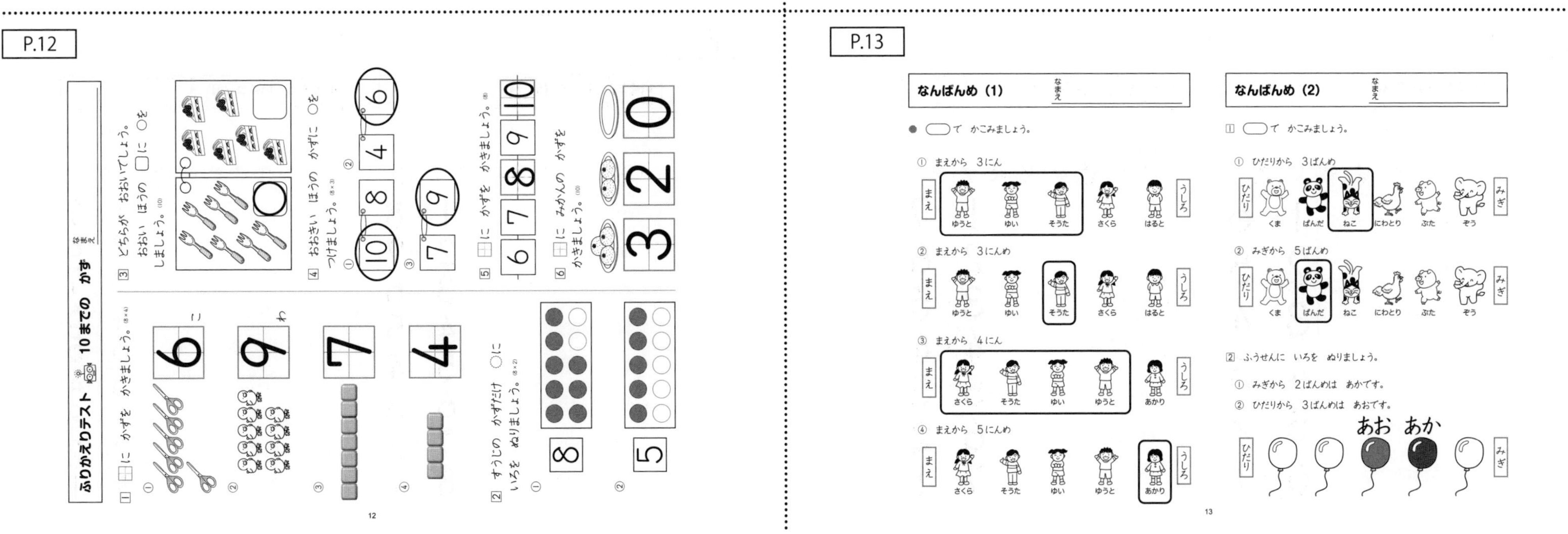

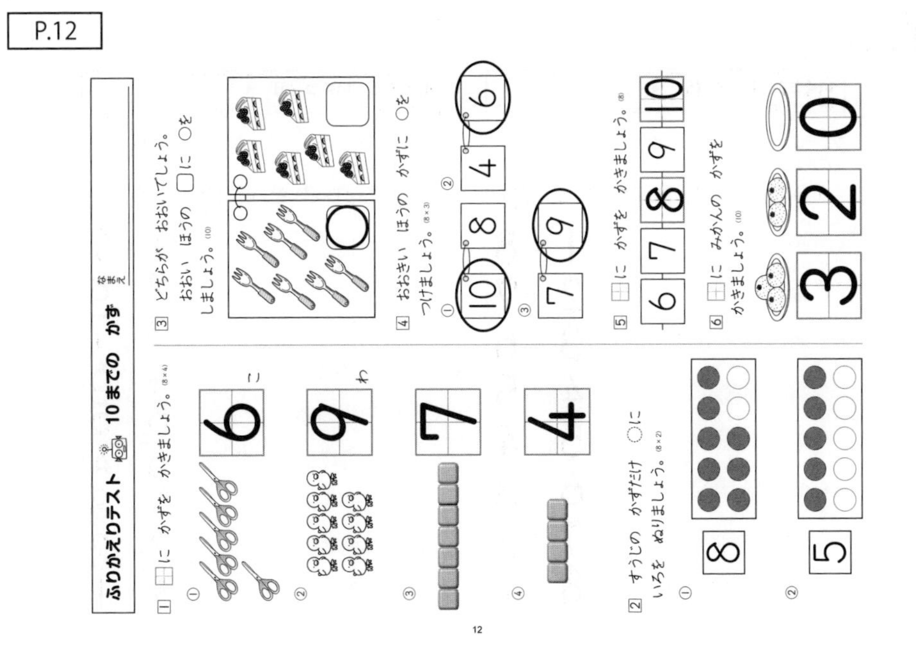

ふりかえりテスト　10までの　かず　なまえ

1 □に　かずを　かきましょう。(5×4)

① 6　② 9　③ 7　④ 4

2 すうじの　かずだけ　○に　いろを　ぬりましょう。(5×2)

① 8　② 5

3 どちらが　おおいか　しらべましょう。おおい　ほうの　□に　○を　しましょう。(10)

4 おおきい　ほうの　かずに　○を　つけましょう。(5×3)

① ⑩ 8　② 4 ⑥　③ 7 ⑨

5 □に　かずを　かきましょう。(8)

6　7　8　9　10

6 □に　みかんの　かずを　かきましょう。(10)

3　2　0

12

P.13

なんばんめ (1)　なまえ

● ⊂⊃で　かこみましょう。

① まえから　3にん
まえ　ゆうと　ゆい　そうた　さくら　はると　うしろ

② まえから　3にんめ
まえ　ゆうと　ゆい　そうた　さくら　はると　うしろ

③ まえから　4にん
まえ　さくら　そうた　ゆい　ゆうと　あかり　うしろ

④ まえから　5にんめ
まえ　さくら　そうた　ゆい　ゆうと　あかり　うしろ

なんばんめ (2)　なまえ

1 ⊂⊃で　かこみましょう。

① ひだりから　3ばんめ
ひだり　くま　ぱんだ　ねこ　にわとり　ぶた　ぞう　みぎ

② みぎから　5ばんめ
ひだり　くま　ぱんだ　ねこ　にわとり　ぶた　ぞう　みぎ

2 ふうせんに　いろを　ぬりましょう。

① みぎから　2ばんめは　あかです。
② ひだりから　3ばんめは　あおです。

ひだり　あお　あか　みぎ

13

解答

児童に実施させる前に，必ず指導される方が問題を解いてください。本書の解答は，あくまでも１つの例です。指導される方の作られた解答をもとに，本書の解答例を参考に児童の多様な考えに寄り添って○つけをお願いします。

P.14

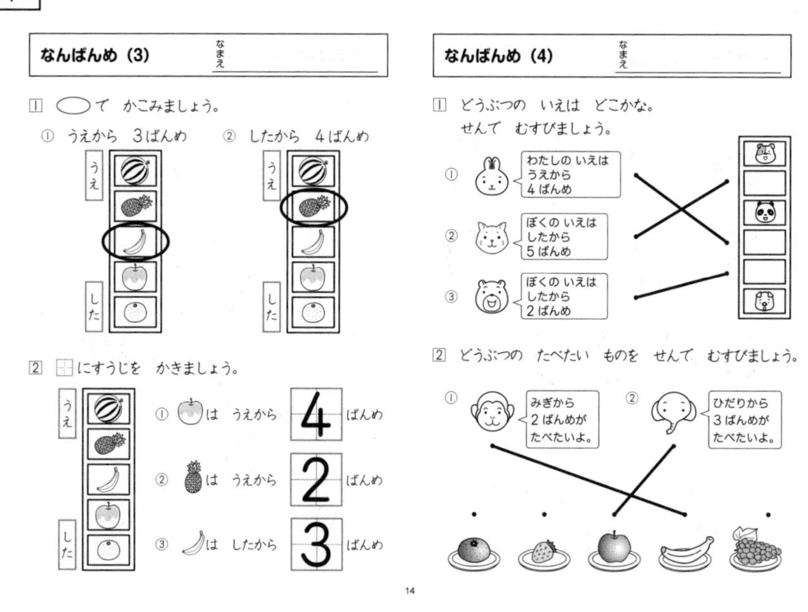

なんばんめ (3)
なまえ
1 ◯で かこみましょう。
① うえから 3ばんめ
② したから 4ばんめ
うえ
した
2 にすうじを かきましょう。
① は うえから 4 ばんめ
② は うえから 2 ばんめ
③ は したから 3 ばんめ
なんばんめ (4)
1 どうぶつの いえは どこかな。せんで むすびましょう。
わたしの いえは うえから 4 ばんめ
ぼくの いえは したから 5 ばんめ
ぼくの いえは したから 2 ばんめ
2 どうぶつの たべたい ものを せんで むすびましょう。
みぎから 2 ばんめが たべたいよ。
ひだりから 3 ばんめが たべたいよ。
14

P.15

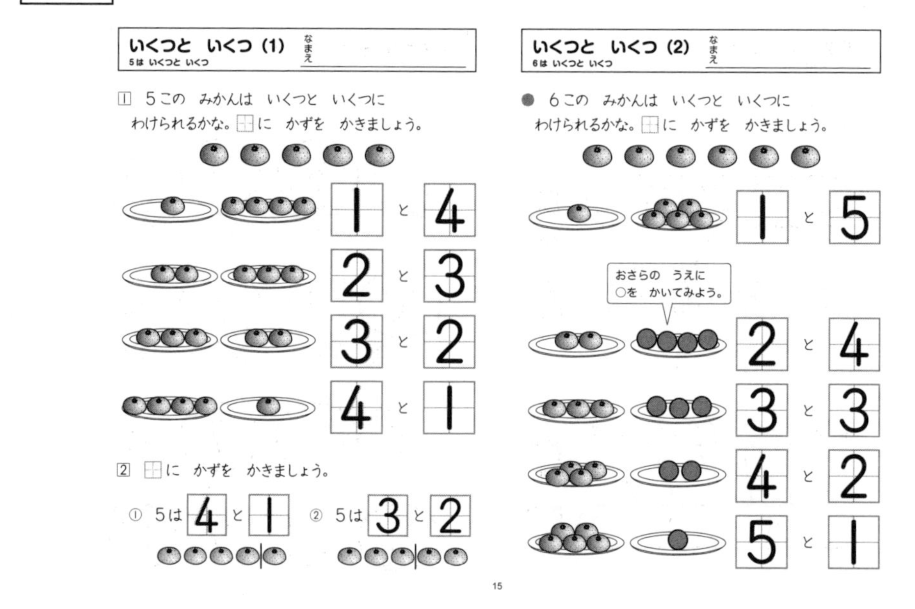

いくつと いくつ (1)
5は いくつと いくつ
1 5この みかんは いくつと いくつに わけられるかな。□に かずを かきましょう。
1 と 4
2 と 3
3 と 2
4 と 1
2 □に かずを かきましょう。
① 5は 4 と 1
② 5は 3 と 2
いくつと いくつ (2)
6は いくつと いくつ
● 6この みかんは いくつと いくつに わけられるかな。□に かずを かきましょう。
1 と 5
おさらの うえに ○を かいてみよう。
2 と 4
3 と 3
4 と 2
5 と 1
15

P.16

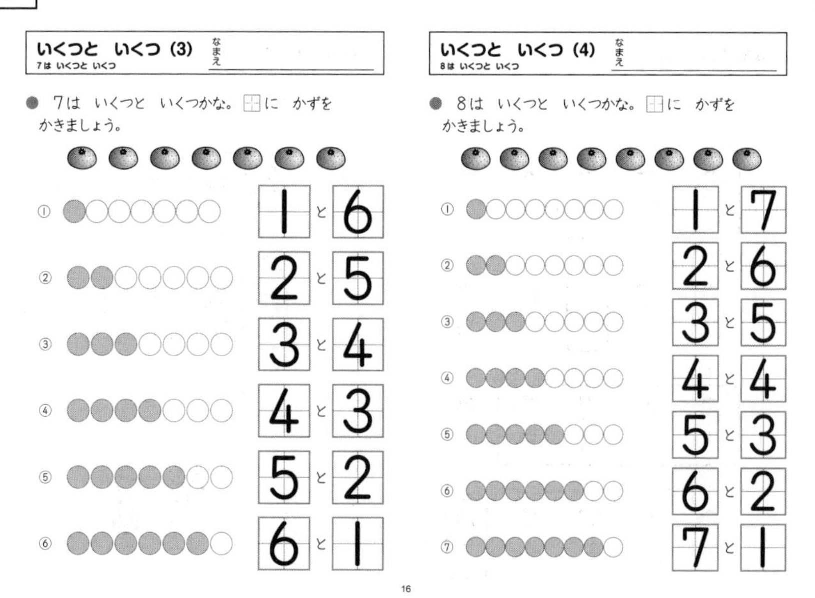

いくつと いくつ (3)
7は いくつと いくつ
● 7は いくつと いくつかな。□に かずを かきましょう。
① 1 と 6
② 2 と 5
③ 3 と 4
④ 4 と 3
⑤ 5 と 2
⑥ 6 と 1
いくつと いくつ (4)
8は いくつと いくつ
● 8は いくつと いくつかな。□に かずを かきましょう。
① 1 と 7
② 2 と 6
③ 3 と 5
④ 4 と 4
⑤ 5 と 3
⑥ 6 と 2
⑦ 7 と 1
16

P.17

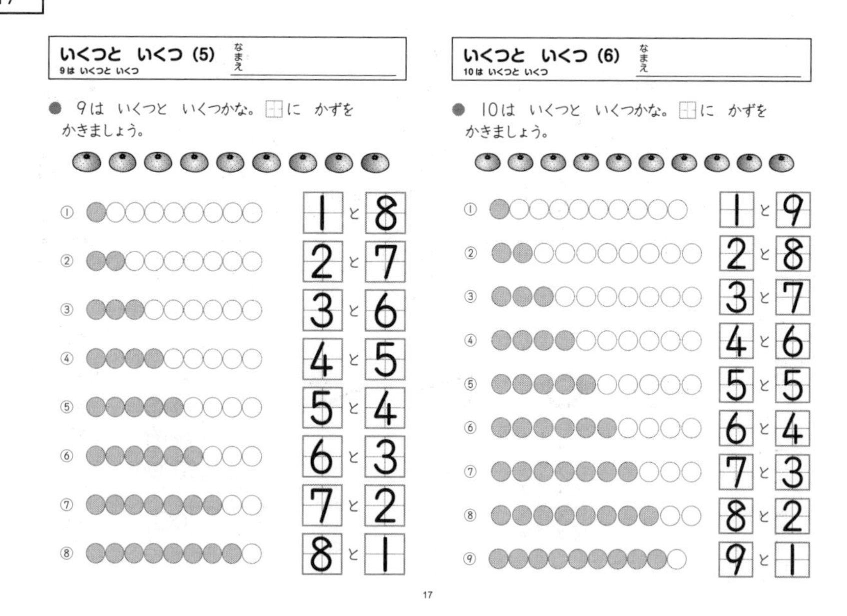

いくつと いくつ (5)
9は いくつと いくつ
● 9は いくつと いくつかな。□に かずを かきましょう。
① 1 と 8
② 2 と 7
③ 3 と 6
④ 4 と 5
⑤ 5 と 4
⑥ 6 と 3
⑦ 7 と 2
⑧ 8 と 1
いくつと いくつ (6)
10は いくつと いくつ
● 10は いくつと いくつかな。□に かずを かきましょう。
① 1 と 9
② 2 と 8
③ 3 と 7
④ 4 と 6
⑤ 5 と 5
⑥ 6 と 4
⑦ 7 と 3
⑧ 8 と 2
⑨ 9 と 1
17

児童に実施させる前に，必ず指導される方が問題を解いてください。本書の解答は，あくまでも１つの例です。指導される方の作られた解答をもとに，本書の解答例を参考に児童の多様な考えに寄り添って○つけをお願いします。

解答

P.18

いくつと いくつ (7)

10は いくつと いくつ

1 10は いくつと いくつかな。□に かずを かきましょう。

① 5 と 5
② 2 と 8
③ 7 と 3
④ 4 と 6
⑤ 9 と 1

2 □に かずを かきましょう。

① 10は 3 と 7　② 10は 8 と 2

いくつと いくつ (8)

● □に あてはまる かずを かきましょう。

① 5 → 3 2
② 6 → 4 2
③ 7 → 2 5
④ 8 → 3 5
⑤ 9 → 5 4
⑥ 9 → 3 6
⑦ 10 → 6 4
⑧ 10 → 5 5

18

P.19

5までの たしざん (1)

1 りんごは あわせて なんこに なりますか。

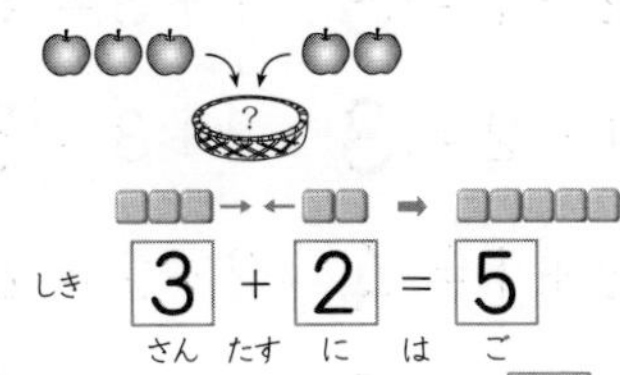

しき 3 + 2 = 5
さん たす に は ご

こたえ 5 こ

2 りんごは あわせて なんこに なりますか。

しき 2 + 2 = 4

こたえ 4 こ

5までの たしざん (2)

1 いぬは あわせて なんびきに なりますか。

しき 2 + 1 = 3

こたえ 3 びき

2 はなは あわせて なんぼんに なりますか。

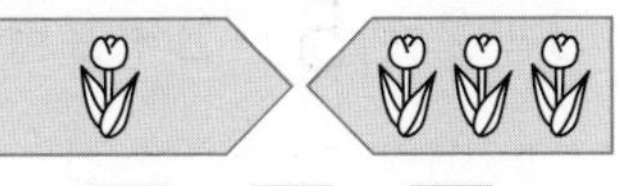

しき 1 + 3 = 4

こたえ 4 ほん

19

P.20

5までの たしざん (3)

1 2わ ふえると とりは なんわに なりますか。

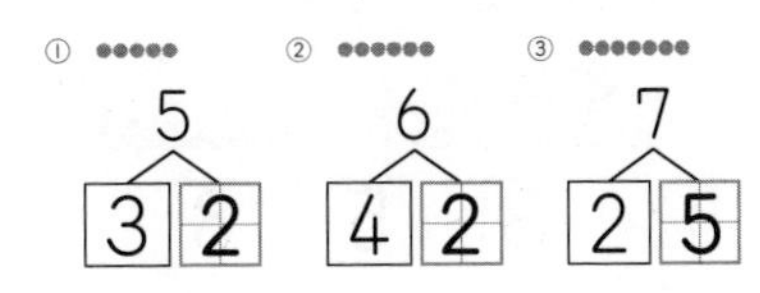

しき 2 + 2 = 4

こたえ 4 わ

2 1わ ふえると とりは なんわに なりますか。

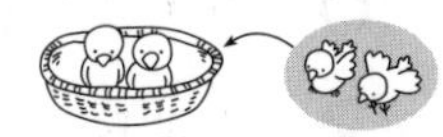

しき 3 + 1 = 4

こたえ 4 わ

5までの たしざん (4)

1 2だい ふえると くるまは なんだいに なりますか。

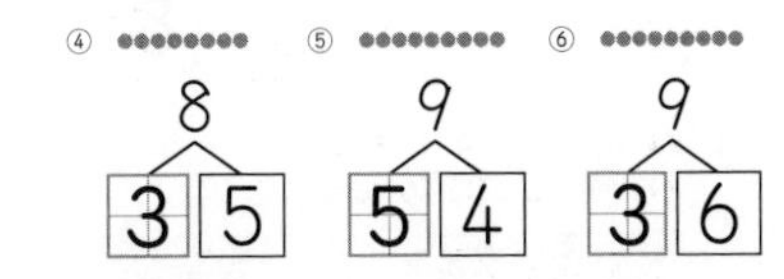

しき 3 + 2 = 5

こたえ 5 だい

2 4こ ふえると ドーナツは なんこに なりますか。

しき 1 + 4 = 5

こたえ 5 こ

20

P.21

5までの たしざん (5)

① 3 + 1 = 4
② 2 + 2 = 4
③ 1 + 4 = 5
④ 2 + 3 = 5
⑤ 2 + 1 = 3

5までの たしざん (6)

① 1 + 3 = 4
② 1 + 2 = 3
③ 3 + 2 = 5
④ 2 + 2 = 4
⑤ 4 + 1 = 5

21

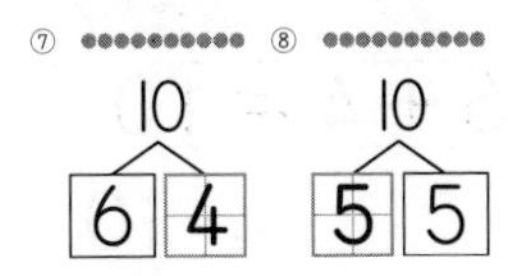

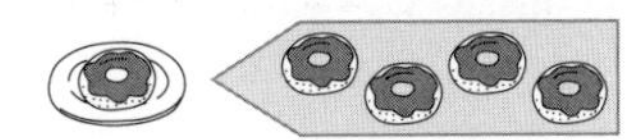

解答

児童に実施させる前に，必ず指導される方が問題を解いてください。本書の解答は，あくまでも1つの例です。指導される方の作られた解答をもとに，本書の解答例を参考に児童の多様な考えに寄り添って○つけをお願いします。

P.22

5までの たしざん (7) なまえ

① 4＋1＝5 ② 1＋2＝3
③ 2＋3＝5 ④ 1＋1＝2
⑤ 1＋4＝5 ⑥ 3＋1＝4
⑦ 2＋1＝3 ⑧ 1＋3＝4
⑨ 3＋2＝5 ⑩ 2＋2＝4

めいろは，こたえの おおきい ほうを とおりましょう。とおった こたえを したの □に かきましょう。

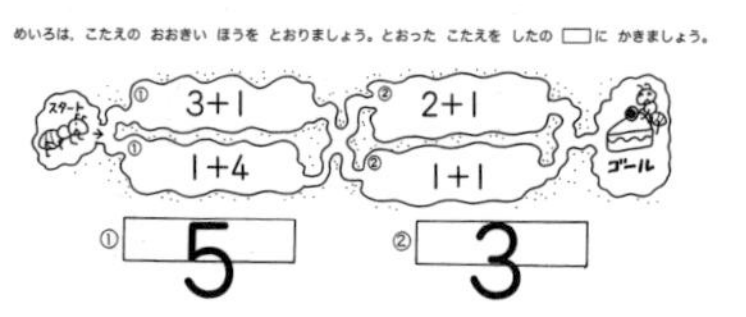

① 5 ② 3

5までの たしざん (8) なまえ

① 2＋1＝3 ② 1＋3＝4
③ 1＋2＝3 ④ 2＋3＝5
⑤ 3＋1＝4 ⑥ 2＋2＝4
⑦ 1＋4＝5 ⑧ 4＋1＝5
⑨ 1＋1＝2 ⑩ 3＋2＝5

めいろは，こたえの おおきい ほうを とおりましょう。とおった こたえを したの □に かきましょう。

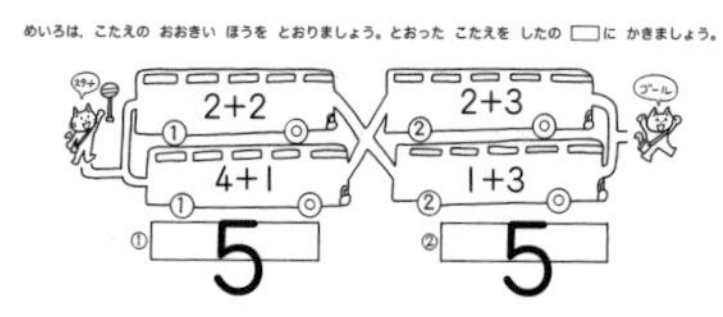

① 5 ② 5

22

P.23

10までの たしざん (1) なまえ

1 ちょうが 3びきと 5ひき います。
あわせて なんびきに なりますか。

しき 3 ＋ 5 ＝ 8

こたえ 8 ひき

2 あめが 6こと 4こ あります。
あわせて なんこに なりますか。

しき 6＋4＝10

こたえ 10 こ

10までの たしざん (2) なまえ

1 すずめが 7わ います。
2わ くると，ぜんぶで なんわに なりますか。

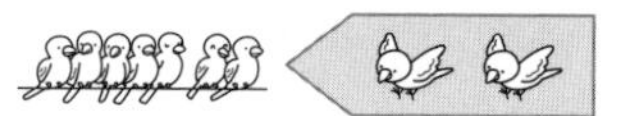

しき 7＋2＝9

こたえ 9 わ

2 えんぴつが 2ほん あります。
4ほん ふえると，なんぼんに なりますか。

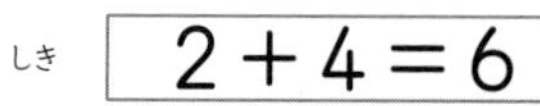

しき 2＋4＝6

こたえ 6 ぼん

23

P.24

10までの たしざん (3) なまえ

① 5＋1＝6
② 5＋2＝7
③ 5＋3＝8
④ 5＋4＝9
⑤ 5＋5＝10

24

10までの たしざん (4) なまえ

① 6＋1＝7
② 6＋2＝8
③ 6＋3＝9
④ 6＋4＝10

めいろは，こたえの おおきい ほうを とおりましょう。とおった こたえを したの □に かきましょう。

スタート 5＋3 6＋3 6＋1 5＋5 ゴール

① 8 ② 10

P.25

10までの たしざん (5) なまえ

① 7＋1＝8
② 7＋2＝9
③ 7＋3＝10
④ 8＋1＝9
⑤ 8＋2＝10
⑥ 9＋1＝10

10までの たしざん (6) なまえ

① 5＋1＝6 ② 8＋2＝10
③ 2＋6＝8 ④ 1＋5＝6
⑤ 4＋4＝8 ⑥ 7＋2＝9
⑦ 3＋5＝8 ⑧ 5＋5＝10
⑨ 7＋1＝8 ⑩ 6＋4＝10

めいろは，こたえの おおきい ほうを とおりましょう。とおった こたえを したの □に かきましょう。

4＋3 7＋1 2＋6 5＋4

① 8 ② 9

25

P.26

10までの たしざん (7) なまえ

① 6＋2＝**8**　② 3＋6＝**9**
③ 5＋3＝**8**　④ 1＋7＝**8**
⑤ 3＋4＝**7**　⑥ 2＋4＝**6**
⑦ 4＋5＝**9**　⑧ 8＋1＝**9**
⑨ 2＋7＝**9**　⑩ 7＋3＝**10**
⑪ 4＋3＝**7**　⑫ 5＋2＝**7**

10までの たしざん (8) なまえ

① 6＋3＝**9**　② 5＋4＝**9**
③ 1＋8＝**9**　④ 2＋8＝**10**
⑤ 4＋6＝**10**　⑥ 3＋7＝**10**
⑦ 3＋3＝**6**　⑧ 2＋5＝**7**
⑨ 4＋2＝**6**　⑩ 9＋1＝**10**

めいろは，こたえの おおきい ほうを とおりましょう。とおった こたえを したの □に かきましょう。

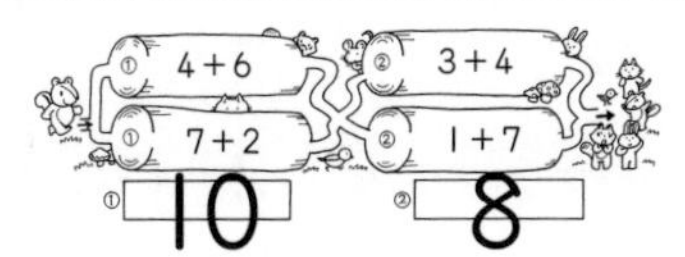

① **10**　② **8**

P.27

10までの たしざん (9) なまえ
0の たしざん

● たまいれを しました。□に あてはまる かずを かきましょう。

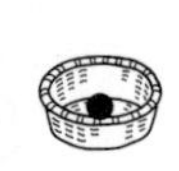

1かいめ　2かいめ

くま　3 ＋ 0 ＝ **3**
ねこ　0 ＋ 2 ＝ **2**
うさぎ　0 ＋ 0 ＝ **0**

10までの たしざん (10) なまえ

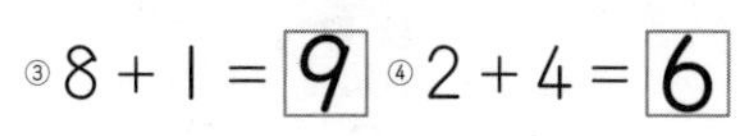

① 3＋7＝**10**　② 5＋0＝**5**
③ 8＋1＝**9**　④ 2＋4＝**6**
⑤ 0＋0＝**0**　⑥ 6＋2＝**8**
⑦ 5＋4＝**9**　⑧ 0＋7＝**7**
⑨ 0＋1＝**1**　⑩ 3＋6＝**9**
⑪ 10＋0＝**10**　⑫ 6＋4＝**10**

P.28

10までの たしざん (11) なまえ
ぶんしょうだい

1 とりが きに 5わ います。
3わ とんで きました。
とりは ぜんぶで なんわ いますか。

しき **5** ＋ **3** ＝ **8**

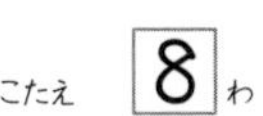

こたえ **8** わ

2 あかい はなが 4ほん，しろい はなが 6ぽん さいています。
はなは ぜんぶで なんぼん さいていますか。

しき **4** ＋ **6** ＝ **10**

こたえ **10** ぼん

10までの たしざん (12) なまえ
ぶんしょうだい

1 かめが いけに 2ひき，きしに 5ひき います。
かめは ぜんぶで なんびき いますか。

しき **2＋5＝7**

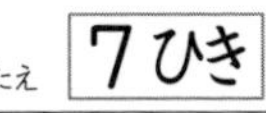

こたえ **7ひき**

2 こうえんに こどもが 6にん います。
そこへ 3にん きました。
こどもは みんなで なんにん いますか。

しき **6＋3＝9**

こたえ **9にん**

P.29

ふりかえりテスト 10までの たしざん なまえ

1 けいさんを しましょう。(7×10)

① 5＋3＝**8**
② 7＋2＝**9**
③ 6＋4＝**10**
④ 4＋2＝**6**
⑤ 9＋0＝**9**
⑥ 8＋1＝**9**
⑦ 2＋8＝**10**
⑧ 3＋6＝**9**
⑨ 0＋0＝**0**
⑩ 4＋4＝**8**

2 ボールは あわせて なんこに なりますか。(10)

しき **3＋4＝7**　こたえ **7こ**

3 ねこが 5ひき います。
2ひき ふえると，ねこは ぜんぶで なんびきに なりますか。(10)

しき **5＋2＝7**　こたえ **7ひき**

4 いろがみが 7まい あります。
おねえさんに 3まい もらいました。
いろがみは ぜんぶで なんまいに なりましたか。(10)

しき **7＋3＝10**　こたえ **10まい**

解答

児童に実施させる前に，必ず指導される方が問題を解いてください。本書の解答は，あくまでも１つの例です。指導される方の作られた解答をもとに，本書の解答例を参考に児童の多様な考えに寄り添って○つけをお願いします。

P.30

5までの ひきざん (1) なまえ

1 のこりの みかんは なんこに なりますか。

しき 4 − 2 = 2
よん ひく に は に

こたえ 2 こ

2 のこりの みかんは なんこに なりますか。

しき 5 − 2 = 3

こたえ 3 こ

5までの ひきざん (2) なまえ

1 のこりの とりは なんわに なりますか。

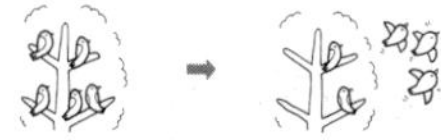

しき 5 − 3 = 2

こたえ 2 わ

2 のこりの ふうせんは なんこに なりますか。

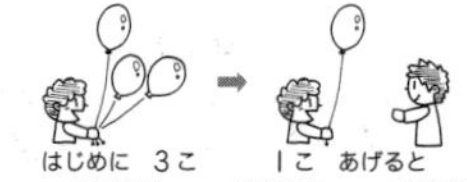

しき 3 − 1 = 2

こたえ 2 こ

30

P.31

5までの ひきざん (3) なまえ

① 5 − 4 = 1
② 5 − 3 = 2
③ 5 − 2 = 3
④ 5 − 1 = 4
⑤ 2 − 1 = 1

5までの ひきざん (4) なまえ

① 4 − 3 = 1
② 4 − 2 = 2
③ 4 − 1 = 3
④ 3 − 2 = 1
⑤ 3 − 1 = 2

31

P.32

5までの ひきざん (5) なまえ

① 5 − 3 = 2　② 5 − 1 = 4
③ 4 − 2 = 2　④ 3 − 1 = 2
⑤ 4 − 3 = 1　⑥ 3 − 2 = 1
⑦ 5 − 2 = 3　⑧ 4 − 1 = 3
⑨ 5 − 4 = 1　⑩ 2 − 1 = 1

めいろは，こたえの おおきい ほうを とおりましょう。とおった こたえを したの □に かきましょう。

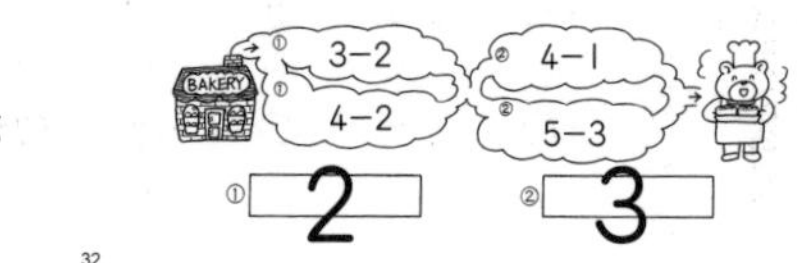

① 2　② 2

5までの ひきざん (6) なまえ

① 3 − 2 = 1　② 5 − 1 = 4
③ 3 − 1 = 2　④ 5 − 2 = 3
⑤ 2 − 1 = 1　⑥ 4 − 3 = 1
⑦ 4 − 2 = 2　⑧ 5 − 3 = 2
⑨ 4 − 1 = 3　⑩ 5 − 4 = 1

めいろは，こたえの おおきい ほうを とおりましょう。とおった こたえを したの □に かきましょう。

3−2
4−2
4−1
5−3

① 2　② 3

32

P.33

10までの ひきざん (1) なまえ

1 のこりの あめは なんこに なりますか。

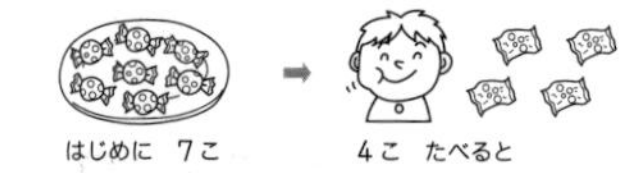

しき 7 − 4 = 3

こたえ 3 こ

2 のこりの くるまは なんだいに なりますか。

しき 6−2=4

こたえ 4 だい

10までの ひきざん (2) なまえ

1 のこりの りんごは なんこに なりますか。

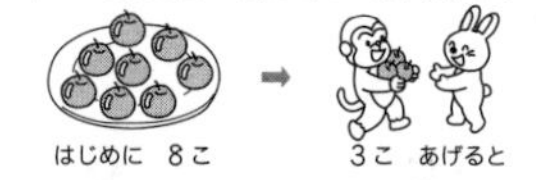

しき 8−3=5

こたえ 5 こ

2 のこりの いぬは なんびきに なりますか。

しき 10−5=5

こたえ 5 ひき

33

児童に実施させる前に，必ず指導される方が問題を解いてください。本書の解答は，あくまでも1つの例です。指導される方の作られた解答をもとに，本書の解答例を参考に児童の多様な考えに寄り添って○つけをお願いします。

P.34

10までの ひきざん (3)　なまえ

① 6 − 1 = 5

② 6 − 2 = 4

③ 6 − 3 = 3

④ 6 − 4 = 2

⑤ 6 − 5 = 1

10までの ひきざん (4)　なまえ

① 7 − 1 = 6

② 7 − 2 = 5

③ 7 − 3 = 4

④ 7 − 4 = 3

⑤ 7 − 5 = 2

⑥ 7 − 6 = 1

34

P.35

10までの ひきざん (5)　なまえ

① 8 − 1 = 7

② 8 − 2 = 6

③ 8 − 3 = 5

④ 8 − 4 = 4

⑤ 8 − 5 = 3

⑥ 8 − 6 = 2

⑦ 8 − 7 = 1

10までの ひきざん (6)　なまえ

① 9 − 1 = 8

② 9 − 2 = 7

③ 9 − 3 = 6

④ 9 − 4 = 5

⑤ 9 − 5 = 4

⑥ 9 − 6 = 3

⑦ 9 − 7 = 2

⑧ 9 − 8 = 1

35

P.36

10までの ひきざん (7)　なまえ

① 10 − 1 = 9

② 10 − 2 = 8

③ 10 − 3 = 7

④ 10 − 4 = 6

⑤ 10 − 5 = 5

⑥ 10 − 6 = 4

⑦ 10 − 7 = 3

⑧ 10 − 8 = 2

⑨ 10 − 9 = 1

10までの ひきざん (8)　なまえ

① 10 − 4 = 6　② 8 − 5 = 3

③ 6 − 4 = 2　④ 9 − 5 = 4

⑤ 10 − 1 = 9　⑥ 7 − 6 = 1

⑦ 8 − 2 = 6　⑧ 9 − 8 = 1

⑨ 7 − 3 = 4　⑩ 9 − 2 = 7

めいろは，こたえの おおきい ほうを とおりましょう。とおった こたえを したの □に かきましょう。

BAKERY

① 10−9　① 7−5　② 8−3　② 9−5

① 2　② 5

36

P.37

10までの ひきざん (9)　なまえ

① 8 − 3 = 5　② 10 − 2 = 8

③ 9 − 6 = 3　④ 6 − 5 = 1

⑤ 10 − 5 = 5　⑥ 7 − 4 = 3

⑦ 6 − 2 = 4　⑧ 9 − 3 = 6

⑨ 10 − 7 = 3　⑩ 8 − 6 = 2

⑪ 6 − 4 = 2　⑫ 7 − 2 = 5

10までの ひきざん (10)　なまえ

① 10 − 3 = 7　② 9 − 4 = 5

③ 6 − 3 = 3　④ 7 − 5 = 2

⑤ 9 − 1 = 8　⑥ 10 − 6 = 4

⑦ 7 − 2 = 5　⑧ 8 − 4 = 4

⑨ 10 − 8 = 2　⑩ 9 − 7 = 2

めいろは，こたえの おおきい ほうを とおりましょう。とおった こたえを したの □に かきましょう。

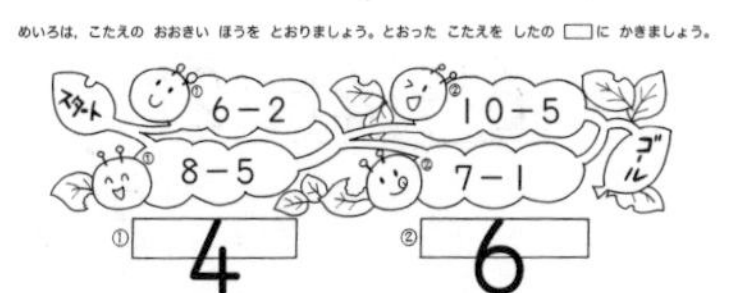

① 4　② 6

37

解答

児童に実施させる前に，必ず指導される方が問題を解いてください。本書の解答は，あくまでも１つの例です。指導される方の作られた解答をもとに，本書の解答例を参考に児童の多様な考えに寄り添って○つけをお願いします。

P.38

10までの ひきざん（11） なまえ
0の ひきざん

1 にんじんが 3ぼん ありました。
のこりの にんじんは なんぼんですか。

① 1ぽん たべました。

3 − 1 = 2

② 3ぼん たべました。

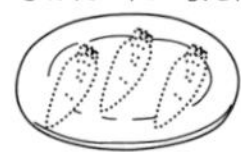

3 − 3 = 0

③ たべませんでした。

3 − 0 = 3

2 けいさんを しましょう。

① 7 − 0 = 7 ② 8 − 8 = 0

38

10までの ひきざん（12） なまえ

① 10 − 10 = 0 ② 8 − 5 = 3
③ 5 − 5 = 0 ④ 7 − 4 = 3
⑤ 6 − 5 = 1 ⑥ 9 − 3 = 6
⑦ 2 − 0 = 2 ⑧ 10 − 7 = 3
⑨ 8 − 6 = 2 ⑩ 10 − 0 = 10
⑪ 7 − 3 = 4 ⑫ 6 − 2 = 4

P.39

10までの ひきざん（13） なまえ
こちらは いくつ

1 いぬが 7ひき います。
（くろいいぬ）は 4ひきです。（しろいいぬ）は なんびきですか。

しき 7 − 4 = 3

こたえ 3 ひき

2 パンが 6こ あります。
（メロンパン）は 2こです。（あんパン）は なんこですか。

しき 6 − 2 = 4

こたえ 4 こ

39

10までの ひきざん（14） なまえ
こちらは いくつ

1 ねこが 8ひき います。
そのうち（くろねこ）は 3びきで，のこりは（しろねこ）です。
（しろねこ）は なんびきですか。

○○○○○○○○

しき 8 − 3 = 5

こたえ 5 ひき

2 おりがみが 10まい あります。
そのうち 6まいは あかで，のこりは きいろです。
きいろの おりがみは なんまいですか。

○○○○○○○○○○

しき 10 − 6 = 4

こたえ 4 まい

P.40

10までの ひきざん（15） なまえ
ちがいは いくつ

● （あかいチューリップ）の ほうが （しろいチューリップ）より なんぼん おおいですか。

（あかいチューリップ） 6 ぼん
（しろいチューリップ） 4 ほん

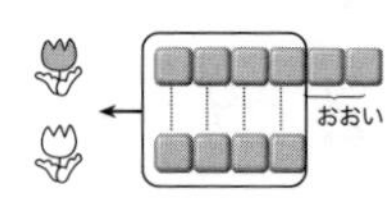

しき 6 − 4 = 2

こたえ 2 ほん

40

10までの ひきざん（16） なまえ
ちがいは いくつ

1 ひよこの ほうが にわとりより なんわ おおいですか。

（ひよこ） 8 わ
（にわとり） 2 わ

しき 8 − 2 = 6

こたえ 6 わ

2 りんごの ほうが みかんより なんこ おおいですか。

しき 7 − 3 = 4

こたえ 4 こ

P.41

10までの ひきざん（17） なまえ
ちがいは いくつ

● いぬと ねこは どちらが なんびき おおいですか。

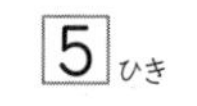
（いぬ） 5 ひき

（ねこ） 7 ひき

しき 7 − 5 = 2

こたえ ねこ が 2 ひき おおい。

41

10までの ひきざん（18） なまえ
ちがいは いくつ

1 バスが 3だい，くるまが 6だい とまっています。
どちらが なんだい おおいですか。

しき 6 − 3 = 3

こたえ くるま が 3 だい おおい。

2 おおきい さかなが 3びき，ちいさい さかなが 8ひき います。
どちらの さかなが なんびき おおいですか。

しき 8 − 3 = 5

こたえ ちいさい さかなが 5 ひき おおい。

P.42

10までの ひきざん (19) なまえ
ぶんしょうだい

1 ひつじが 6ぴき います。
4ひきが こやへ はいりました。
のこりの ひつじは なんびきに なりますか。

しき 6－4＝2

こたえ 2ひき

2 いもほりで いもを 10こ とりました。
そのうち 5こを やいて たべました。
のこりの いもは なんこに なりますか。

しき 10－5＝5

こたえ 5こ

10までの ひきざん (20) なまえ
ぶんしょうだい

1 あさがおが 9こ さきました。
そのうち 6こは あおで，のこりは あかです。
あかの あさがおは なんこ さきましたか。

しき 9－6＝3

こたえ 3こ

2 さるが 10ぴき います。
そのうち おすは 4ひきです。
めすの さるは なんびきですか。

しき 10－4＝6

こたえ 6ぴき

42

P.43

10までの ひきざん (21) なまえ
ぶんしょうだい

1 メロンが 7こ，すいかが 2こ あります。
どちらが なんこ おおいですか。

しき 7－2＝5

こたえ メロン が 5 こ おおい。

2 かえるが 4ひき，おたまじゃくしが 8ひき います。どちらが なんびき おおいですか。

しき 8－4＝4

こたえ おたまじゃくし が 4 ひき おおい。

10までの ひきざん (22) なまえ
ぶんしょうだい

1 シールを 9まい もって います。2まい おねえさんに あげました。 のこりの シールは なんまいに なりますか。

しき 9－2＝7

こたえ 7まい

2 りんごが 10こ あります。 そのうち あかい りんごは 7こで のこりは みどりの りんごです。 みどりの りんごは なんこに なりますか。

しき 10－7＝3

こたえ 3こ

3 とんぼが 6ぴき，せみが 5ひき います。 どちらが なんびき おおいですか。

しき 6－5＝1

こたえ とんぼ が 1 ぴき おおい。

43

P.44

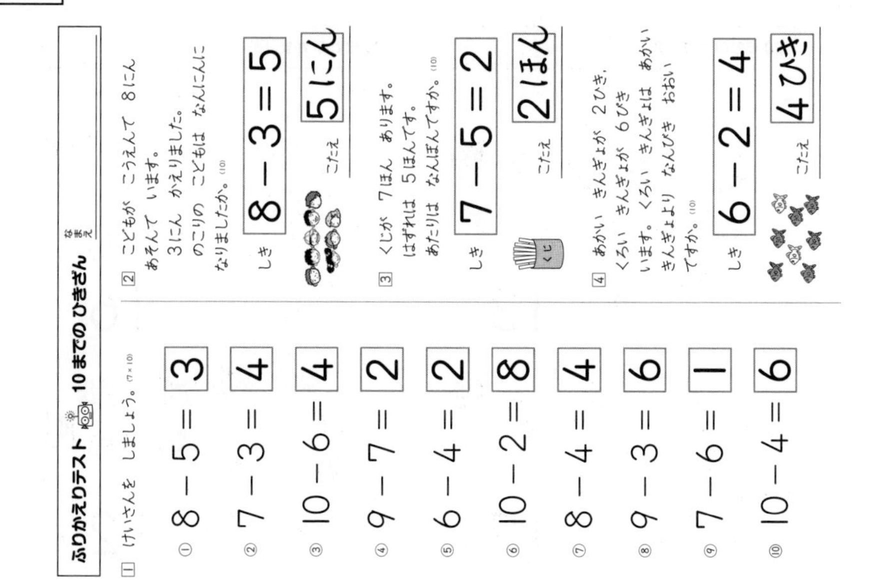

ふりかえりテスト 10までの ひきざん なまえ

1 けいさんを しましょう。(7×10)

① 8－5＝3
② 7－3＝4
③ 10－6＝4
④ 9－7＝2
⑤ 6－4＝2
⑥ 10－2＝8
⑦ 8－4＝4
⑧ 9－3＝6
⑨ 7－6＝1
⑩ 10－4＝6

2 こどもが こうえんで 8にん あそんで います。 3にん かえりました。 のこりの こどもは なんにんに なりましたか。(10)

しき 8－3＝5

こたえ 5にん

3 くじが 7ほん あります。 はずれは 5ほんです。 あたりは なんぼんですか。(10)

しき 7－5＝2

こたえ 2ほん

4 あかい きんぎょが 2ひき，くろい きんぎょが 6ぴき います。くろい きんぎょは あかい きんぎょより なんびき おおいですか。(10)

しき 6－2＝4

こたえ 4ひき

44

P.45

ながさくらべ (1) なまえ

● ながさを くらべましょう。 ながい ほうや たかい ほうの （ ）に ○を かきましょう。

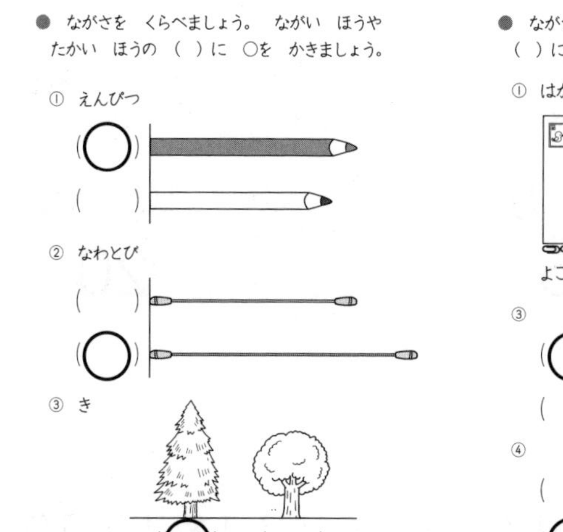

ながさくらべ (2) なまえ

● ながさを くらべましょう。 ながい ほうの （ ）に ○を つけましょう。

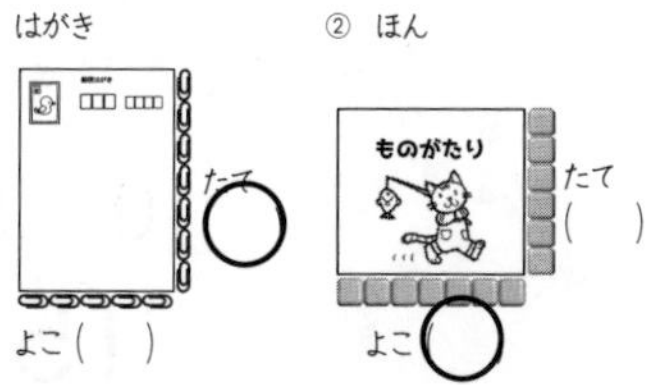

③

④

45

解答

児童に実施させる前に，必ず指導される方が問題を解いてください。本書の解答は，あくまでも１つの例です。指導される方の作られた解答をもとに，本書の解答例を参考に児童の多様な考えに寄り添って○つけをお願いします。

P.46

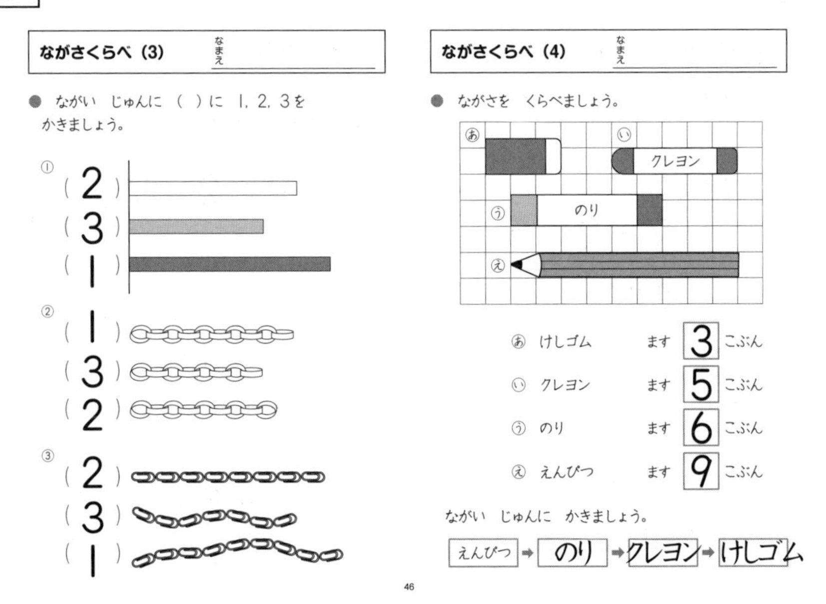

ながさくらべ (3)
ながい じゅんに ( ) に 1, 2, 3を かきましょう。
ながさくらべ (4)
ながさを くらべましょう。
クレヨン
のり
あ けしゴム ます 3 こぶん
い クレヨン ます 5 こぶん
う のり ます 6 こぶん
え えんぴつ ます 9 こぶん
ながい じゅんに かきましょう。
えんぴつ → のり → クレヨン → けしゴム

P.47

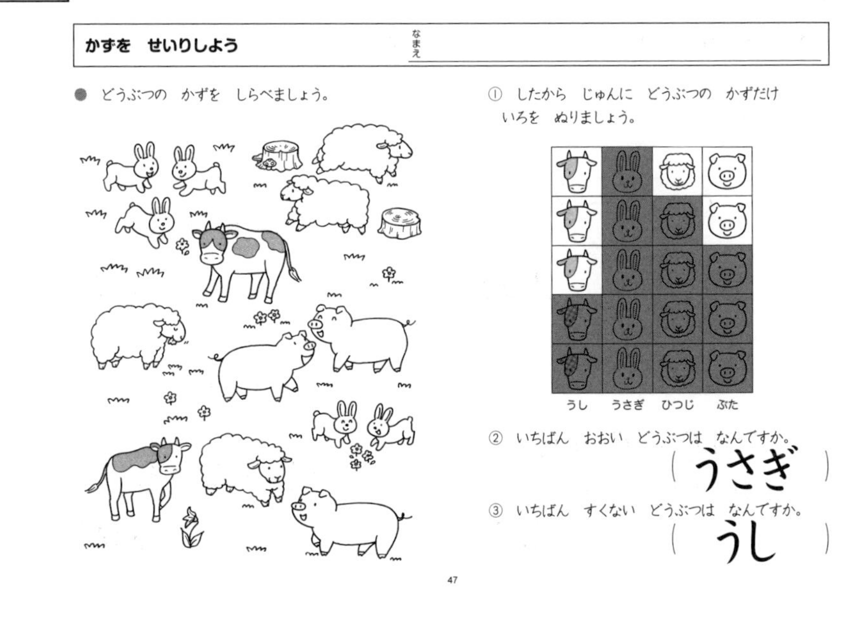

かずを せいりしよう
どうぶつの かずを しらべましょう。
① したから じゅんに どうぶつの かずだけ いろを ぬりましょう。
うし うさぎ ひつじ ぶた
② いちばん おおい どうぶつは なんですか。
(うさぎ)
③ いちばん すくない どうぶつは なんですか。
(うし)

P.48

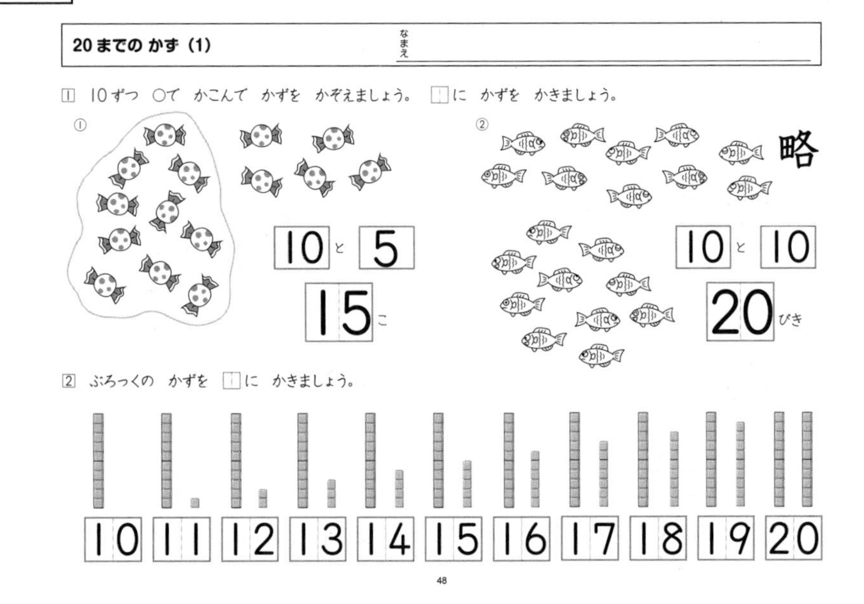

20までの かず (1)
1 10ずつ ○で かこんで かずを かぞえましょう。 □に かずを かきましょう。
10 と 5
15 こ
略
10 と 10
20 ぴき
2 ぶろっくの かずを □に かきましょう。
10 11 12 13 14 15 16 17 18 19 20

P.49

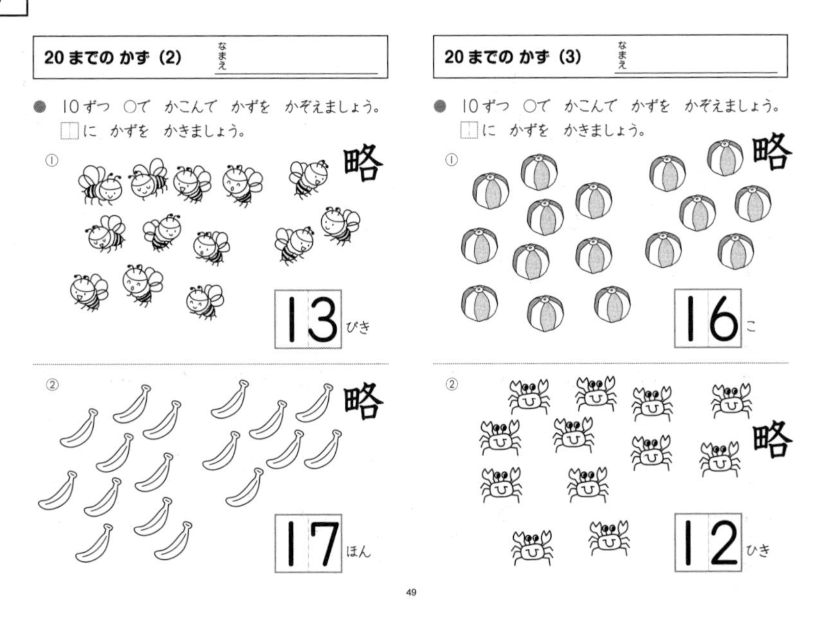

20までの かず (2)
10ずつ ○で かこんで かずを かぞえましょう。 □に かずを かきましょう。
略
13 びき
略
17 ほん
20までの かず (3)
10ずつ ○で かこんで かずを かぞえましょう。 □に かずを かきましょう。
略
16 こ
略
12 ひき

児童に実施させる前に，必ず指導される方が問題を解いてください。本書の解答は，あくまでも１つの例です。指導される方の作られた解答をもとに，本書の解答例を参考に児童の多様な考えに寄り添って○つけをお願いします。

解答

P.50

20までの かず (4)

なまえ

● □に かずを かきましょう。

① たまご

16 こ

② みかん

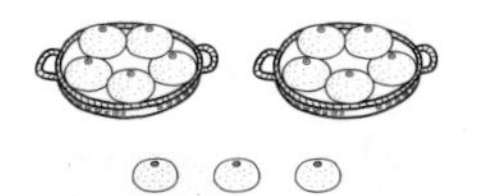

13 こ

③ きんぎょ

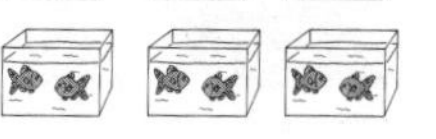

12 ひき

20までの かず (5)

なまえ

1 □に かずを かきましょう。

① 10と 6で 16

② 10と 9で 19

③ 10と 1で 11

④ 10と 10で 20

2 □に かずを かきましょう。

① 13は 10と 3

② 20は 10と 10

③ 18は 10 と 8

④ 15は 10 と 5

P.51

20までの かず (6)

なまえ

● かずの せんを つかって かんがえましょう。

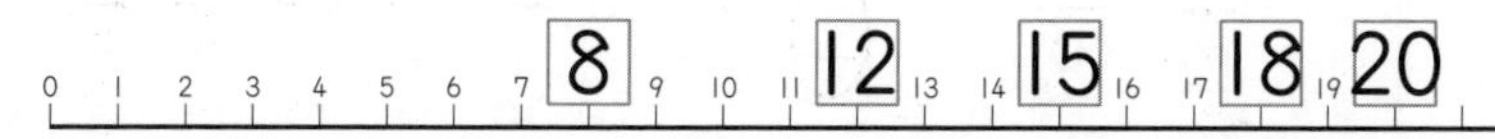

0 1 2 3 4 5 6 7 8 9 10 11 12 13 14 15 16 17 18 19 20

1 うえの かずの せんの □に あてはまる かずを かきましょう。

2 □に あてはまる かずを かきましょう。

① 12 13 14 15 16 17

② 15 16 17 18 19 20

③ 10より 5 おおきい かずは 15 です。

④ 17より 3 ちいさい かずは 14 です。

3 おおきい ほうに ○を つけましょう。

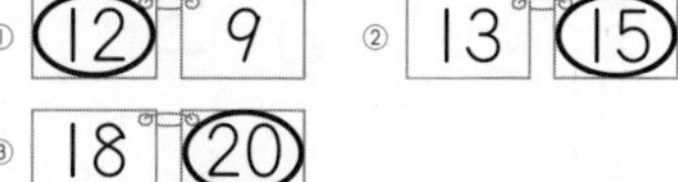

① (12) 9　② 13 (15)

③ 18 (20)

めいろは，かずの おおきい ほうを とおりましょう。とおった かずを したの □に かきましょう。

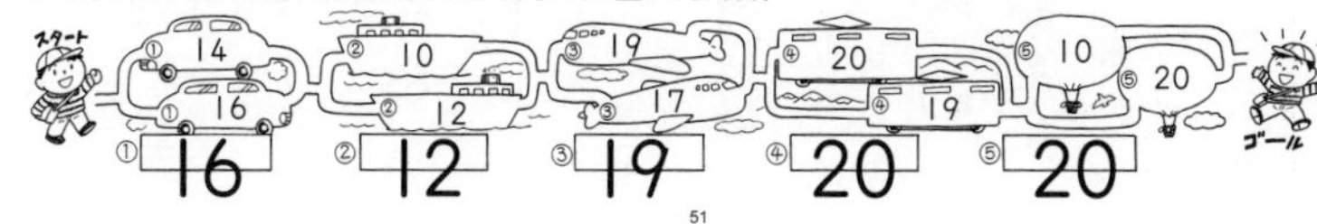

① 16　② 12　③ 19　④ 20　⑤ 20

P.52

20までの かず (7)

たしざん・ひきざん

なまえ

1 りんごは あわせて なんこに なりますか。

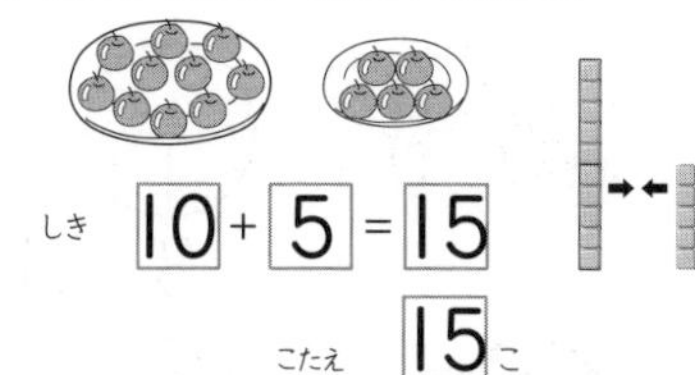

しき 10 + 5 = 15

こたえ 15 こ

2 みかんが 15こ あります。 5こ たべると のこりは なんこに なりますか。

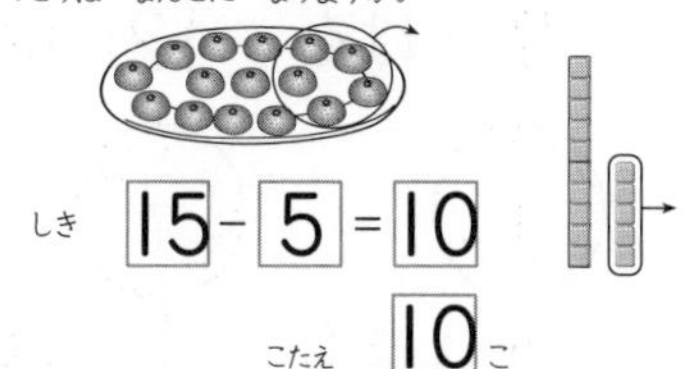

しき 15 - 5 = 10

こたえ 10 こ

20までの かず (8)

たしざん・ひきざん

なまえ

1 けいさんを しましょう。

① 10 + 7 = 17　② 10 + 3 = 13

③ 10 + 9 = 19　④ 10 + 10 = 20

⑤ 10 + 6 = 16　⑥ 10 + 1 = 11

2 けいさんを しましょう。

① 19 − 9 = 10　② 11 − 1 = 10

③ 16 − 6 = 10　④ 18 − 8 = 10

⑤ 14 − 4 = 10　⑥ 17 − 7 = 10

P.53

20までの かず (9)

たしざん・ひきざん

なまえ

1 クレヨンは あわせて なんぼんに なりますか。

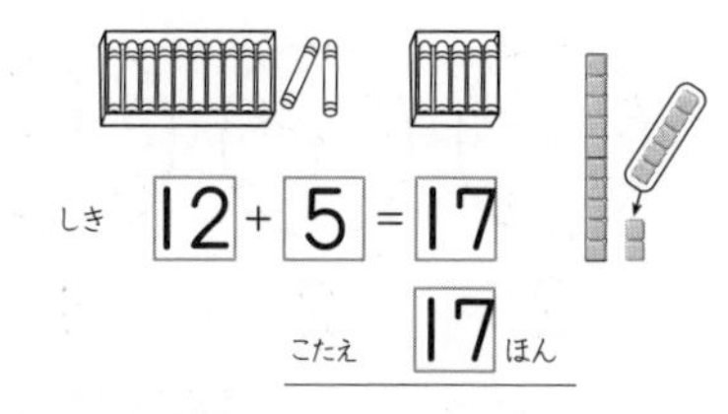

しき 12 + 5 = 17

こたえ 17 ほん

2 たまごが 15こ あります。 3こ つかうと のこりは なんこに なりますか。

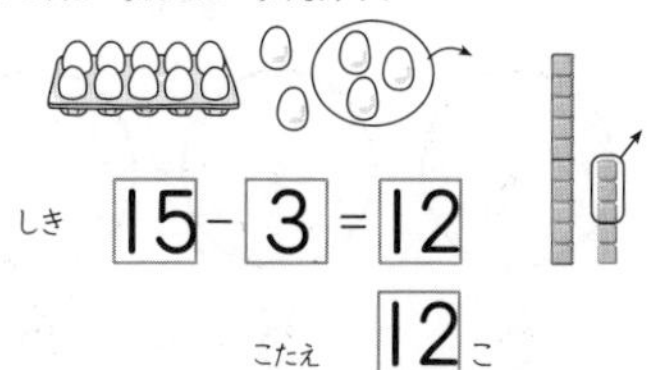

しき 15 - 3 = 12

こたえ 12 こ

20までの かず (10)

たしざん・ひきざん

なまえ

1 けいさんを しましょう。

① 16 + 2 = 18　② 11 + 6 = 17

③ 14 + 5 = 19　④ 15 + 3 = 18

⑤ 17 + 2 = 19　⑥ 11 + 3 = 14

⑦ 12 + 2 = 14　⑧ 13 + 3 = 16

2 けいさんを しましょう。

① 18 − 6 = 12　② 19 − 5 = 14

③ 16 − 3 = 13　④ 17 − 2 = 15

⑤ 14 − 3 = 11　⑥ 15 − 2 = 13

⑦ 18 − 5 = 13　⑧ 19 − 3 = 16

解答

児童に実施させる前に，必ず指導される方が問題を解いてください。本書の解答は，あくまでも１つの例です。指導される方の作られた解答をもとに，本書の解答例を参考に児童の多様な考えに寄り添って○つけをお願いします。

P.54

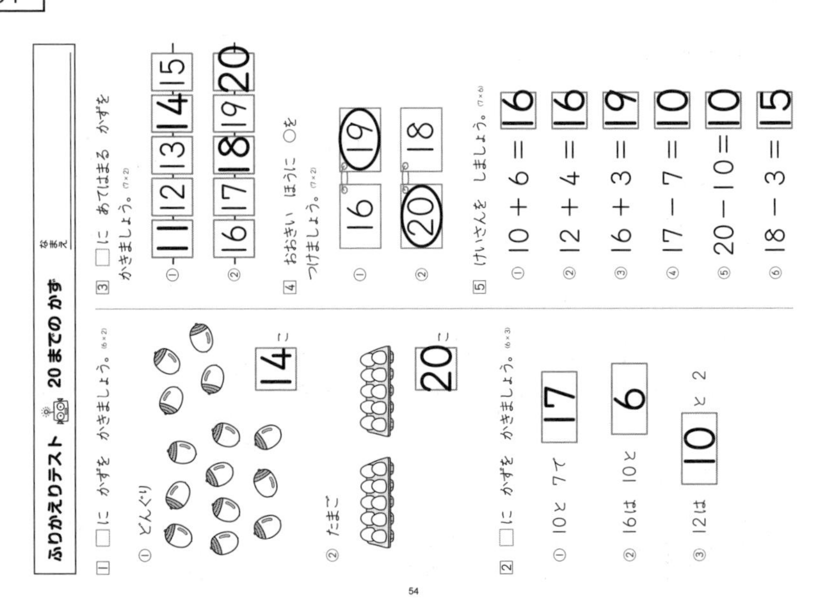

P.55

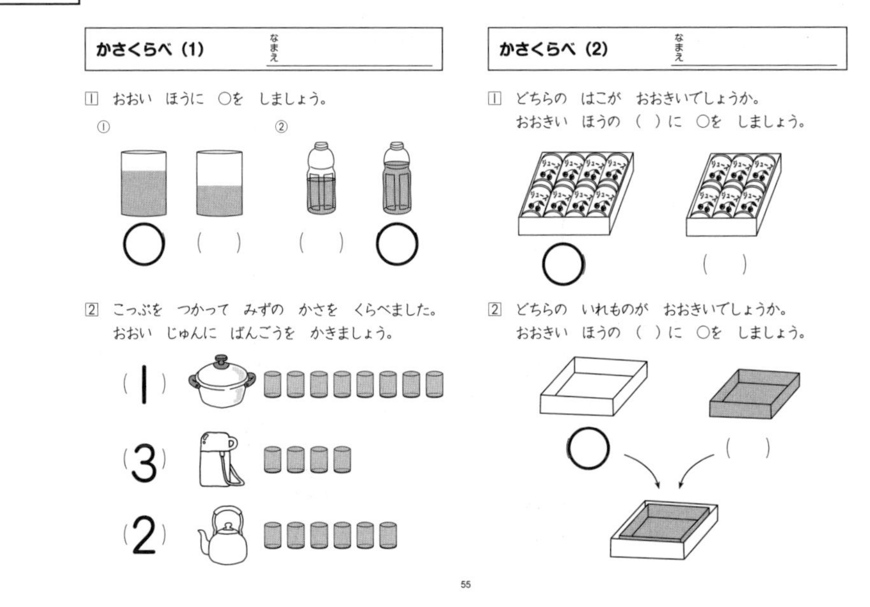

P.56

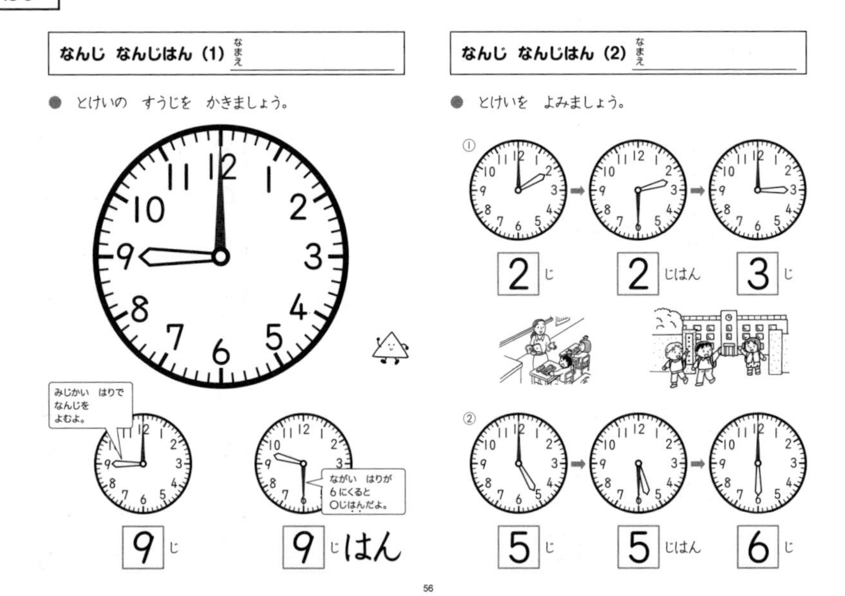

P.57

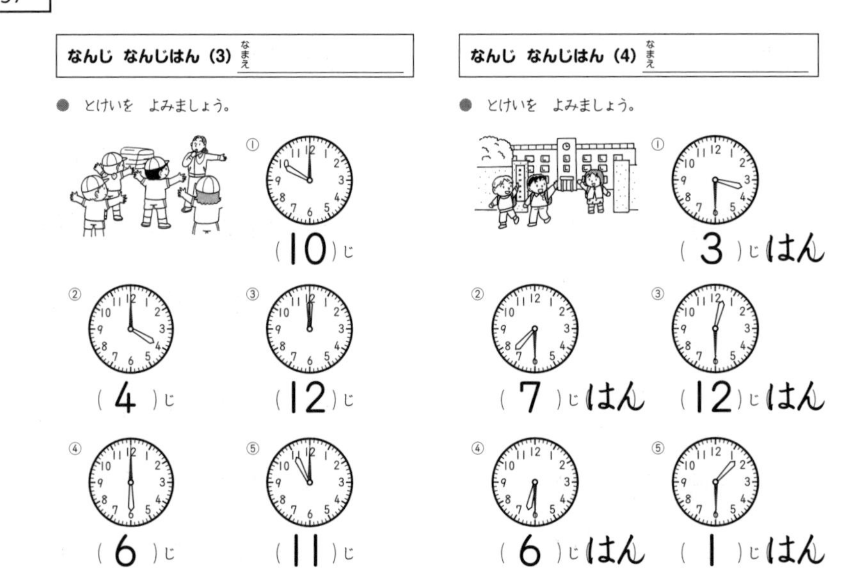

P.58

3つの かずの けいさん (1) なまえ

● うさぎは みんなで なんびき（なんわ）に なりますか。

4

4ひき のって います。

4 + 2

2ひき のります。

4 + 2 + 2

また 2ひき のります。

しき 4 + 2 + 2 = 8

こたえ 8 ひき

3つの かずの けいさん (2) なまえ

● けいさんを しましょう。

① 2 + 3 + 4 = 9 （5）

② 5 + 2 + 3 = 10 （7）

③ 4 + 1 + 2 = 7 （5）

④ 3 + 3 + 4 = 10 （6）

⑤ 1 + 7 + 2 = 10 （8）

まえから じゅんに けいさんして いくよ。

P.59

3つの かずの けいさん (3) なまえ

● さるは なんびき のって いますか。

5

5ひき のって います。

5 − 3

3びき おりました。

5 − 3 − 1

つぎに 1ぴき おりました。

しき 5 − 3 − 1 = 1

こたえ 1 ぴき

3つの かずの けいさん (4) なまえ

● けいさんを しましょう。

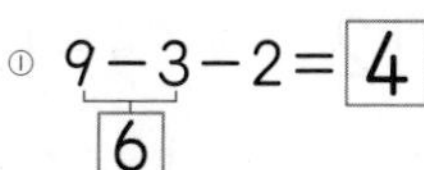

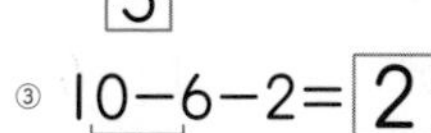

① 9 − 3 − 2 = 4 （6）

② 7 − 2 − 1 = 4 （5）

③ 10 − 6 − 2 = 2 （4）

④ 8 − 4 − 3 = 1 （4）

⑤ 12 − 2 − 5 = 5 （10）

まえから じゅんに けいさん しよう。

P.60

3つの かずの けいさん (5) なまえ

● いぬは みんなで なんびきに なりますか。

5

5ひき のって います。

5 − 2

2ひき おりました。

5 − 2 + 4

4ひき のりました。

しき 5 − 2 + 4 = 7

こたえ 7 ひき

3つの かずの けいさん (6) なまえ

● けいさんを しましょう。

① 6 + 3 − 5 = 4 （9）

② 2 + 8 − 7 = 3 （10）

③ 7 + 1 − 6 = 2 （8）

④ 7 − 3 + 4 = 8 （4）

⑤ 9 − 4 + 5 = 10 （5）

たしざん ひきざん どちらの けいさんか よくみてね。

P.61

たしざん (1) くりあがり なまえ

● あと いくつで 10に なるでしょうか。
□に すうじを かきましょう。

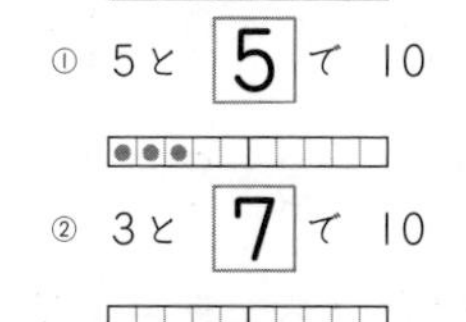

① 5と 5 で 10

② 3と 7 で 10

③ 6と 4 で 10

④ 1と 9 で 10

⑤ 8と 2 で 10

たしざん (2) くりあがり なまえ

● あと いくつで 10に なるでしょうか。
○に すうじを かきましょう。

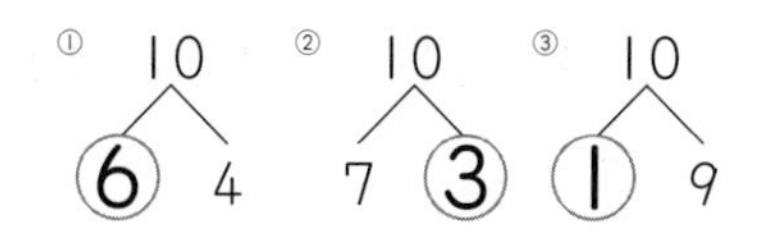

① 10 → 6 と 4　② 10 → 7 と 3　③ 10 → 1 と 9

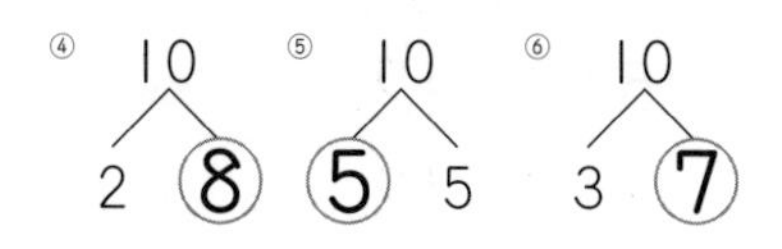

④ 10 → 2 と 8　⑤ 10 → 5 と 5　⑥ 10 → 3 と 7

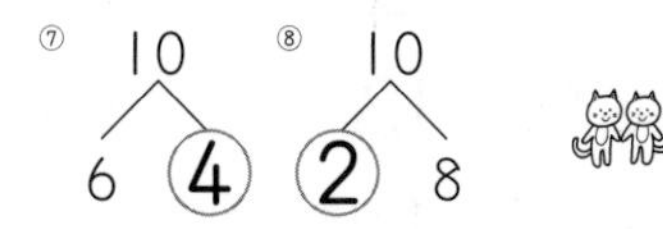

⑦ 10 → 6 と 4　⑧ 10 → 2 と 8

解答　児童に実施させる前に，必ず指導される方が問題を解いてください。本書の解答は，あくまでも１つの例です。指導される方の作られた解答をもとに，本書の解答例を参考に児童の多様な考えに寄り添って○つけをお願いします。

P.62

たしざん (3)　なまえ
くりあがり

① 9＋3＝12　（1　2）
② 9＋4＝13　（1　3）
③ 9＋7＝16　（1　6）
④ 9＋5＝14　（1　4）
⑤ 9＋6＝15　（1　5）
⑥ 9＋8＝17　（1　7）
⑦ 9＋2＝11　（1　1）
⑧ 9＋9＝18　（1　8）

62

たしざん (4)　なまえ
くりあがり

① 8＋4＝12　（2　2）
② 8＋7＝15　（2　5）
③ 8＋5＝13　（2　3）
④ 8＋8＝16　（2　6）
⑤ 8＋9＝17　（2　7）
⑥ 8＋3＝11　（2　1）
⑦ 8＋6＝14　（2　4）

P.63

たしざん (5)　なまえ
くりあがり

① 7＋5＝12　（3　2）
② 7＋4＝11　（3　1）
③ 7＋6＝13　（3　3）
④ 7＋8＝15　（3　5）

① 6＋6＝12　（4　2）
② 6＋9＝15　（4　5）
③ 6＋8＝14　（4　4）
④ 6＋7＝13　（4　3）

63

たしざん (6)　なまえ
くりあがり

① 9＋7＝16　（1　6）
② 7＋4＝11　（3　1）
③ 8＋4＝12　（2　2）
④ 9＋5＝14　（1　4）
⑤ 8＋7＝15　（2　5）
⑥ 7＋7＝14　（3　4）
⑦ 8＋6＝14　（2　4）
⑧ 9＋3＝12　（1　2）

P.64

たしざん (7)　なまえ
くりあがり

1　3＋8を　けいさんしましょう。

3＋8＝11　（7　1）
3＋8＝11　（1　2）

2　ずを　みて　けいさんしましょう。

① 5＋7＝12
② 4＋9＝13
③ 6＋8＝14
④ 3＋9＝12
⑤ 4＋7＝11

64

たしざん (8)　なまえ
くりあがり

① 2＋9＝11
② 7＋8＝15
③ 4＋8＝12
④ 6＋9＝15
⑤ 5＋6＝11
⑥ 3＋8＝11
⑦ 8＋9＝17
⑧ 5＋8＝13
⑨ 5＋9＝14
⑩ 5＋7＝12
⑪ 7＋9＝16
⑫ 6＋7＝13

P.65

たしざん (9)　なまえ
くりあがり

① 9＋2＝11
② 6＋5＝11
③ 7＋7＝14
④ 3＋9＝12
⑤ 5＋7＝12
⑥ 9＋6＝15
⑦ 8＋5＝13
⑧ 7＋4＝11
⑨ 9＋3＝12
⑩ 8＋8＝16

めいろは，こたえの　おおきい　ほうを　とおりましょう。とおった　こたえを　したの □に　かきましょう。

スタート　① 3＋9　① 6＋5　② 5＋8　② 9＋5　ゴール

① 12　② 14

65

たしざん (10)　なまえ
くりあがり

① 5＋6＝11
② 8＋6＝14
③ 9＋7＝16
④ 7＋6＝13
⑤ 8＋9＝17
⑥ 3＋8＝11
⑦ 6＋6＝12
⑧ 9＋3＝12
⑨ 5＋9＝14
⑩ 6＋9＝15

めいろは，こたえの　おおきい　ほうを　とおりましょう。とおった　こたえを　したの □に　かきましょう。

スタート　① 7＋5　① 9＋4　② 4＋8　② 6＋7　ゴール

① 13　② 13

P.66

たしざん（11） くりあがり なまえ

①8+7=15 ②5+8=13
③7+5=12 ④9+4=13
⑤6+7=13 ⑥4+7=11
⑦9+9=18 ⑧8+3=11
⑨8+5=13 ⑩7+9=16

めいろは，こたえの おおきい ほうを とおりましょう。とおった こたえを したの □に かきましょう。

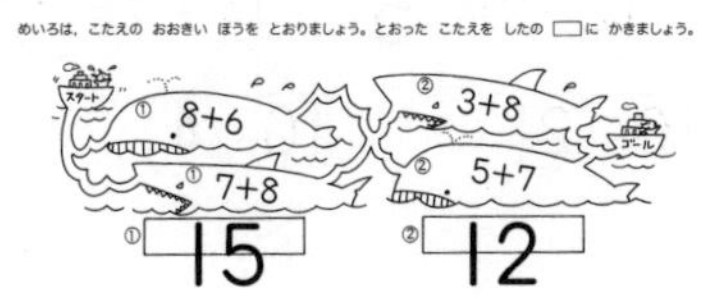

①15 ②12

たしざん（12） くりあがり なまえ

①8+4=12 ②7+4=11
③4+8=12 ④6+8=14
⑤9+5=14 ⑥2+9=11
⑦9+6=15 ⑧9+8=17
⑨7+8=15 ⑩4+9=13

めいろは，こたえの おおきい ほうを とおりましょう。とおった こたえを したの □に かきましょう。

①12 ②14

P.67

たしざん（13） くりあがり なまえ

● こたえが おなじに なる しきを せんで むすびましょう。（ ）に こたえを かきましょう。

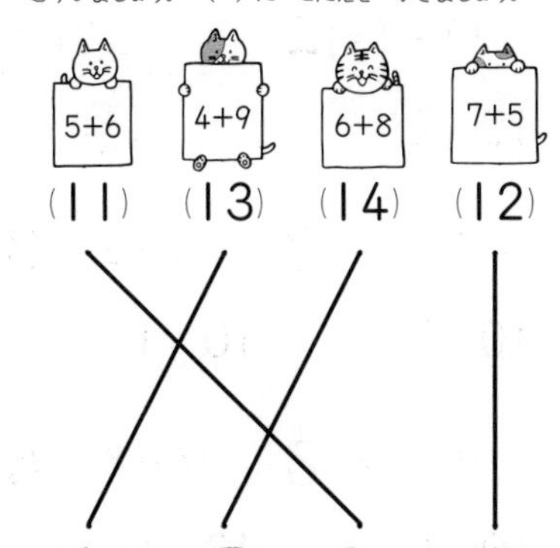

（11） （13） （14） （12）

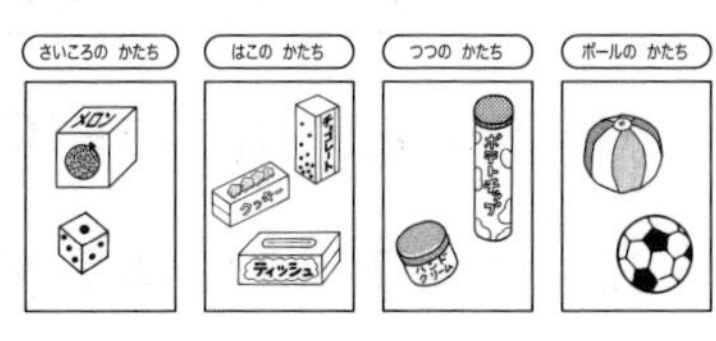

（13） （14） （11） （12）

たしざん（14） くりあがり ぶんしょうだい なまえ

① あひるが いけに 8わ います。
そこへ 4わ やって きました。
あひるは ぜんぶで なんわに なりましたか。

しき 8+4=12

こたえ 12わ

② あかい ふうせんが 5こ，あおい ふうせんが 9こ あります。
ふうせんは ぜんぶで なんこ ありますか。

しき 5+9=14

こたえ 14こ

③ みきさんは なしを 7こ とりました。
ゆうきさんは 6こ とりました。
ふたりで なしを なんこ とりましたか。

しき 7+6=13

こたえ 13こ

P.68

ふりかえりテスト たしざん くりあがり なまえ

① けいさんを しましょう。（6×12）

①6+7=13 ②3+8=11 ③7+9=16 ④8+8=16 ⑤9+6=15 ⑥4+7=11 ⑦8+5=13 ⑧9+4=13 ⑨2+9=11 ⑩7+5=12 ⑪5+8=13 ⑫9+9=18

② みかんが かごに 8こ，おさらに 6こ あります。
みかんは あわせて なんこに なりますか。（14）

しき 8+6=14

こたえ 14こ

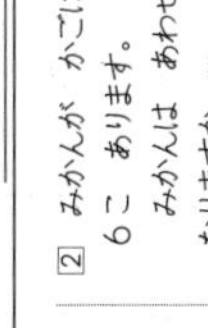
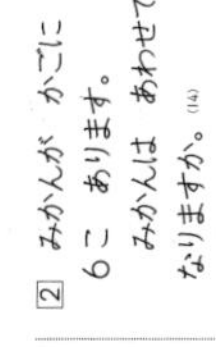
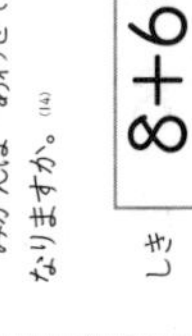
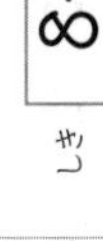
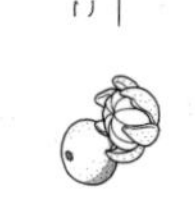

③ めだかが 9ひき います。
きょう，7ひき うまれました。
めだかは ぜんぶで なんびきに なりますか。（14）

しき 9+7=16

こたえ 16ぴき

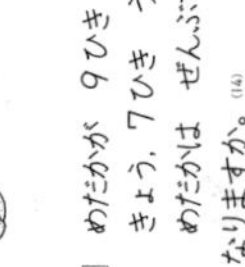
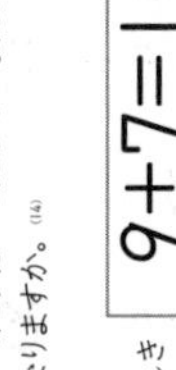

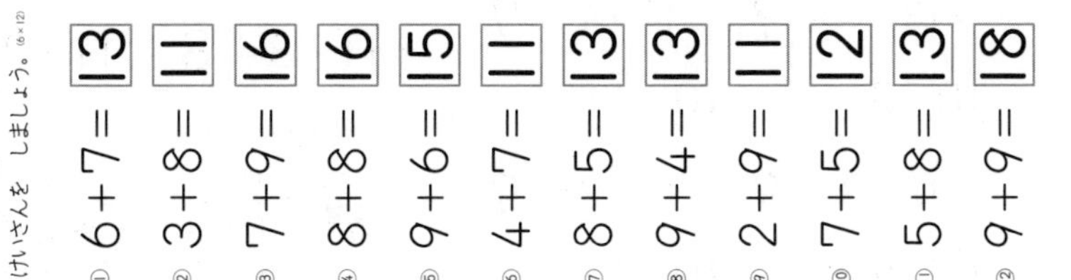

P.69

かたちあそび（1） なまえ

● いろいろな かたちの ものを 4つに わけました。

さいころの かたち　はこの かたち　つつの かたち　ボールの かたち

① たかく つんでいきます。うえに つみやすい かたちを 2つ えらんで ○を しましょう。

（ **さいころの かたち** ・ **はこの かたち** ・ つつの かたち ・ ボールの かたち ）

② ななめの いたの うえを ころがします。
よく ころがる かたちを 2つ えらんで ○を しましょう。

（ さいころの かたち ・ はこの かたち ・ **つつの かたち** ・ **ボールの かたち** ）

かたちあそび（2） なまえ

① おなじ なかまの かたちを せんで むすびましょう。

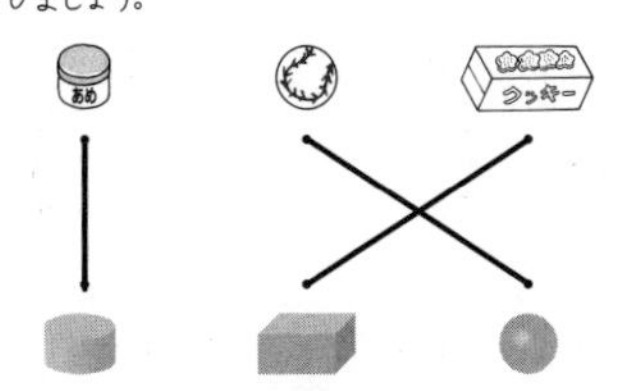

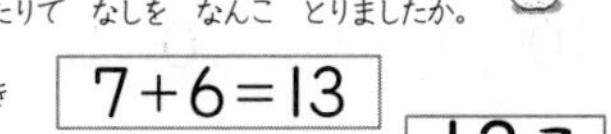

② かみに うつすと どのような かたちに なりますか。せんで むすびましょう。

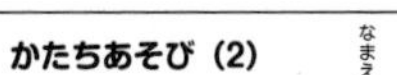

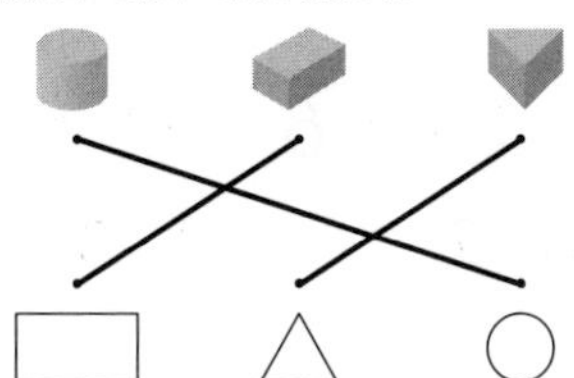

解答

児童に実施させる前に，必ず指導される方が問題を解いてください。本書の解答は，あくまでも１つの例です。指導される方の作られた解答をもとに，本書の解答例を参考に児童の多様な考えに寄り添って○つけをお願いします。

P.70

ひきざん (1) くりさがり　なまえ

① 13 − 9 = 4　(10 3)
① 13を 10と 3に わける。
② 10から 9を ひいて 1
③ 1と 3で 4

② 18 − 9 = 9　(10 8)
③ 12 − 9 = 3　(10 2)
④ 17 − 9 = 8　(10 7)
⑤ 15 − 9 = 6　(10 5)

ひきざん (2) くりさがり　なまえ

① 12 − 8 = 4　(10 2)
① 12を 10と 2に わける。
② 10から 8を ひいて 2
③ 2と 2で 4

② 15 − 8 = 7　(10 5)
③ 11 − 8 = 3　(10 1)
④ 16 − 8 = 8　(10 6)
⑤ 14 − 8 = 6　(10 4)

P.71

ひきざん (3) くりさがり　なまえ

① 16 − 9 = 7　② 14 − 9 = 5
③ 11 − 9 = 2　④ 15 − 9 = 6
⑤ 18 − 9 = 9　⑥ 17 − 8 = 9
⑦ 13 − 8 = 5　⑧ 14 − 8 = 6
⑨ 11 − 8 = 3　⑩ 16 − 8 = 8

めいろは，こたえの おおきい ほうを とおりましょう。とおった こたえを したの □に かきましょう。

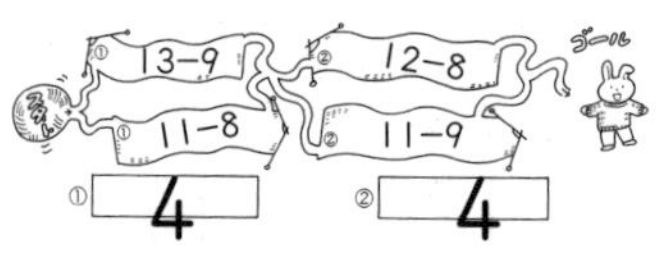

① 4　② 4

ひきざん (4) くりさがり　なまえ

① 15 − 7 = 8　(10 5)
① 15を 10と 5に わける。
② 10から 7を ひいて 3
③ 3と 5で 8

② 11 − 7 = 4　(10 1)
③ 16 − 7 = 9　(10 6)
④ 12 − 7 = 5　(10 2)
⑤ 14 − 7 = 7　(10 4)

P.72

ひきざん (5) くりさがり　なまえ

① 14 − 6 = 8　(10 4)
① 14を 10と 4に わける。
② 10から 6を ひいて 4
③ 4と 4で 8

② 15 − 6 = 9　(10 5)
③ 11 − 6 = 5　(10 1)
④ 12 − 6 = 6　(10 2)
⑤ 13 − 6 = 7　(10 3)

ひきざん (6) くりさがり　なまえ

① 15 − 7 = 8　② 12 − 7 = 5
③ 11 − 7 = 4　④ 16 − 7 = 9
⑤ 14 − 7 = 7　⑥ 14 − 6 = 8
⑦ 11 − 6 = 5　⑧ 15 − 6 = 9
⑨ 12 − 6 = 6　⑩ 13 − 6 = 7

めいろは，こたえの おおきい ほうを とおりましょう。とおった こたえを したの □に かきましょう。

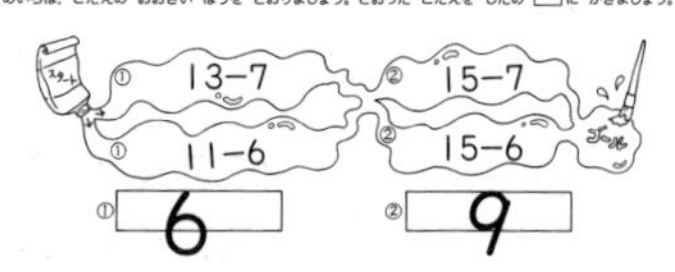

① 6　② 9

P.73

ひきざん (7) くりさがり　なまえ

① 14 − 5 = 9　(10 4)
② 13 − 5 = 8　(10 3)
③ 11 − 5 = 6　(10 1)
④ 12 − 4 = 8　(10 2)
⑤ 13 − 4 = 9　(10 3)
⑥ 11 − 4 = 7　(10 1)
⑦ 12 − 3 = 9　(10 2)
⑧ 11 − 2 = 9　(10 1)

ひきざん (8) くりさがり　なまえ

① 12 − 5 = 7　② 14 − 5 = 9
③ 13 − 5 = 8　④ 11 − 5 = 6
⑤ 11 − 4 = 7　⑥ 13 − 4 = 9
⑦ 12 − 4 = 8　⑧ 12 − 3 = 9
⑨ 11 − 3 = 8　⑩ 11 − 2 = 9

めいろは，こたえの おおきい ほうを とおりましょう。とおった こたえを したの □に かきましょう。

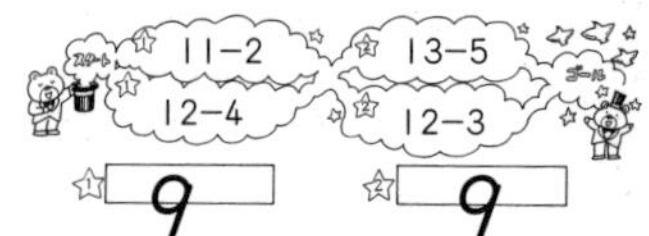

9　9

P.74

ひきざん (9) くりさがり なまえ

① 17－8＝9　② 13－4＝9
③ 12－3＝9　④ 15－8＝7
⑤ 14－7＝7　⑥ 11－4＝7
⑦ 12－7＝5　⑧ 16－8＝8
⑨ 13－8＝5　⑩ 11－6＝5

めいろは，こたえの おおきい ほうを とおりましょう。とおった こたえを したの □に かきましょう。

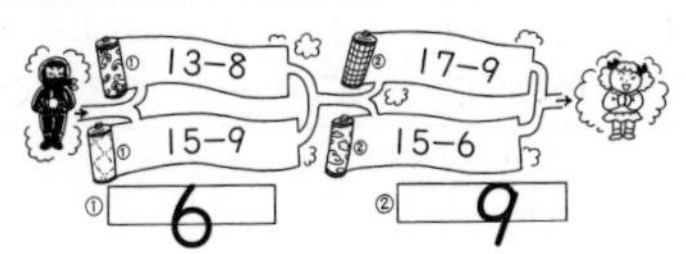

① 6　② 9

ひきざん (10) くりさがり なまえ

① 17－9＝8　② 16－8＝8
③ 11－9＝2　④ 13－9＝4
⑤ 17－8＝9　⑥ 14－8＝6
⑦ 12－6＝6　⑧ 11－5＝6
⑨ 13－5＝8　⑩ 15－9＝6

めいろは，こたえの おおきい ほうを とおりましょう。とおった こたえを したの □に かきましょう。

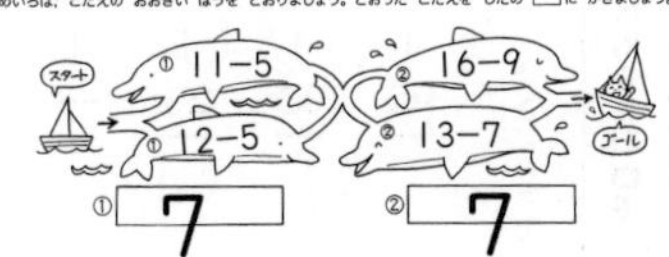

① 7　② 7

P.75

ひきざん (11) くりさがり なまえ

① 13－7＝6　② 16－7＝9
③ 15－6＝9　④ 11－7＝4
⑤ 18－9＝9　⑥ 12－4＝8
⑦ 11－3＝8　⑧ 14－6＝8
⑨ 13－5＝8　⑩ 12－9＝3

めいろは，こたえの おおきい ほうを とおりましょう。とおった こたえを したの □に かきましょう。

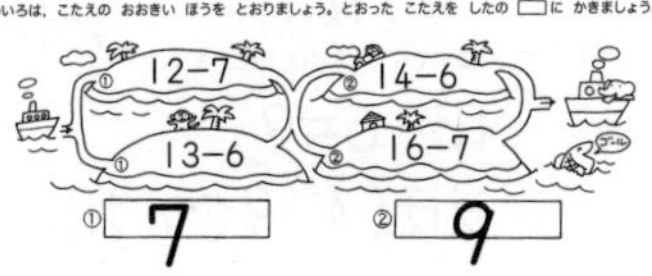

① 7　② 9

ひきざん (12) くりさがり なまえ

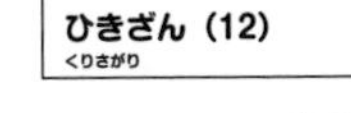

① 14－5＝9　② 12－8＝4
③ 11－2＝9　④ 16－9＝7
⑤ 14－9＝5　⑥ 13－6＝7
⑦ 17－9＝8　⑧ 11－8＝3
⑨ 12－5＝7　⑩ 15－7＝8

めいろは，こたえの おおきい ほうを とおりましょう。とおった こたえを したの □に かきましょう。

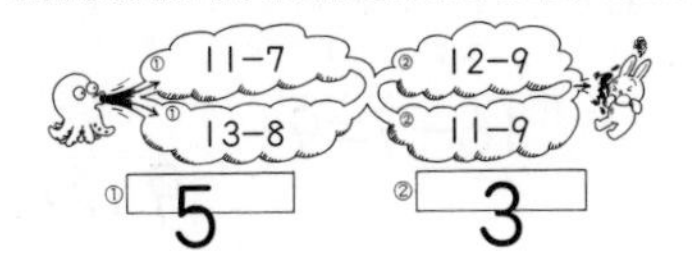

① 5　② 3

P.76

ひきざん (13) くりさがり なまえ

① 15－7＝8　② 16－8＝8
③ 14－9＝5　④ 11－2＝9
⑤ 16－9＝7　⑥ 13－7＝6
⑦ 12－5＝7　⑧ 17－9＝8
⑨ 12－6＝6　⑩ 13－7＝6
⑪ 14－8＝6　⑫ 15－8＝7

ひきざん (14) くりさがり なまえ

P.77

ひきざん (15) くりさがり なまえ

● こたえが ちいさい じゅんに もじを ならべましょう。

①

15−8 に	11−6 ぞ	12−6 う	13−9 お
(7)	(5)	(6)	(4)

こたえを かくよ。

ちいさい　お ぞ う に　おおきい

②

15−9 し	13−8 と	12−3 ま	11−9 お	14−7 だ
(6)	(5)	(9)	(2)	(7)

ちいさい　お と し だ ま　おおきい

ひきざん (16) くりさがり ぶんしょうだい なまえ

1 クッキーが 14まい あります。8まい たべると，のこりは なんまいに なりますか。

しき 14－8＝6

こたえ 6まい

2 ふうせんが 11こ あります。4こ われて しまいました。ふうせんは なんこ のこって いますか。

しき 11－4＝7

こたえ 7こ

3 バスに 12にん のって います。バスていで 9にん おりました。バスの なかは なんにんに なりましたか。

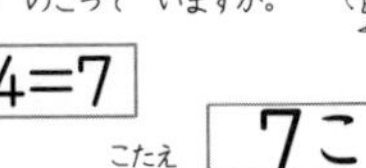

しき 12－9＝3

こたえ 3にん

解答

児童に実施させる前に，必ず指導される方が問題を解いてください。本書の解答は，あくまでも１つの例です。指導される方の作られた解答をもとに，本書の解答例を参考に児童の多様な考えに寄り添って○つけをお願いします。

P.78

ひきざん (17) くりさがり ぶんしょうだい　なまえ

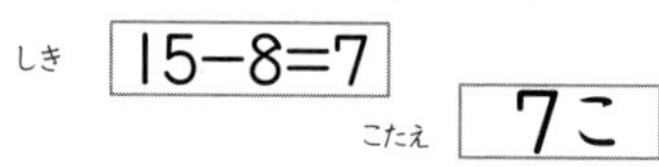

1 はこに プリンと ゼリーが あわせて 15こ はいっています。そのうち プリンは 8こです。ゼリーは なんこですか。

しき 15−8=7　こたえ 7こ

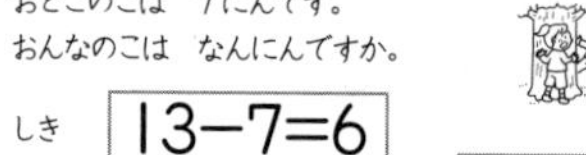

2 こうえんで こどもが 13にん あそんでいます。おとこのこは 7にんです。おんなのこは なんにんですか。

しき 13−7=6　こたえ 6にん

3 あかと きいろの はなが あわせて 16ぽん さきました。そのうち あかの はなは 7ほんです。きいろの はなは なんぼんですか。

しき 16−7=9　こたえ 9ほん

ひきざん (18) くりさがり ぶんしょうだい　なまえ

1 ぼくじょうに ひつじが 13とう，やぎが 8とう います。ひつじが なんとう おおいですか。

しき 13−8=5　こたえ 5とう

2 くりひろいに いきました。ゆうとさんは くりを 12こ，あかりさんは 6こ ひろいました。どちらが なんこ おおいですか。

しき 12−6=6　こたえ ゆうとさんが 6こ おおい。

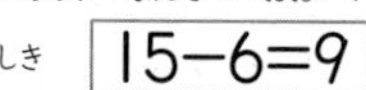

3 ほんだなに えほんが 15さつ，ずかんが 6さつ あります。どちらが なんさつ おおいですか。

しき 15−6=9　こたえ えほんが 9さつ おおい。

P.79

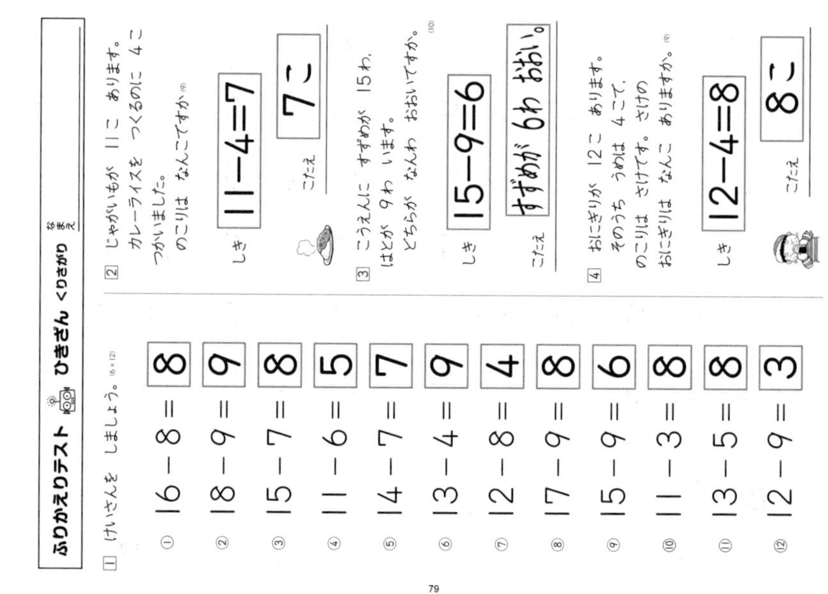

ふりかえりテスト ひきざん くりさがり　なまえ

1 けいさんを しましょう。

① 16−8=8
② 18−9=9
③ 15−7=8
④ 11−6=5
⑤ 14−7=7
⑥ 13−4=9
⑦ 12−8=4
⑧ 17−9=8
⑨ 15−9=6
⑩ 11−3=8
⑪ 13−5=8
⑫ 12−9=3

2 じゃがいもが 11こ あります。カレーライスを つくるのに 4こ つかいました。のこりは なんこですか。

しき 11−4=7　こたえ 7こ

3 こうえんに すずめが 15わ，はとが 9わ います。どちらが なんわ おおいですか。

しき 15−9=6　こたえ すずめが 6わ おおい。

4 おにぎりが 12こ あります。そのうち うめは 4こで，のこりは さけです。さけの おにぎりは なんこ ありますか。

しき 12−4=8　こたえ 8こ

P.80

たしざんかな ひきざんかな (1)　なまえ

1 どんぐりを 16こ ひろいました。こうさくに 7こ つかいました。のこりの どんぐりは なんこですか。

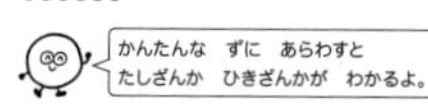

かんたんな ずに あらわすと
たしざんか ひきざんかが わかるよ。

○○○○○○○○○○○○○○○○

しき 16−7=9　こたえ 9こ

2 りすが きの うえに 8ひき，きの したに 7ひき います。ぜんぶで りすは なんびきですか。

○○○○○○○○→←○○○○○○○

しき 8+7=15　こたえ 15ひき

たしざんかな ひきざんかな (2)　なまえ

1 れいぞうこに たまごが 7こ あります。おかあさんが たまごを 6こ かってきました。たまごは ぜんぶで なんこに なりましたか。

しき 7+6=13　こたえ 13こ

2 たこやきが 12こ あります。おやつに 5こ たべました。たこやきは あと なんこ のこっていますか。

しき 12−5=7　こたえ 7こ

3 ふくろに チョコレートが 14こ はいっています。そのうち まるい チョコレートは 8こで，のこりは さんかくの チョコレートです。さんかくの チョコレートは なんこですか。

しき 14−8=6　こたえ 6こ

P.81

たしざんかな ひきざんかな (3)　なまえ

1 つみきが 5こ つんで あります。その うえに 9こ つみました。つみきは ぜんぶで なんこに なりましたか。

しき 5+9=14　こたえ 14こ

2 かぶとむしが 11ぴき，くわがたが 5ひき います。かぶとむしが なんびき おおいですか。

しき 11−5=6　こたえ 6ぴき

3 きのう ほんを 9ページ，きょう 6ページ よみました。あわせて なんページ よみましたか。

しき 9+6=15　こたえ 15ページ

たしざんかな ひきざんかな (4)　なまえ

1 あかと きいろの かさが あわせて 13ぼん あります。そのうち きいろの かさは 9ほんです。あかの かさは なんぼんですか。

しき 13−9=4　こたえ 4ほん

2 すいぞくかんに アシカが 12ひき，イルカが 7ひき います。どちらが なんびき おおいですか。

しき 12−7=5　こたえ アシカが 5ひき おおい。

3 たけるさんは カードを 6まい もっています。おにいさんに 5まい もらいました。カードは なんまいに なりましたか。

しき 6+5=11　こたえ 11まい

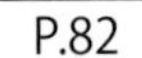

P.82

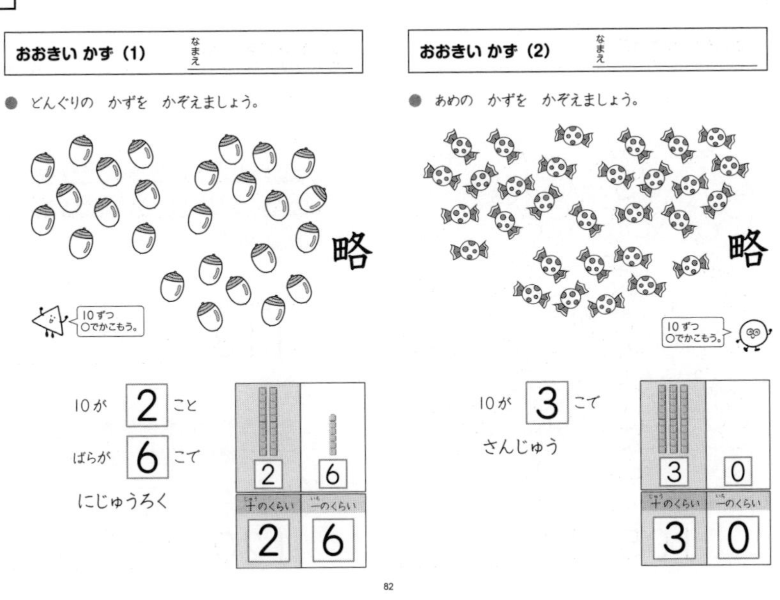

おおきい かず (1) なまえ

● どんぐりの かずを かぞえましょう。

略

10が 2 こと

ばらが 6 こで

にじゅうろく

十のくらい	一のくらい
2	6

おおきい かず (2) なまえ

● あめの かずを かぞえましょう。

略

10が 3 こで

さんじゅう

十のくらい	一のくらい
3	0

10ずつ ○でかこもう。

P.83

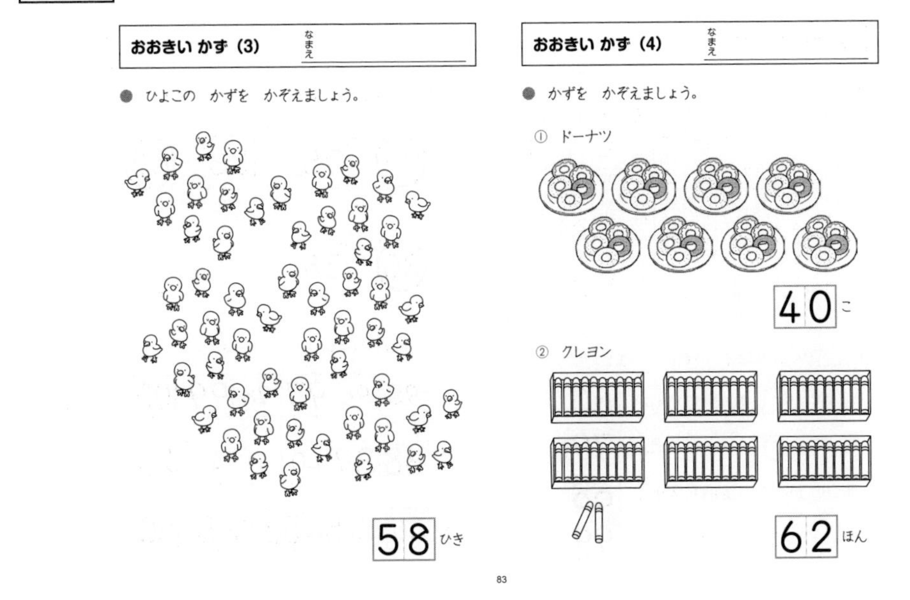

おおきい かず (3) なまえ

● ひよこの かずを かぞえましょう。

58 ひき

おおきい かず (4) なまえ

● かずを かぞえましょう。

① ドーナツ

40 こ

② クレヨン

62 ほん

P.84

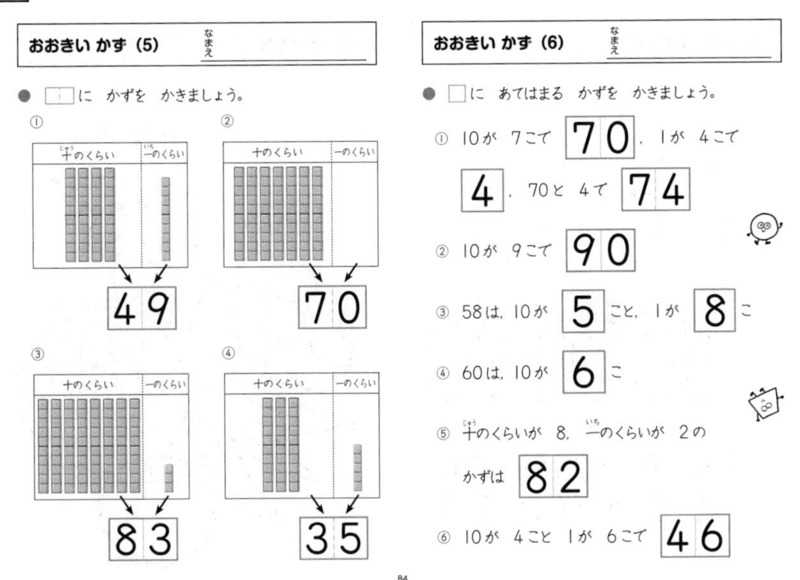

おおきい かず (5) なまえ

● □に かずを かきましょう。

① 49　② 70　③ 83　④ 35

おおきい かず (6) なまえ

● □に あてはまる かずを かきましょう。

① 10が 7こで 70，1が 4こで 4，70と 4で 74

② 10が 9こで 90

③ 58は，10が 5こと，1が 8こ

④ 60は，10が 6こ

⑤ 十のくらいが 8，一のくらいが 2の かずは 82

⑥ 10が 4こと 1が 6こで 46

P.85

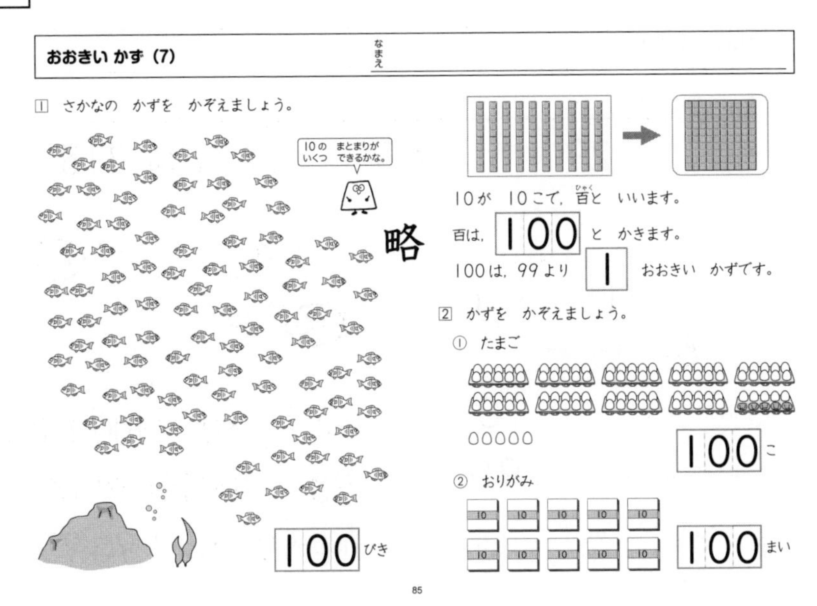

おおきい かず (7) なまえ

1 さかなの かずを かぞえましょう。

略

100 ひき

10の まとまりが いくつ できるかな。

10が 10こで，百と いいます。

百は，100 と かきます。

100は，99より 1 おおきい かずです。

2 かずを かぞえましょう。

① たまご

100 こ

② おりがみ

100 まい

児童に実施させる前に，必ず指導される方が問題を解いてください。本書の解答は，あくまでも１つの例です。指導される方の作られた解答をもとに，本書の解答例を参考に児童の多様な考えに寄り添って○つけをお願いします。

P.86

おおきい かず (8)

なまえ

● つぎの かずの ひょうを みて こたえましょう。

0	1	2	3	4	5	6	7	8	9
10	11	12	13	14	15	16	17	18	19
20	21	22	23	24	25	26	27	28	29
30	31	32	33	34	35	36	37	38	39
40	41	42	43	44	45	46	47	48	49
50	51	52	53	54	55	56	57	58	59
60	61	62	63	64	65	66	67	68	69
70	71	72	73	74	75	76	77	78	79
80	81	82	83	84	85	86	87	88	89
90	91	92	93	94	95	96	97	98	99
100									

1 □に あてはまる かずを かきましょう。

① 59より 1 おおきい かずは 60

② 80より 1 ちいさい かずは 79

③ 65より 3 おおきい かずは 68

④ 100より 1 ちいさい かずは 99

2 かずの おおきい ほうに ○を つけましょう。

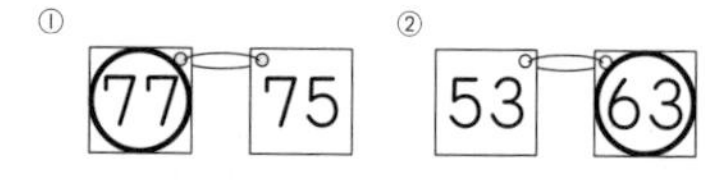

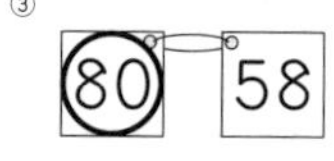

3 □に あてはまる かずを かきましょう。

① 95 96 97 98 99 100

② 38 39 40 41 42 43

③ 56 55 54 53 52 51 50

86

P.87

おおきい かず (9)

100より おおきい かず

なまえ

● クッキーの かずを かぞえましょう。

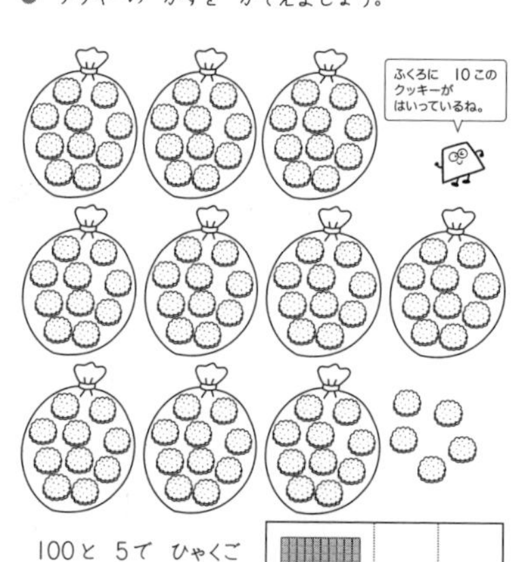

ふくろに 10この クッキーが はいっているね。

100と 5で ひゃくご

105 こ

おおきい かず (10)

100より おおきい かず

なまえ

● かずを かぞえましょう。

① たまご

100と 10と 3で

ひゃくじゅうさん

113 こ

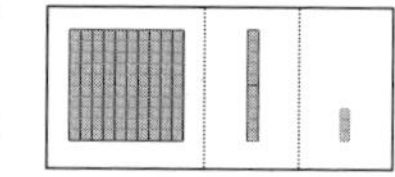

② えんぴつ

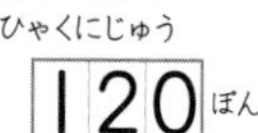

100と 20で

ひゃくにじゅう

120 ぽん

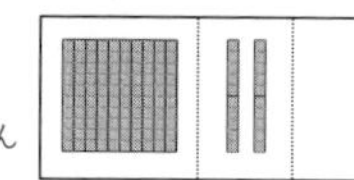

87

P.88

おおきい かず (11)

100より おおきい かず

なまえ

0 10 20 30 40 50 60 70 80 90 100 110 120

あ 29　い 63　う 87　え 104　お 118

1 あ〜おの めもりの かずを かきましょう。

2 □に あてはまる かずを かきましょう。

① 116は，100を 1こと 10を 1こと 1を 6こ あわせた かず

② 100より 7 おおきい かずは 107

③ 100より 10 ちいさい かずは 90

3 かずの おおきい ほうに ○を つけましょう。

③ (100) 99

4 □に あてはまる かずを かきましょう。

① 60 70 80 90 100 110

② 98 99 100 101 102 103

③ 100 99 98 97 96 95

88

P.89

おおきい かず (12)

なまえ

● かずの ちいさい じゅんに もじを ならべて ことばを つくりましょう。

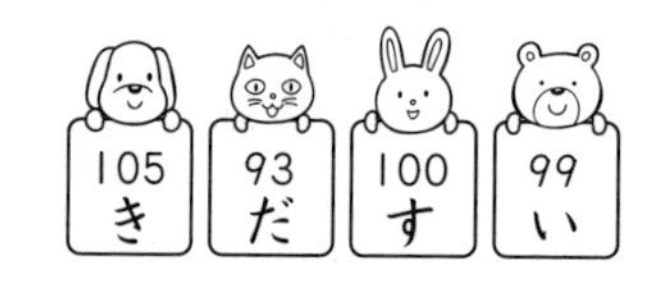

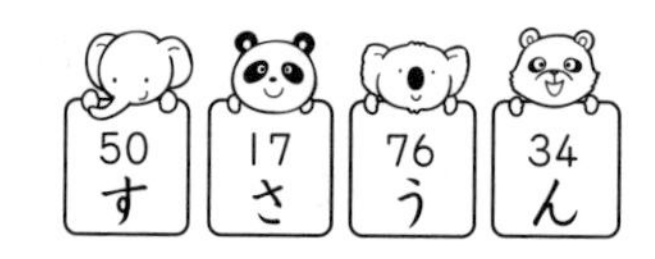

ちいさい　おおきい

17	34	50	76	93	99	100	105
さ	ん	す	う	だ	い	す	き

おおきい かず (13)

なまえ

● 1から 100まで せんで むすびましょう。

（※ 拡大してご使用ください）

89

児童に実施させる前に，必ず指導される方が問題を解いてください。本書の解答は，あくまでも１つの例です。指導される方の作られた解答をもとに，本書の解答例を参考に児童の多様な考えに寄り添って○つけをお願いします。

解答

P.90

おおきい かず（14） たしざん　なまえ

1 おりがみが　20まい　あります。
30まい　もらいました。
ぜんぶで　なんまいに　なりますか。

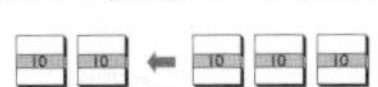

しき 20＋30＝50

こたえ 50まい

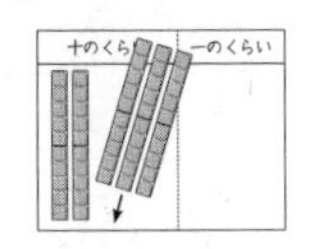

2 おりがみが　32まい　あります。
3まい　もらいました。
ぜんぶで　なんまいに　なりますか。

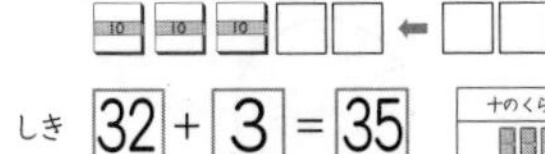

しき 32＋3＝35

こたえ 35まい

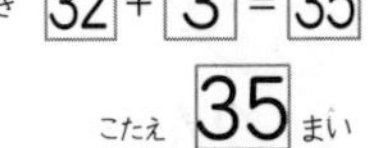

おおきい かず（15） たしざん　なまえ

1 けいさんを　しましょう。

① 30＋50＝80　② 40＋10＝50
③ 70＋20＝90　④ 60＋40＝100
⑤ 80＋7＝87　⑥ 50＋6＝56
⑦ 23＋5＝28　⑧ 57＋2＝59
⑨ 71＋8＝79　⑩ 14＋4＝18

2 こたえの　一のくらいが　9に　なる　しきに　○を　しましょう。

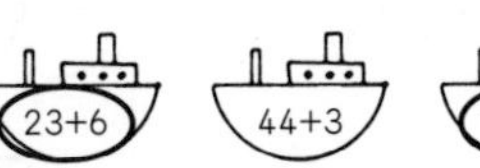

P.91

おおきい かず（16） ひきざん　なまえ

1 おりがみが　50まい　あります。
20まい　つかいました。
のこりは　なんまいに　なりますか。

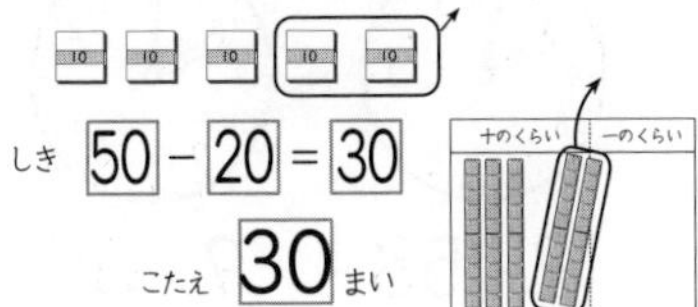

しき 50－20＝30

こたえ 30まい

2 おりがみが　37まい　あります。
5まい　つかいました。
のこりは　なんまいに　なりますか。

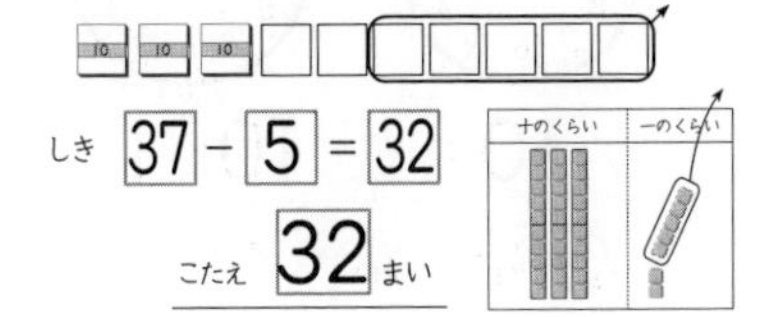

しき 37－5＝32

こたえ 32まい

おおきい かず（17） ひきざん　なまえ

1 けいさんを　しましょう。

① 60－30＝30　② 70－50＝20
③ 90－80＝10　④ 100－60＝40
⑤ 100－20＝80　⑥ 75－5＝70
⑦ 66－6＝60　⑧ 59－3＝56
⑨ 84－2＝82　⑩ 98－5＝93

2 こたえの　一のくらいが　2に　なる　しきに　○を　しましょう。

P.92

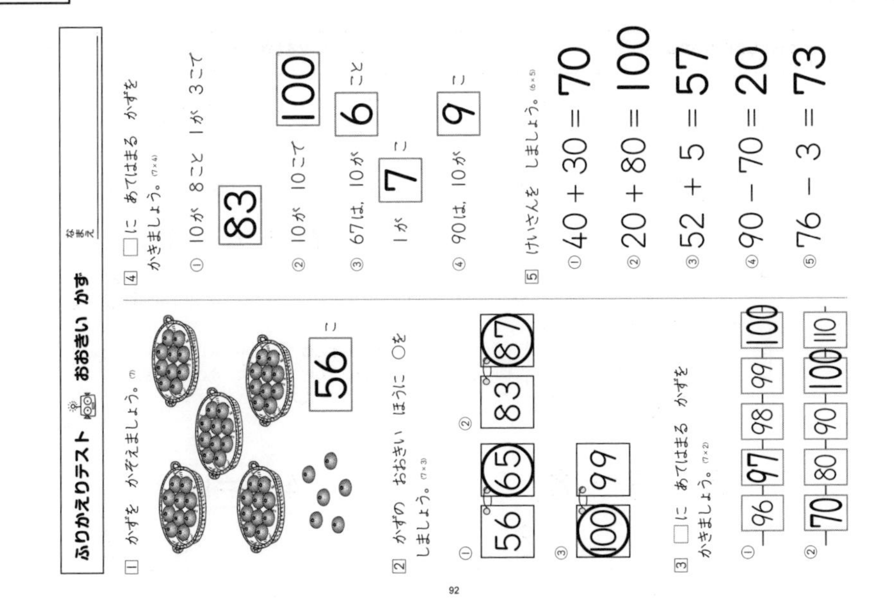

ふりかえりテスト　おおきい かず　なまえ

1 かずを　かぞえましょう。　56こ

2 かずの　おおきい　ほうに　○を　しましょう。
① 56　65（○）
② 83　87（○）
③ 100（○）　99

3 □に　あてはまる　かずを　かきましょう。
① 96 − 97 − 98 − 99 − 100
② 70 − 80 − 90 − 100 − 110

4 □に　あてはまる　かずを　かきましょう。
① 10が　8こと　1が　3こで　83
② 10が　10こで　100
③ 67は，10が　6こと　1が　7こ
④ 90は，10が　9こ

5 けいさんを　しましょう。
① 40＋30＝70
② 20＋80＝100
③ 52＋5＝57
④ 90－70＝20
⑤ 76－3＝73

P.93

ひろさくらべ（1）　なまえ

1 どちらが　ひろいでしょうか。
ひろい　ほうの　（　）に　○を　しましょう。

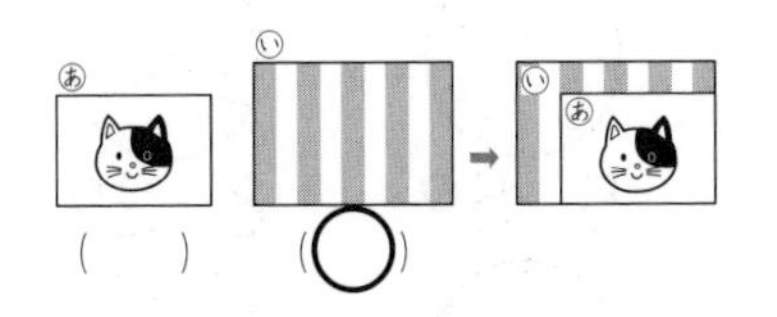

（　）　（○）

2 ひろい　じゅんに　（　）に　ばんごうを　かきましょう。

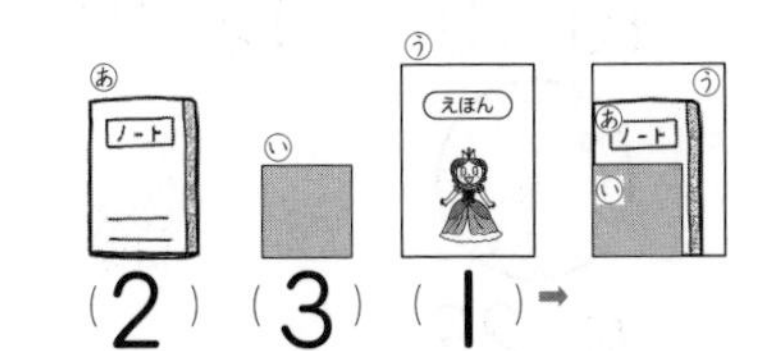

（2）（3）（1）

ひろさくらべ（2）　なまえ

1 どちらが　ひろいでしょうか。えの　かずを　くらべましょう。ひろい　ほうの　（　）に　○を　しましょう。

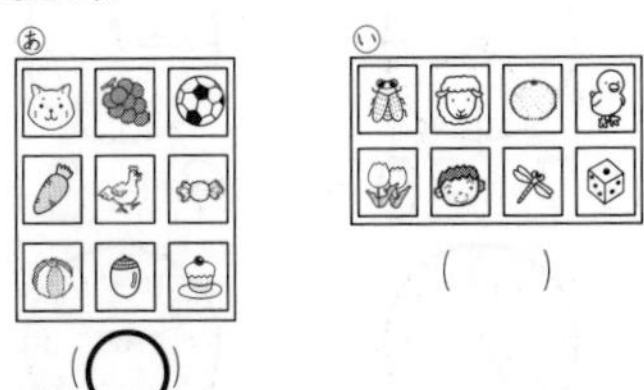

（○）　（　）

2 ひろい　じゅんに　（　）に　ばんごうを　かきましょう。

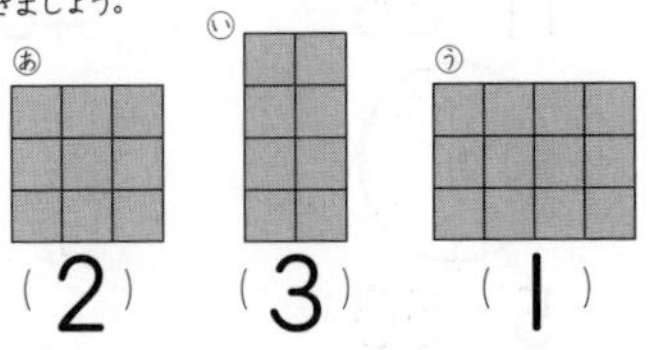

（2）（3）（1）

解答

児童に実施させる前に，必ず指導される方が問題を解いてください。本書の解答は，あくまでも１つの例です。指導される方の作られた解答をもとに，本書の解答例を参考に児童の多様な考えに寄り添って○つけをお願いします。

P.94

なんじ なんぷん (1) なまえ

● □に とけいの めもりの すうじを かきましょう。そして，とけいを よみましょう。

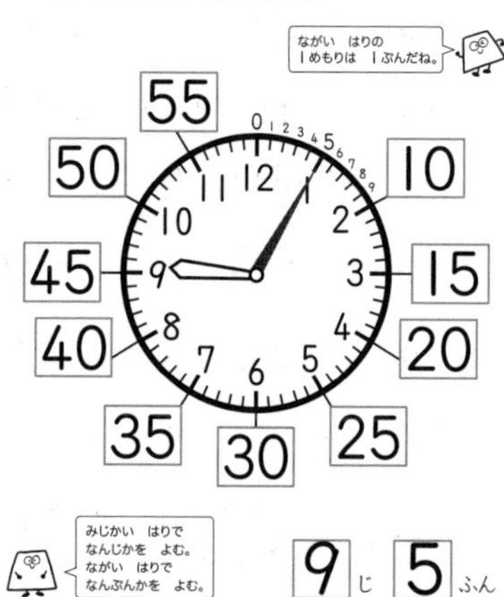

9 じ 5 ふん

なんじ なんぷん (2) なまえ

● なんじ なんぷんでしょう。

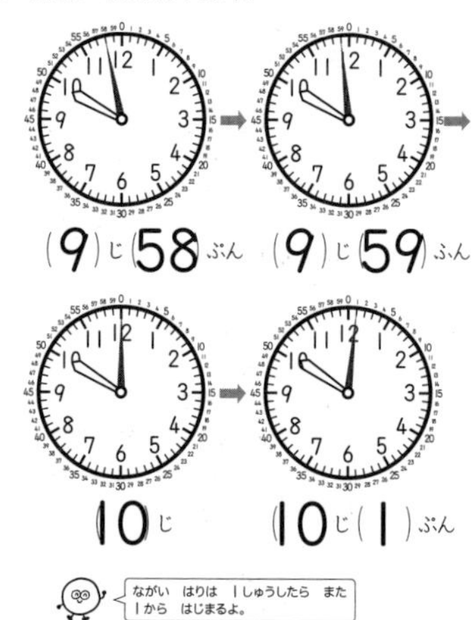

P.95

なんじ なんぷん (3) なまえ

● なんじ なんぷんでしょう。

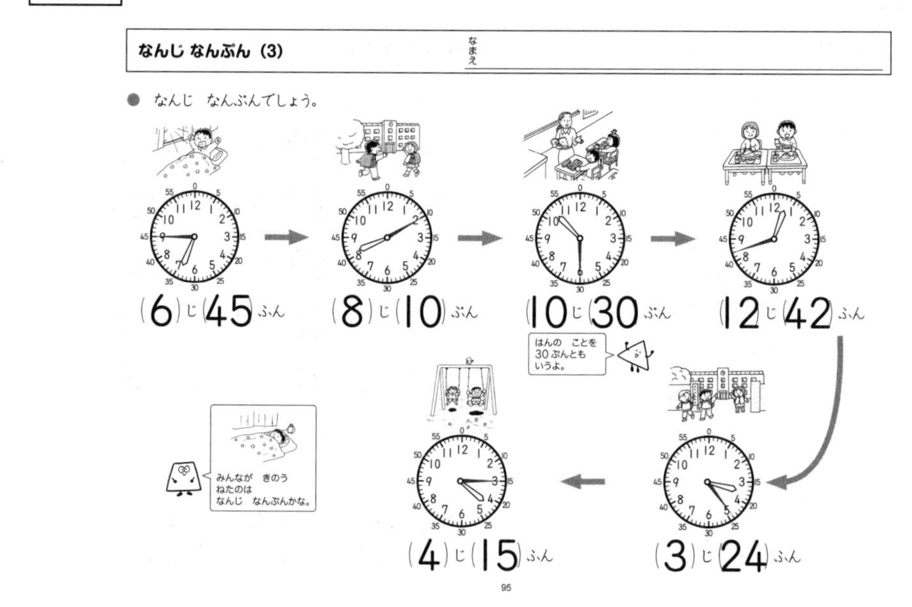

P.96

なんじ なんぷん (4) なまえ

● なんじ なんぷんでしょう。

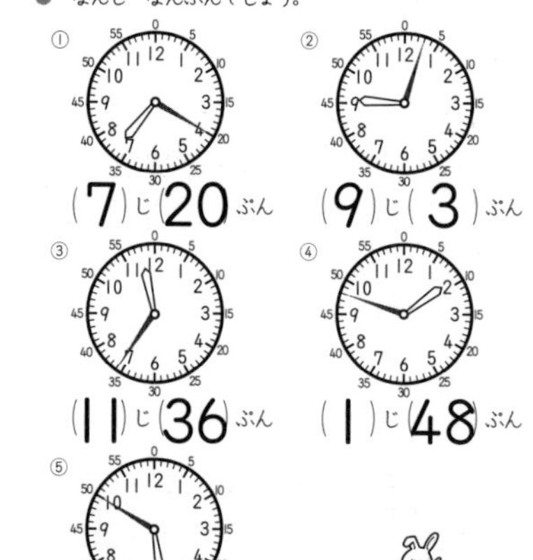

なんじ なんぷん (5) なまえ

● なんじ なんぷんでしょう。

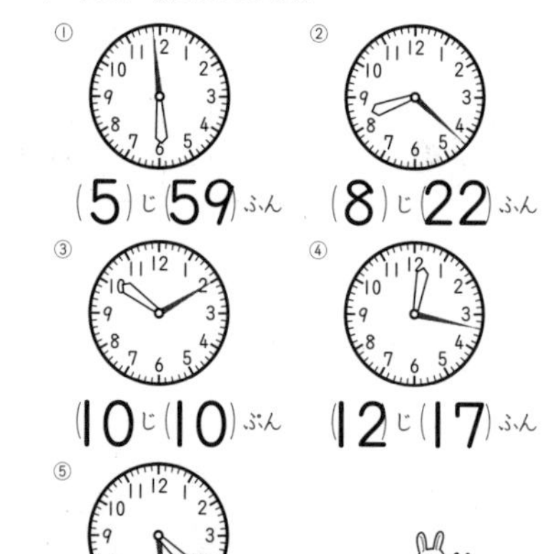

P.97

どんな しきに なるかな (1) なんばんめ なまえ

● あゆさんは まえから 5ばんめに います。
あゆさんの うしろに 3にん います。
みんなで なんにん いますか。

かんたんな ずに
あらわして かんがえよう。

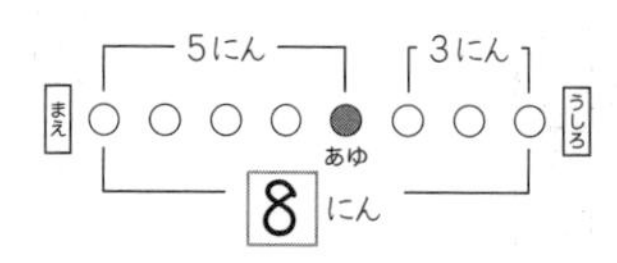

しき 5 + 3 = 8

こたえ 8 にん

どんな しきに なるかな (2) なんばんめ なまえ

1 けいたさんは まえから 6ばんめに います。
けいたさんの うしろに 4にん います。
みんなで なんにん いますか。

まえ ○○○○○●○○○○ うしろ

しき 6 + 4 = 10

こたえ 10 にん

2 ゆうかさんは まえから 4ばんめに います。
ゆうかさんの うしろに 8にん います。
みんなで なんにん いますか。

まえ ○○ 略 うしろ

しき 4+8=12

こたえ 12 にん

児童に実施させる前に，必ず指導される方が問題を解いてください。本書の解答は，あくまでも１つの例です。指導される方の作られた解答をもとに，本書の解答例を参考に児童の多様な考えに寄り添って○つけをお願いします。

解答

P.98

どんな しきに なるかな (3)　なまえ

なんばんめ

● 9にん　ならんで　あるいて　います。
たくとさんは　まえから　4ばんめです。
たくとさんの　うしろには　なんにん　いますか。

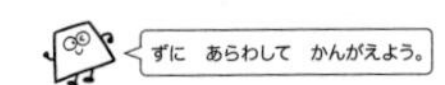

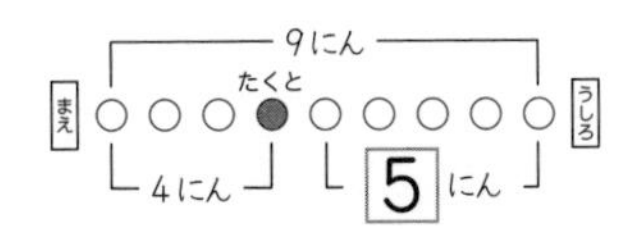

しき　9 － 4 ＝ 5

こたえ　5 にん

どんな しきに なるかな (4)　なまえ

なんばんめ

1 10にん　ならんで　います。
みさきさんは　まえから　3ばんめです。
みさきさんの　うしろには　なんにん　いますか。

まえ ○○●○○○○○○○ うしろ

しき　10 － 3 ＝ 7

こたえ　7 にん

2 13にん　ならんで　います。
けんとさんは　まえから　8ばんめです。
けんとさんの　うしろには　なんにん　いますか。

略

しき　13−8=5

こたえ　5 にん

P.99

どんな しきに なるかな (5)　なまえ

1 バスていに　ひとが　ならんで　います。
りくさんの　まえに　3にん，りくさんの　うしろに
4にん　います。
ぜんぶで　なんにん　ならんで　いますか。

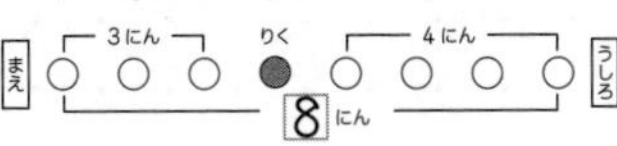

しき　3 ＋ 1 ＋ 4 ＝ 8

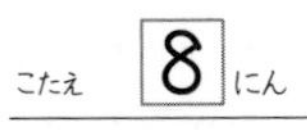

こたえ　8 にん

2 おみせに　ひとが　ならんで　います。
ゆきさんの　まえに　5にん，ゆきさんの　うしろに
7にん　ならんで　います。
ぜんぶで　なんにん　ならんで　いますか。

まえ ○○○○○●○○○○○○○ うしろ

しき　5+1+7=13

こたえ　13 にん

どんな しきに なるかな (6)　なまえ

1 5にんの　こどもが　ぼうしを　かぶって　います。
ぼうしは　あと　3こ　あります。
ぼうしは　ぜんぶで　なんこ　ありますか。

こども ●●●●●（5にん）
ぼうし ○○○○○ ○○○（3こ）
8 こ

しき　5 ＋ 3 ＝ 8

こたえ　8 こ

2 バナナが　6ぽん　あります。
10ぴきの　さるに　1ぽんずつ　わたします。
バナナを　もらえない　さるは　なんびきですか。

バナナ ●●●●●●（6ぽん）　4 ひき
さる ○○○○○○○○○○（10ぴき）

しき　10 － 6 ＝ 4

こたえ　4 ひき

P.100

どんな しきに なるかな (7)　なまえ

よりおおい・よりすくない

1 ぼくじょうに　うしが　7とう　います。
ひつじは　うしより　5とう　おおいそうです。
ひつじは　なんとう　いますか。

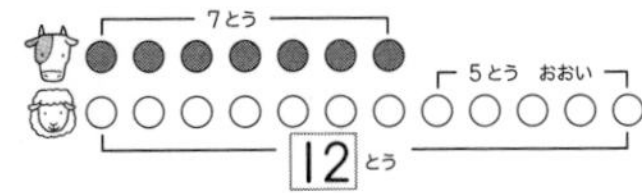

しき　7 ＋ 5 ＝ 12

こたえ　12 とう

2 ゆきさんは　くりを　8こ　ひろいました。
なおさんは　ゆきさんより　3こ　おおく　ひろいました。
なおさんは　くりを　なんこ　ひろいましたか。

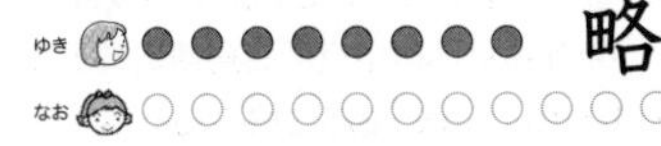

略

しき　8+3=11

こたえ　11 こ

どんな しきに なるかな (8)　なまえ

よりおおい・よりすくない

1 ドーナツが　9こ　あります。
ケーキは　ドーナツより　3こ　すくないそうです。
ケーキは　なんこ　ありますか。

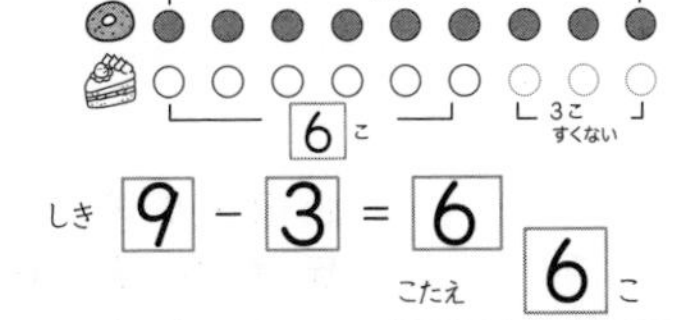

しき　9 － 3 ＝ 6

こたえ　6 こ

2 りょうさんは　さかなを　11ぴき　つりました。
おとうとは　りょうさんより　3びき　すくなく
つりました。
おとうとは　さかなを　なんびき　つりましたか。

りょう ●●●●●●●●●●●
おとうと ○○○○○○○○○○○

略

しき　11−3=8

こたえ　8 ひき

P.101

どんな しきに なるかな (9)　なまえ

よりおおい・よりすくない

1 たまいれを　しました。あかぐみは　13こ　はいり
ました。しろぐみは　あかぐみより　4こ　おおかった
そうです。しろぐみは　なんこ　はいりましたか。

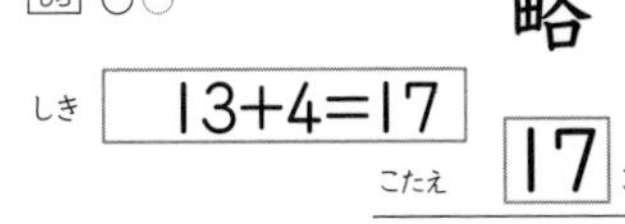

略

しき　13+4=17

こたえ　17 こ

2 あゆみさんは　11さいです。
いもうとは　あゆみさんより　4さい　とししたです。
いもうとは　なんさいですか。

あゆみ ○○○○○○○○○○○
いもうと ○○

略

しき　11−4=7

こたえ　7 さい

どんな しきに なるかな (10)　なまえ

よりおおい・よりすくない

1 かだんに　あかい　はなが　16ぽん　さいています。
しろい　はなは　あかい　はなより　7ほん
すくないそうです。しろい　はなは　なんぼん　さいて
いますか。

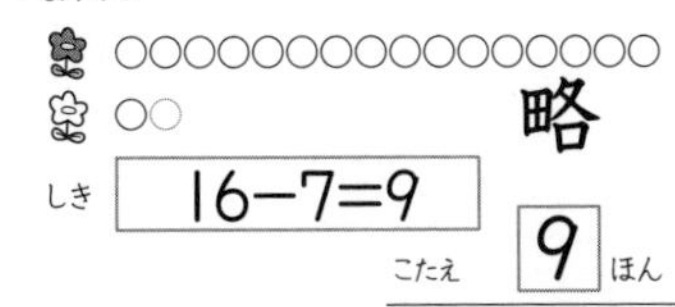

略

しき　16−7=9

こたえ　9 ほん

2 たくやさんは　こうていを　9しゅう　はしりました。
はるとさんは　たくやさんより　2しゅう　おおく
はしりました。はるとさんは　なんしゅう　はしり
ましたか。

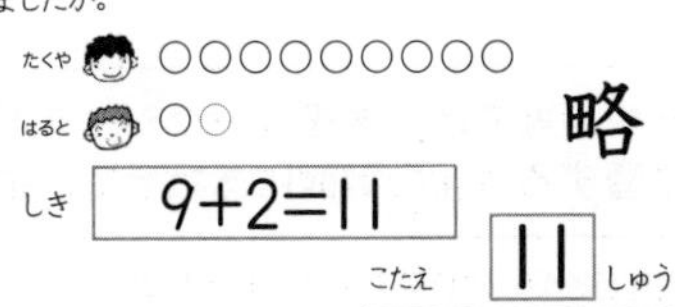

略

しき　9+2=11

こたえ　11 しゅう

解答 児童に実施させる前に，必ず指導される方が問題を解いてください。本書の解答は，あくまでも１つの例です。指導される方の作られた解答をもとに，本書の解答例を参考に児童の多様な考えに寄り添って○つけをお願いします。

P.102

かたちづくり (1) なまえ

● ◢は なんこ あるかな。れいの ように せんを ひいて（ ）に かずを かきましょう。

れい（2）こ ①（4）こ ②（11）こ
③（7）こ ④（6）こ ⑤（12）こ

かたちづくり (2) なまえ

● •と •を せんで つないで，いろいろな かたちを つくりましょう。

略

102

学校現場では，本書ワークシートをコピー・印刷して児童に配布できます。
学習する児童の実態にあわせて，拡大してお使い下さい。

新版　教科書がっちり算数プリント
スタートアップ解法編　１年　ふりかえりテスト付き
解き方がよくわかり自分の力で練習できる

2021年1月20日　第1刷発行

企画・編著：原田善造（他12名）
編集担当：桂真紀
イラスト：山口亜耶　他

発行者：岸本なおこ
発行所：喜楽研（わかる喜び学ぶ楽しさを創造する教育研究所）
〒604-0827　京都府京都市中京区高倉通二条下ル瓦町543-1
TEL　075-213-7701　FAX　075-213-7706
HP　http://www.kirakuken.jp/
印刷：株式会社米谷

ISBN:978-4-86277-315-9

Printed in Japan